Python 开发系列丛书

唐万梅◎主编　汪平 李俊杰◎副主编

Python 程序设计案例教程

微课版

人民邮电出版社
北京

图书在版编目（CIP）数据

Python程序设计案例教程 : 微课版 / 唐万梅主编
. -- 北京 : 人民邮电出版社, 2023.6
（Python开发系列丛书）
ISBN 978-7-115-60143-8

Ⅰ. ①P… Ⅱ. ①唐… Ⅲ. ①软件工具－程序设计－教材 Ⅳ. ①TP311.561

中国版本图书馆CIP数据核字(2022)第180195号

内 容 提 要

本书面向初学 Python 语言的读者详细地介绍了 Python 的基础知识，以及 Python 第三方库的安装和卸载方法，同时，全面且系统地讲解了 Python 语言的语法和程序设计方法。

本书内容丰富，案例实用。全书共 12 章，主要包括 Python 简介及环境配置、Python 基本语法、基本数据类型、程序控制结构、海龟绘图库——turtle 库、函数、组合数据类型、常用全局内置函数、文件、错误与异常处理、词云库——wordcloud 库、综合实例——五子棋游戏。

本书可作为普通高等学校计算机专业相关课程的教材，也可作为广大 Python 开发爱好者的自学参考书。

◆ 主　　编　唐万梅
　副 主 编　汪　平　李俊杰
　责任编辑　许金霞
　责任印制　王　郁　陈　犇

◆ 人民邮电出版社出版发行　　北京市丰台区成寿寺路 11 号
　邮编　100164　　电子邮件　315@ptpress.com.cn
　网址　https://www.ptpress.com.cn
　固安县铭成印刷有限公司印刷

◆ 开本：787×1092　1/16
　印张：16.25　　　　2023 年 6 月第 1 版
　字数：396 千字　　　　2025 年 2 月河北第 5 次印刷

定价：59.80 元

读者服务热线：(010)81055256　印装质量热线：(010)81055316
反盗版热线：(010)81055315

前言

Preface

党的二十大报告指出，要“构建新一代信息技术、人工智能、生物技术等一批新的增长引擎”，“加快建设高质量教育体系，发展素质教育，促进教育公平”。随着大数据、人工智能的发展，编程教育的重要性日益凸显。2017年，国务院发布《新一代人工智能发展规划》，该规划指出，支持开展形式多样的人工智能科普活动，在中小学设置人工智能相关课程。Python 是人工智能与大数据分析的基础工具，因此，Python 已经成了学习编程语言的入门课程。

Python 是一种解释型的、面向对象的、带有动态语义的高级程序设计语言。Python 语言既简洁、优雅，又功能完备，还拥有庞大的由库和框架构成的生态系统。它已经渗透到计算机科学与技术、统计分析、移动终端开发、科学计算可视化、图形图像处理、人工智能、数据爬取与大数据处理、计算机辅助教育等几乎所有专业和领域。Python 拥有大量功能强大的标准库和第三方库的支持，更易于学习和掌握，并且允许利用其大量的内置函数和丰富的第三方库来快速实现许多复杂的功能。Python 语言较之 VB、Java、C、C++等语言，具有免费开源、开发简单、兼容性强、功能强大的特点。

本书是由重庆师范大学、中国人民解放军陆军军医大学等多所高校一线教师在面向大一新生开展的多年 Python 程序设计教学基础上编写而成的。

本书希望传递给读者的不仅仅是知识本身，更为重要的是学习新知识的方法，本书特点如下。

（1）内容由浅入深，叙述清晰，以最小的知识“粒度”循序渐进地讲解 Python 语言的语法与程序设计方法。

（2）案例丰富，每个案例的讲解均注重对问题的分析及问题求解的算法设计，然后代码化每一步操作，目的在于培养读者的编程思维和计算思维，从而建立程序设计的 IPO（InputProcessOutput）模式。

（3）配有丰富的学习资料和学习视频，读者可结合重庆高等教育智慧教育平台（www.cqooc.cn）中作者开设的“Python 程序设计基础”课程，深入学习本书的所有内容。

读者在完成本书的学习之后，可以通过在线开放课程“Python 程序设计—教学案例”进一步提高。该课程的案例涉及“素质教育、时事热点、人文艺术、创新及服务社会和知识点综合应用”等多个应用场景，包含 20 多个贴近生活实际的案例，可进一步提升读者的实际开发能力。

全书共 12 章，知识结构合理，逻辑性强，案例讲解深入。

第 1 章　Python 简介及环境配置。本章主要介绍 Python 版本的选择、Anaconda 的下载和安装、第三方库的安装和卸载、第一个 Python 程序的编写与运行等。

第 2 章　Python 基本语法。本章主要介绍 Python 注释、标识符与保留字、赋值语句、垃圾回收机制、共享引用、输入/输出函数和 Python 程序书写规范、字符串的定义、转义字符。

第 3 章　基本数据类型。本章主要介绍整数类型、浮点数类型、复数类型、布尔类型及相应的转换函数，还介绍数值运算操作符和数值处理函数、Python 内置的 math 库等。

第 4 章　程序控制结构。本章主要介绍顺序结构、分支结构和循环结构，还介绍产生各种分布的伪随机数序列的内置 random 库和包含字符串处理函数的内置 string 库，以及如何使用 random 库生成随机验证码、使用 random 库和 string 库生成随机密码等。

第 5 章　海龟绘图库——turtle 库。本章主要介绍绘图坐标系和利用 turtle 库进行图形绘制的画笔控制函数、画笔运动函数和全局控制函数（如窗口控制、动画控制、使用屏幕事件等函数）。

第 6 章　函数。本章主要介绍自定义函数的定义和调用、调用函数时参数传递的方式（位置参数、关键字参数、默认参数、可变参数和组合参数）、lambda()函数的定义和使用、变量的作用域、递归函数等，还介绍了 3 个应用实例：七段数码管的数字表示、日期数据的七段数码管表示和汉诺塔（Hanoi）问题。

第 7 章　组合数据类型。本章主要介绍元组、集合、列表、字典的声明及转换函数，元组、集合、列表和字典的常用操作及常用方法，还介绍字符串的常用方法、列表推导式的两种语法格式和生成器的最简单生成方法等、进行分词处理的 jieba 库和 4 个应用实例：英文词频统计、中文词频统计、恺撒密码和加/解密程序。

第 8 章　常用全局内置函数。本章主要介绍 Python 常用内置函数 filter()、map()、reversed()、sorted()、zip()和 enumerate()的调用格式及函数的作用，还介绍了结合列表、元组或字典等数据结构，使用 Python 提供的内置函数实现学生数据的筛选、排序和成绩计算等实例。

第 9 章　文件。本章主要介绍声明文件对象的方式、全局函数 open()的正确调用格式、os 模块常用函数（getcwd()、chdir()、mkdir()、makedirs()等）的正确调用格式、Python 程序对文本文件的读写操作、上下文语法等。本章应用实例介绍了学校上机考试时根据学生基本信息生成考生文件夹，考试完成后根据考生文件夹收集考试信息的实际问题。

第 10 章　错误与异常处理。本章主要介绍 Python 中常见内置异常类型、异常处理的流程，并重点介绍各种异常处理语句的语法格式和使用情况。

第 11 章　词云库——wordcloud 库。本章主要介绍生成词云的 3 步基本操作（创建词云对象、加载词云文本、输出词云图）、词云参数（mask、background_color、font_path 和 stopwords）的设置、读取图片文件的方法、CSV 文件的读取操作、表格数据的词云图生成方法等。本章应用实例介绍了西游记词云图的生成方法，以及 mask、background_color、font_path 和 stopwords 等参数的设置方法。

第 12 章　综合实例——五子棋游戏。本章主要介绍利用 Python 基础知识和内置库 turtle 实现经典五子棋游戏的过程。

本书由重庆师范大学唐万梅担任主编并负责统稿等工作，重庆师范大学汪平和中国人民解放军陆军军医大学李俊杰担任副主编。本书的编写分工如下：第 1 章和第 10 章由熊宗杨和唐万梅编写，第 2 章和第 4 章由唐万梅和李俊杰编写，第 3 章由唐瑶琼和唐万梅编写，第 5 章由唐万梅和刘巧编写，第 6 章由李明、朱德利和唐万梅编写，第 7 章由唐万梅和李明编写，第 8 章由唐万梅和汪平编写，第 9 章由唐万梅、汪平和俸世洲编写，第 11 章由唐万梅和杨兴花编写，第 12 章由汪平编写，其中各章的练习由李俊杰和唐万梅编写。

本书的编写得到了重庆师范大学同人的大力支持，在此表示衷心的感谢！

编者

2023 年 3 月

目录
Contents

第7章 组合数据类型

第8章 常用全局内置函数

第9章 文件

第10章 错误与异常处理

第11章

词云库——wordcloud库

第12章

综合实例——五子棋游戏

第1章 Python 简介及环境配置

本章重点知识：了解 Python 的优势及主要应用领域；了解 Python 的下载安装；掌握 Anaconda 的下载和安装；了解 Anaconda 常用组件的使用；掌握至少一种安装 Python 第三方库的方法；熟悉和掌握 IDLE 编辑器的使用；熟悉 PyCharm 的使用。

本章知识框架如下：

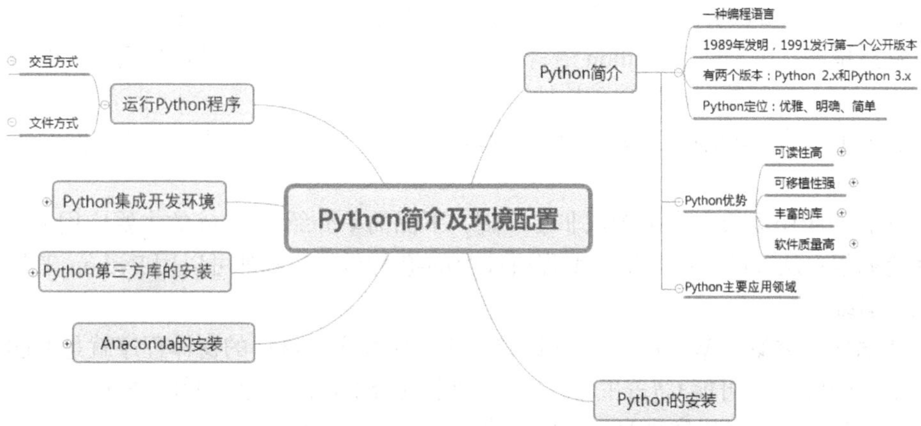

Python 是一种解释型的、面向对象的、带有动态语义的高级程序设计语言。它能够实现真正的跨平台（用户开发的程序可以运行在 Linux、macOS 和 Windows），强制缩进的语法使得它的代码简洁易读。对比其他编程语言，Python 更加容易上手。由于 Python 拥有大量第三方库，因此应用 Python 进行应用项目的开发更高效、更快捷。Python 广泛应用于系统管理工作，Yahoo!使用它（包括其他技术）管理讨论组，Google 用它实现网络爬虫和搜索引擎中的很多组件。Python 也被用于计算机游戏和生物信息等各种领域，尤其是随着人工智能的快速发展，Python 更是得到了更快的普及和应用。

本章主要介绍 Python 的下载安装及环境配置等相关知识。

1.1 Python 简介

Python 简介

在我们正式学习 Python 之前，首先来了解 Python 语言的相关知识。

Python 由荷兰人吉多·范罗苏姆（Guido van Rossum）于 1989 年发明，其第一个公开发行版发行于 1991 年。Python 主要有两个重要分支，即 Python 2.x 和 Python 3.x。由于 Python 的发展是由社区支持的，在发展的过程中出现了断层现象，Python 3.x 并不向下兼容

Python 2.x，因此 Python 2.x 和 Python 3.x 是两个不同的版本。对于初学者，建议直接选择 Python 3.x。若有实际项目需求，开发者可以选择 Python 2.x，否则建议直接从 Python 3.x 开始学习。本书的 Python 版本是 Python 3.x。

Python 的定位是“优雅、明确、简单”，Python 开发者推崇的哲学理念是“用一种方法，最好是只有一种方法来做一件事”。设计 Python 语言时，如果面临多种选择，Python 开发者一般会拒绝花哨的语法，而选择明确、没有或很少有歧义的语法。这些准则被称为“Python 格言”，所以 Python 程序看上去总是简单易懂的。初学者对 Python 的感触是，不但入门容易，而且由浅入深，便于编写出较为复杂的程序。

Python 语言相较于其他开发语言，有以下优势。

可读性高：由于代码简单、明确，因此代码的可读性高。开发效率高也是 Python 的一个突出优势。

可移植性强：基于其开放源代码的特性，Python 可以真正做到跨平台，即开发者开发的程序可以直接在 Linux、Windows、macOS 和其他带有 Python 解释器的平台无差别地运行。

丰富的库：Python 有大量丰富的库或扩展，便于应用程序的开发。

软件质量高：由于使用 Python 语言编写的代码量相对于其他语言少很多，出错的概率较低，因此在一定程度上也提高了软件质量。

从宏观上来讲，Python 主要有以上一些优势。当然，它也有很多其他方面的优势，本书不再一一列举。

Python 的应用场景和应用领域非常广阔，下面简单介绍 Python 的主要应用领域。

系统编程：从大的方向来讲，编程所涉及的绝大部分领域都可以用 Python 来开发，比如说系统运维。

GUI 编程：类似于 Windows 下看到的一些窗体程序，这样的窗体程序就是 GUI 编程。当然，在 Windows 下可能 C#占主导，但是 C#涉及跨平台的问题。所以 Python 是一个很好的选择，GUI 编程也可以实现真正的跨平台。

网络编程：收发邮件、传输 FTP 及网络爬虫等方面都是 Python 网络编程的范畴。

Web 编程：也就是网站后台开发，相当于大家平常所见到的 PHP、JSP、ASP 等所做的工作，在 Python 中有很多成熟的框架。

数据库编程：Python 也非常擅长数据库编程，而不论是传统的关系型数据库，还是目前比较流行的非关系型数据库，如 NoSQL、MongoDB 等。

数学及科学计算：Python 相较于其他解释性语言最大的特点是其庞大而活跃的科学计算生态，在数据分析、交互、可视化方面有相当完善的库。基于大数据分析和深度学习而发展出来的人工智能本质上已经无法离开 Python 的支持。

除此之外，Python 的应用领域还有很多，例如物联网、硬件编程等。读者想要了解有关 Python 的更多内容，可参考 Python 官方网站。

1.2 Python 的安装

下载 Python

通过上一节对 Python 的简单介绍，读者对 Python 也有了一定的了解。在开始编程前，我们先来下载和安装 Python。读者如果已经安装了 Python，则可以直接跳过本节内容或直接访问 Python 官方网站来查阅相关文档、下载并安装相应版本的 Python，也可以访问重庆智慧教育平台（www.cqooc.net）观看“Python 程序设计基础”课程进行学习。

1. Windows 下安装 Python

Windows 操作系统是读者比较熟悉的操作系统，在 Windows 操作系统中安装 Python 的步骤如下。

安装 Python

（1）访问 Python 官网，选择导航栏中“Downloads”菜单的“Windows”菜单项进入图 1-1 所示的下载页面。

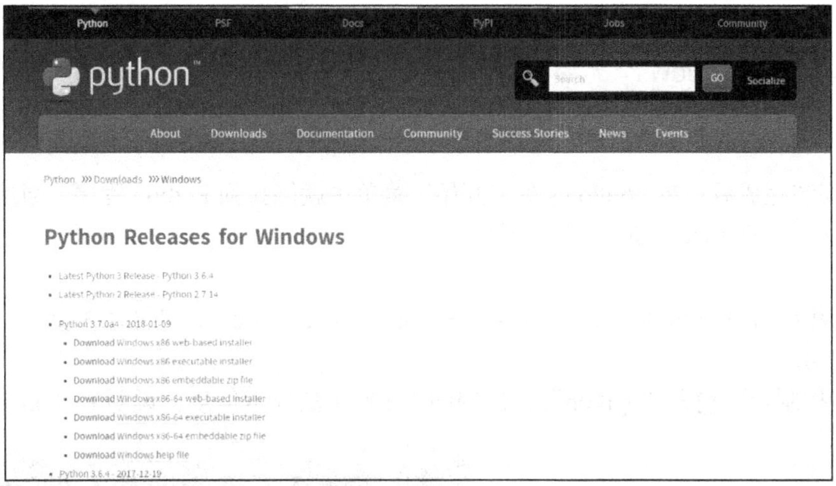

图 1-1 Python 官网下载页面

（2）下载相应的版本，本书选择 Python 3.x 版本。当然，这里还需要注意的是，下载的版本需要与读者计算机的位数相匹配，选择 64 位系统或 32 位系统。注意，如果你的计算机操作系统是 Windows 7 以下的版本，它不支持 Python 3.7，你可能需要单独下载 Python 3.4 或者 Python 3.4 以下的版本。

无论是 64 位还是 32 位的，图 1-1 所示的下载页面中都提供了压缩安装包（Windows x86-64 embeddable zip file）、可执行的安装文件（Windows x86-64 executable installer）以及基于 Web 的安装文件（Windows x86-64 web-based installer），最省事的是下载可执行的安装包。Windows 可执行的安装包安装起来比较省事，就如同安装其他的 Windows 应用程序一样，你只需要选择合适的选项，然后连续单击“Next”按钮即可完成安装。

⚠ **注意**：64 位的版本不能安装在 32 位的机器上，但 32 位版本既可以安装在 32 位系统上，也可以安装在 64 位系统上。

（3）下载的安装文件放在计算机的任意位置均可，如 D:\软件\python-3.6.4-amd64.exe。

（4）双击下载的安装文件进行安装，这时会出现 Python 的安装向导，如图 1-2 所示。接下来可以单击“Install Now”按钮进行安装，也可以单击“Customize installation”按钮进行自定义安装。注意，勾选“Add Python 3.7 to PATH”复选框，系统会自动完成环境变量配置，以后在 Windows 命令行提示符下可以方便、快速地启动 Python 的交互式提示符或直接运行 Python 程序文件。

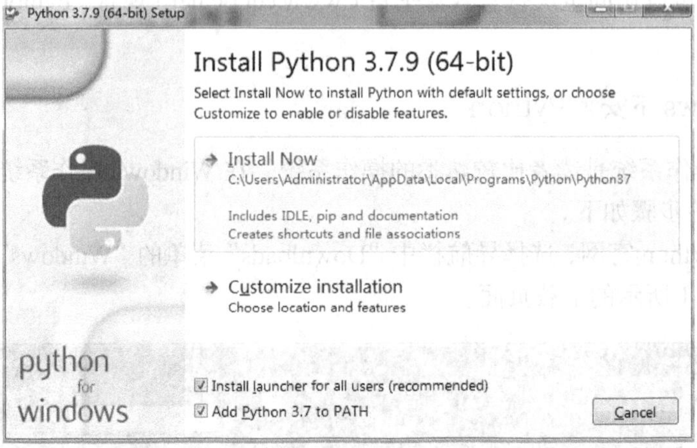

图 1-2　Python 的安装向导

（5）安装完成后，在 Windows 的“开始”菜单中就能找到 Python 程序。当然，也可以用以下方法来验证 Python 是否安装成功。

方法一：

① 利用组合键 Win+R 调出“运行”对话框，输入“cmd”，如图 1-3 所示，然后单击“确定”按钮。

② 在控制台中输入“python”，出现图 1-4 所示的提示信息，说明 Python 安装成功。

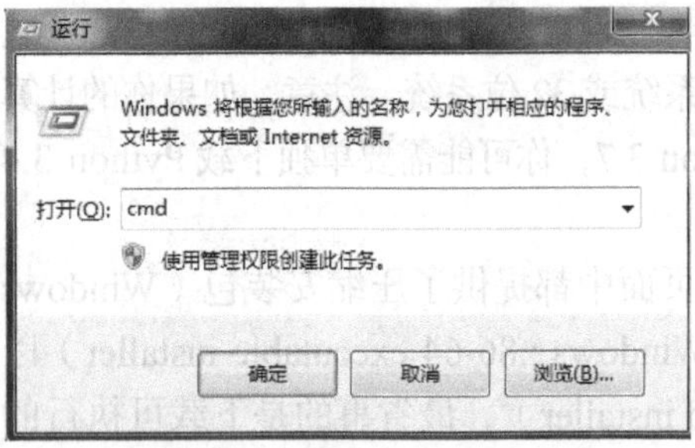

图 1-3　“运行”对话框

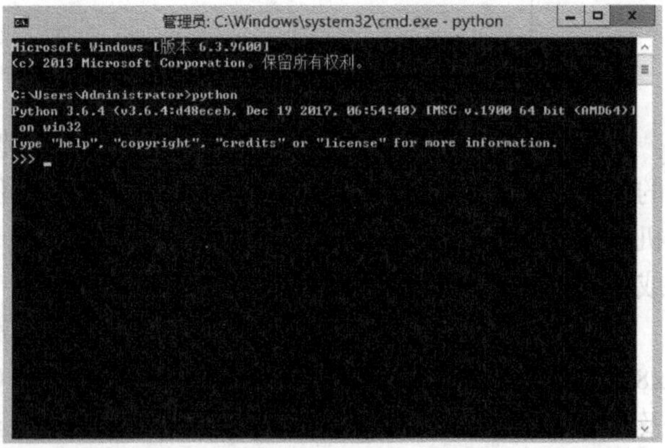

图 1-4　验证 Python 是否安装成功

方法二：

单击“开始”按钮，在出现的搜索框中输入“idle”来启动 Python 内置的 Python Shell，如图 1-5 所示。利用它可以方便地创建、运行和测试 Python 程序。

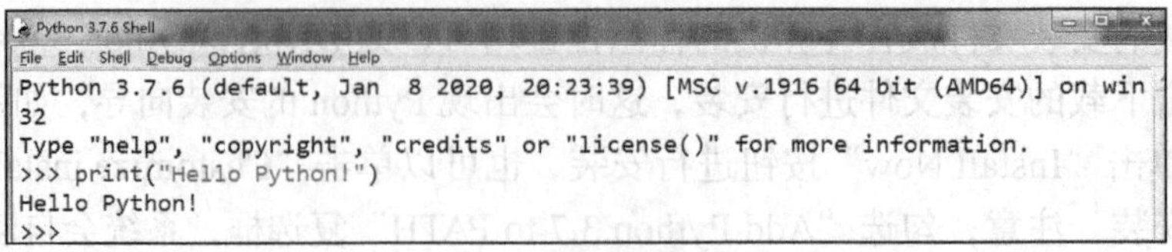

图 1-5　Python Shell

2. Linux 下安装 Python

Linux 操作系统是自带 Python 2.x 的。因此，读者如果是使用 Python 2.x，就不用再安装了。由于本书中使用的是 Python 3.x，下面就介绍 Linux 下 Python 3.x 的安装过程。

（1）下载、解压 tar xvf Python-3.6.0a1.tar.xz。

（2）编译安装。

① 进入目录./configure。

② make && make install。

（3）测试。在终端中输入“python3”，出现图 1-6 所示的效果，说明 Python 安装成功。

```
[hbh@localhost ~]$ python3
Python 3.6.0a1 (default, Sep 30 2016, 08:38:26)
[GCC 4.4.7 20120313 (Red Hat 4.4.7-17)] on linux
Type "help", "copyright", "credits" or "license" for more information.
>>>
```

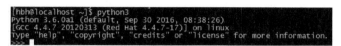

图 1-6　Linux 下运行 Python

Anaconda 的安装

1.3 Anaconda 的安装

1. 安装 Anaconda

Anaconda 是一个用于科学计算的 Python 发行版，是由 Python 之父吉多·范罗苏姆（作为核心成员之一）开发的。它涵盖了 Python 2.x 和 Python 3.x 版本，支持 Linux、macOS、Windows 操作系统，提供了包管理与环境管理的功能，可以很方便地解决多版本 Python 并存、切换以及各种第三方包安装问题。另外，它包含 conda、Python 等（180 多个）科学包及其依赖项。在以后的使用过程中，我们会经常安装 Python 的第三方库。而 Anaconda 作为一个用于科学计算的 Python 发行版，已经包含部分用于科学计算的第三方库，因此使用 Anaconda 就可以省掉部分第三方库的安装。下面介绍 Anaconda 的安装。

（1）下载 Anaconda

Anaconda 支持 Python 2.x 和 Python 3.x 两个版，其对操作系统 Linux、macOS、Windows 也分别有支持的版本。这里我们选择 Windows 操作系统下的 Python 3.x 版本。

（2）安装 Anaconda

下载后直接按照说明安装即可。Anaconda 的安装很简单，安装时只要连续单击“Next”按钮就可以了。但在出现安装界面时，请勾选“Add Anaconda to the system PATH environment variable”复选框以将 Anaconda 的安装路径添加到系统环境变量中。

初学者可以把 Anaconda 看成是一个带有很多第三方库的 Python，但是 Anaconda 的功能远不止这些。特别说明的是，在安装 Anaconda 之前需要卸载已经安装的任何 Python 解释器（包括 Python 2.x 或者 Python 3.x 版本等）。也就是说，只用安装好的 Anaconda 作为默认的 Python 解释器。

Anaconda 组件的介绍

2. Anaconda 组件

安装完 Anaconda 后，相当于安装了 Python 和简易的集成开发环境 IDLE。接下来，通过以下两种方式中的任意一种来启动 Python。

（1）启动 Python 自带的 IDLE。

（2）在 Windows 命令行提示符下启动 Python。

除此之外，它还安装了 IPython、Jupyter 以及功能强大的集成开发环境 Spyder。它们都可以运行 Python 程序文件。

在“开始”菜单中找到“Anaconda3（64-bit）”，单击打开，会看到有很多应用，如图 1-7 所示。其中，比较常用的便是 Jupyter Notebook 和 Spyder。

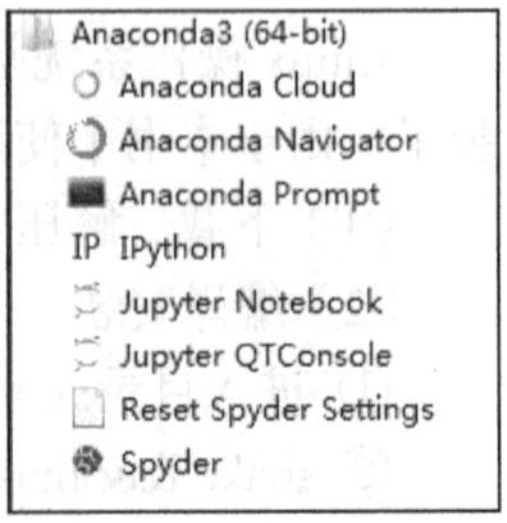

图 1-7　Anaconda 组件

Anaconda Navigator 是 Anaconda 的可视化管理界面，如图 1-8 所示。

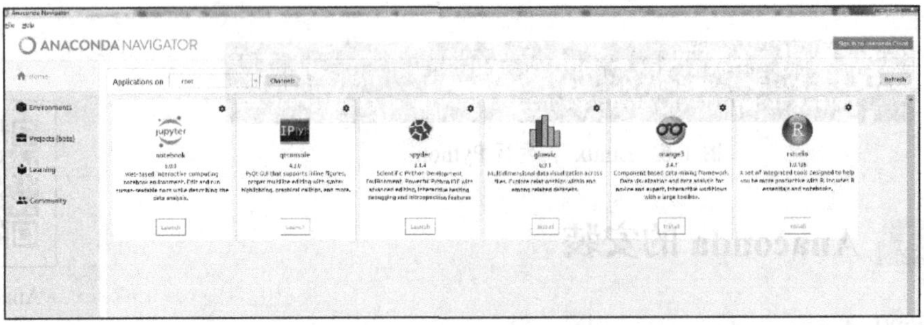

图 1-8　Anaconda Navigator 界面

打开 Anaconda Prompt 窗口，它与 cmd 窗口一样，可以使用 pip list 命令查看已经安装的库，如图 1-9 所示。

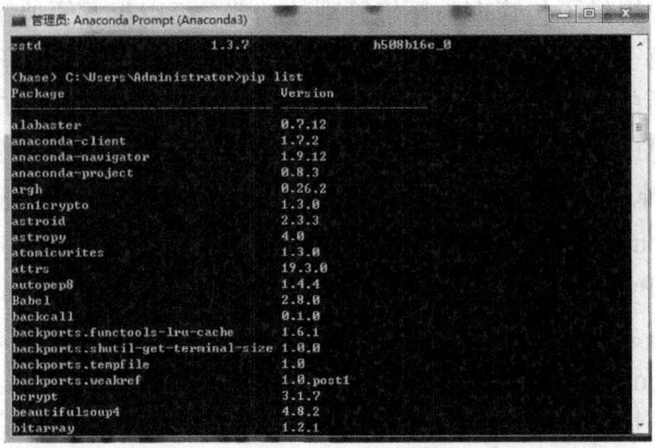

图 1-9　在 Anaconda Prompt 窗口查看已安装的库

（1）在图 1-10 所示的窗口中，如果输入“python”后按 Enter 键，则进入 Python 的交互方式，并出现 Python 命令行提示符“>>>”。按组合键 Ctrl+Z 后，可以退出 Python。

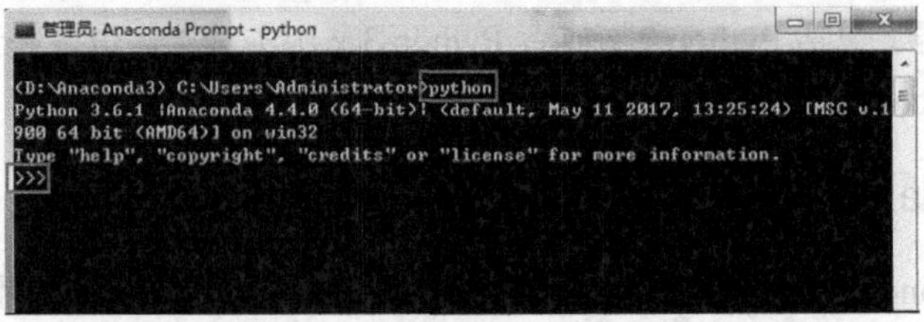

图 1-10　在 Anaconda Prompt 窗口中启动 Python

（2）在图 1-10 所示的窗口中，如果输入“ipython”后按 Enter 键，则进入 IPython 环境，并出现 IPython 命令行提示符“In [1]:”，如图 1-11 所示。输入 quit 后按 Enter 键，可以退出 IPython 环境。

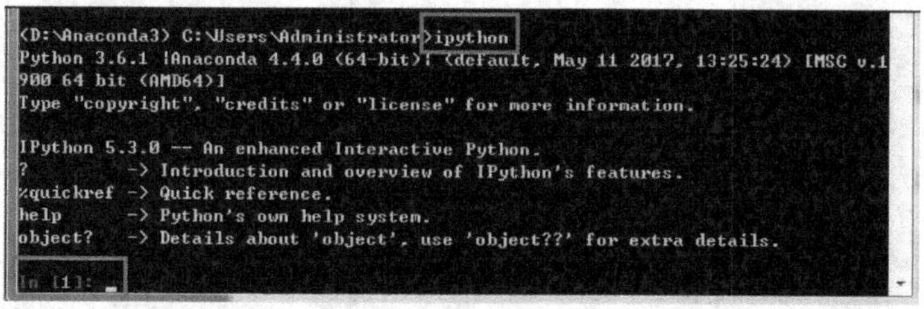

图 1-11　在 Anaconda Prompt 窗口中启动 IPython

IPython 是一个比默认的 Python Shell 好用得多的 Python 交互命令行界面，功能也更强大。它支持语法高亮显示、变量自动补全、自动缩进，并内置了许多很有用且非常容易使用的功能和函数。

Jupyter Notebook 是 IPython 的升级版，它比在控制台中运行 Python 会更方便，界面更友好，功能也更强大。它是基于浏览器（Web）的交互式计算环境，支持实时代码、可视化和 Markdown 语言。利用它能够快速创建程序，还能够编辑易于人们阅读的文件以展示数据分析的过程。

启动 Jupyter QTConsole，调出交互式命令控制台。Jupyter QTConsole 是 IPython 的一个加强版，是一款基于 Python 的科学计算应用程序。它融合了轻量级终端和高级 GUI 编辑器的功能，输入每个函数时都会显示其帮助信息（语法格式），如图 1-12 所示。

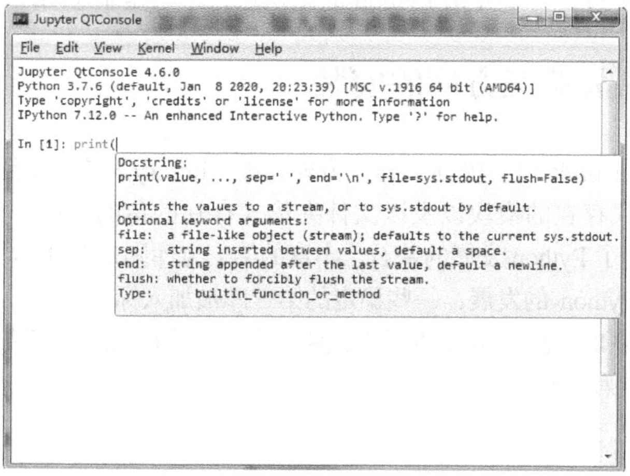

图 1-12　Jupyter QTConsole 窗口

Spyder 是使用 Python 语言进行科学计算的集成开发环境，如图 1-13 所示。它主要由菜单栏、工具栏、路径窗口、代码编辑区、查看区、结果展示区等构成。其主界面的 3 个窗口分别是：左边的代码编辑窗口（Editor），用于编写代码；右上方的窗口，用于查看代码中定义的变量（Variable Explorer）、文件（File Explorer）以及帮助（Help）信息；右下方的控制台窗口（Console），用于评估代码且让用户在任何时候都可以看到代码运行的结果。控制台窗口提供了 Python 命令行窗口和 IPython 命令行窗口，history log 相当于历史记录，它用于记录之前在命令行输入过的代码。

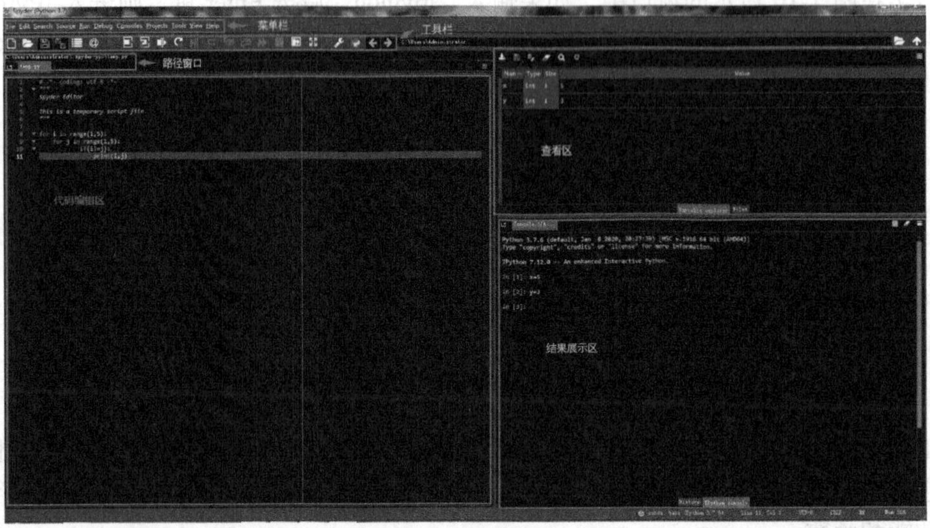

图 1-13 Spyder 窗口

Spyder 可以跨平台，也可以使用附加组件扩充，自带交互式工具以处理数据。Spyder 的界面设计与 MATLAB 的界面设计十分相似，熟悉 MATLAB 的用户可以很快地习惯使用 Spyder。它相较于其他 Python 开发环境，最大的优点就是具有模仿 MATLAB“工作空间”的功能，用户可以很方便地观察和修改变量的值。

了解和熟悉 Anaconda 的组件之后，读者可以选择任何一种自己喜欢的方式来运行 Python 程序文件。不过，为了介绍 Python 的知识点，本书是基于 IDLE 环境来撰写的。

1.4 Python 第三方库的安装

Python 第三方库的安装

前面在介绍 Anaconda 时，提到了第三方库。库（library）是一个泛称，一般指作为文件形式存在的模块以及以文件夹形式存在的包的合成。如果说强大的标准库奠定了 Python 发展的基石，丰富的第三方库则是 Python 不断发展的保障。随着 Python 的发展，一些稳定的第三库被加入标准库中。下面介绍第三方库的安装和管理。（初学者可以先跳过本节，等真正需要安装第三方库时，再按照本节介绍的方法安装第三方库）

1．源码安装

很多第三方库都是开源的，几乎都可以在 GitHub 或者 PyPI 上找到源码。源码格式大多数是 zip、tar.zip、tar.bz2 格式的压缩包。解压这些包，进入解压好的文件夹，通常会看见一个名为 setup.py 的文件。注意要根据 Python 版本及 Windows 的位数下载对应的安装包。打开命令行窗口，进入该文件夹，执行以下命令完成安装。

```
:\> Python setup.py install
```

2．包管理器（推荐）

现在很多编程语言都带有包管理器，例如 Ruby 的 Gem，Node.js 的 NPM。Python 也有包管理器，用户通过包管理器可以很方便地安装或卸载第三方库。Python 有一个专门管理第三方库的网站 PyPI，使用 pip、conda 命令以及 easy_install 安装包会自动搜索 PyPI 上最新的包，并自动下载和安装。下面主要介绍 pip 和 conda 命令的使用（easy_install 的使用与它们的使用类似）。

（1）使用 pip 命令进行安装

pip 是安装第三方库的工具，安装 Anaconda 时对其包管理器已经自动进行了安装。验证其是否安装的简单方法是，在命令行中输入“pip”后按 Enter 键，看到图 1-14 所示的效果便表明已经安装了 pip 包管理器。

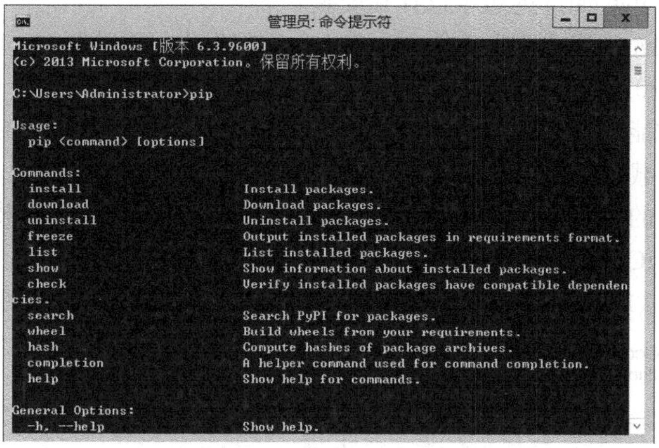

图 1-14　pip 相关参数

使用 pip 安装和卸载 flask 框架的命令如下。

安装：:\> pip install flask

卸载：:\> pip uninstall flask

我们需要查看所安装的库（包括系统自带的和手动安装的）时，只需在命令行执行以下命令。

```
:\> pip list
```

更多 pip 的参数和功能可以通过在命令行中输入“pip”来查看，如图 1-14 所示。

（2）使用 conda 命令进行安装

conda 包管理器可以通过安装 Minconda 或 Anaconda 进行安装。前者是简化版本，它只包含 conda 和其依赖。conda 对 Python 库的管理与 pip 大同小异，使用 conda 安装和卸载 flask 框架的命令如下。

安装：:\> conda install flask

卸载：:\> conda uninstall flask

查看所安装的库：conda list。

更多有关 conda 的使用，有兴趣的读者可以在网上查阅相关资料进行学习。

1.5 Python 集成开发环境

“工欲善其事，必先利其器。”学习编程时，对集成开发环境（IDE）的选择很重要。Python 的官方标准开发环境是 IDLE，安装 Anaconda 时就一并将其安装上了。尽管 IDLE

已经具备了 Python 应用开发的绝大多数功能（例如语法提示、关键词高亮显示等），并且不需要过多复杂的配置，但是相对于其他 Python 集成开发环境，IDLE 确实有点简陋。因此，这里介绍另一种 IDE——PyCharm。

PyCharm 是一种功能强大的 Python IDE，是 Python 编辑器中使用起来比较顺手的一个，而且可以跨平台，在 macOS 和 Windows 下都可以被使用。它带有一整套可以帮助用户在使用 Python 语言开发时提高效率的工具，如调试、语法高亮、Project 管理、代码跳转、智能提示、自动完成、单元测试、版本控制等功能。

下面详细介绍 PyCharm 的版本选择和安装。

（1）下载 PyCharm 集成开发软件。PyCharm 官网提供了两种版本：Professional Edition（专业版可以试用 30 天）和 Community Edition（社区版）。通常情况下，Community Edition 足以满足我们对功能的需求。当然，这里也需要根据读者计算机的操作系统来选择相应的版本，这里选择下载 Windows 下的社区版本。

（2）双击下载的安装包进行安装，出现图 1-15 所示的 PyCharm 安装向导。

（3）自定义 PyCharm 安装路径（建议路径中不要出现中文字符），如图 1-16 所示。

图 1-15　PyCharm 安装向导

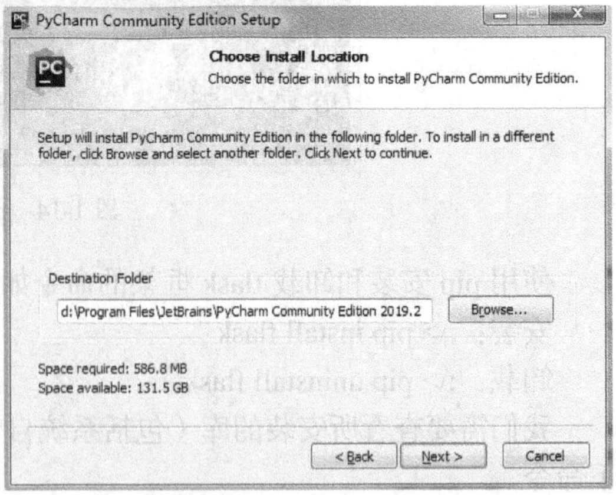

图 1-16　自定义 PyCharm 安装路径

（4）其他项保持默认，然后连续单击“Next”按钮，直到安装完成。

1.6 第一个 Python 程序的编写与运行

据说每一个程序员的第一个程序都是：Hello World!，本节也将以此展开介绍。

运行 Python 程序有两种方式：交互方式和程序方式（文件方式）。交互式解释器会等待用户输入 Python 语句。输入 Python 语句并单击，解释器会立即执行语句并输出结果。

交互式启动和运行方法

1．交互式启动和运行方法

启动 Python 交互方式可以使用下面的任意一种方法。

（1）启动 Windows 命令行窗口后输入“python”或者“ipython”进入相应的交互方式

在 Windows 命令行窗口中输入“python”后按 Enter 键，出现 Python 交互式提示符

“>>>”。退出 Python 交互式回到命令行状态有以下 3 种方法：①输入组合键“Ctrl+Z”；②输入函数“quit()”后按 Enter 键；③输入函数“exit()”后按 Enter 键。

用户如果在命令行窗口中输入“ipython”后按 Enter 键，则进入 IPython 交互式环境，并出现提示符“In [1]”。退出 IPython 交互式回到命令行状态的方法有：①输入函数“quit()”后按 Enter 键；②输入函数“exit()”后按 Enter 键；③输入命令“quit”或“exit”后按 Enter 键。

（2）启动安装的 IDLE 来进入 Python 交互方式

启动 Python 的官方标准开发环境 IDLE 有两种方式：①用鼠标左键单击“开始”按钮，在搜索框中输入“idle”（大小写均可）后按 Enter 键进入；②利用组合键 Win+R 调出“运行”对话框，输入“idle”，单击“确定”按钮进入。

（3）启动 Anaconda 下的相应组件进入 Python 交互方式

用鼠标左键单击“开始”按钮，单击“所有程序”后找到安装的 Anaconda，通过单击 Anaconda 的相应组件来进入交互方式的方法有：①启动 Anaconda 下的组件 Anaconda Prompt 终端，通过输入 python 或者 ipython 进入相应的交互方式；②启动 Anaconda 下的组件 IPython 进入 IPython 交互方式；③启动 Anaconda 下的组件 Jupyter QTConsole 进入 IPython 交互方式；④启动 Anaconda 下的组件 Spyder 进入 Python 或者 IPython 的交互方式。

读者可以根据自己的喜好选择任何一种交互方式来执行 Python 程序，这里我们以 IDLE 集成开发环境为例来进行介绍。

（1）打开 Python 自带的 IDLE。

（2）在提示符>>>后输入以下代码。

```
print("hello world !")
```

（3）按 Enter 键后即可得到输出结果，如图 1-17 所示。

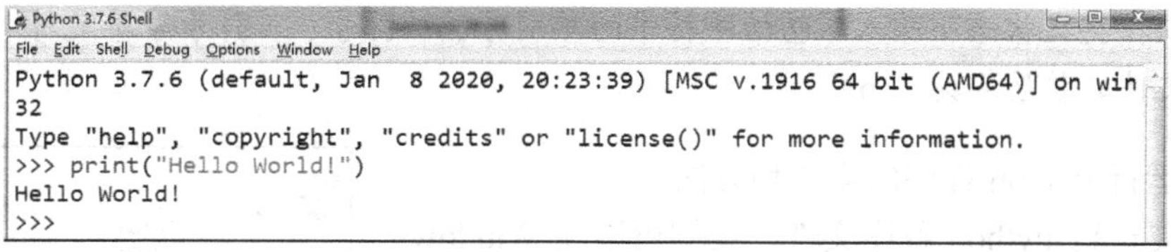

图 1-17　在 IDLE 下运行第一个程序

交互方式下每次执行都需要重新输入程序的每一行代码，该方式不能保存所输入的内容，因此只适合编写比较简短的程序或者命令。

如果程序功能较为复杂，调用的模块或者包比较多的情况下，维护起来就不太方便，但是这种方式具有简单、灵活的优点，输入 Python 语句后可以立即得到反馈，适合针对单个知识点的学习。

文件式启动和运行方法

2. 文件式启动和运行方法

如果是一个比较大的程序，我们可以先把代码写到一个文件里，然后启动 Python 的程序文件来运行，这种形式称为“运行程序”。

（1）运行 Python 程序的第一种方法（推荐）

使用 Python 自带的 IDLE 来完成代码的编写。打开 IDLE，选择“File”→“New File”，或者按组合键 Ctrl+N，打开一个新的程序编辑窗口（注意，该窗口不是交互模式的，而是一个具备 Python 语法高亮辅助功能的编辑器），在此编辑窗口中可以编写代码，并以文件的方式保存，文件的扩展名为.py，如图 1-18 所示。

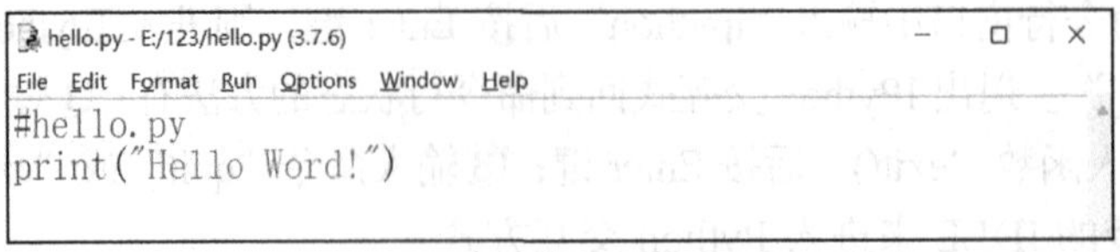

图 1-18　代码编辑窗口

代码编写完成后，选择“Run”→“Run Model”运行该程序文件，也可以按 F5 键来运行程序文件。注意输出结果显示在交互式窗口中，如图 1-19 所示。

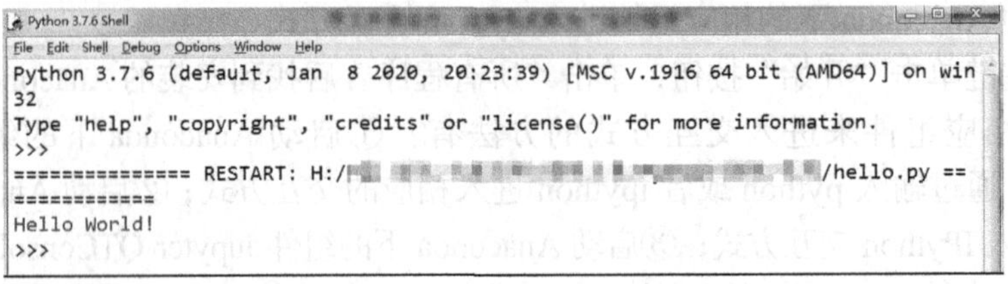

Python 3.7.6 Shell
File Edit Shell Debug Options Window Help
Python 3.7.6 (default, Jan 8 2020, 20:23:39) [MSC v.1916 64 bit (AMD64)] on win32
Type "help", "copyright", "credits" or "license()" for more information.
>>>
=============== RESTART: H:/
/hello.py ==
============
Hello World!
>>>

图 1-19　程序运行后的输出窗口

图 1-18 的代码编辑窗口是安装包中的 IDLE 编辑器。实际上，开发者并非只能使用 IDLE 编辑器，使用 Windows 自带的记事本也可以完成代码的编写。

除了 Windows 自带的记事本以外，读者也可以选择第三方开源记事本增强工具“Notepad++”或者是比较流行的“Sublime Text 3”，当然还有其他的一些编辑工具都是可以用来完成代码编写的。

> ⚠ **注意**：在代码编写过程中，除必须在中文状态下输入的汉字和标点符号外，其他字符都必须在英文状态下输入（包括字符串的单引号、双引号、三引号等界定符）；Python 程序文件的扩展名为“.py”。

（2）运行 Python 程序的第二种方法

如果要运行 Python 程序文件，我们可以在 Windows 命令行提示符下运行。考虑到今后不会遇到有关权限的问题，因此运行 cmd.exe 时请选择“以管理员身份运行”来启动 Windows 命令行窗口，如图 1-20 所示。

假设要运行的程序文件保存在 D:\Python\hello.py 目录下，在 Windows 命令行窗口下通过调用 Python 来执行 hello.py 文件，其命令和运行结果如图 1-21 所示。

此外，也可以在 Windows 命令行窗口下先进入 hello.py 文件所在的目录，然后通过以下命令：

```
:\> Python hello.py
```

来运行 hello.py 程序，如图 1-22 所示。

IDLE 是一个简单、有效的集成开发环境，无论交互式或文件式，它都有助于快速编写和调试程序。它是小规模 Python 软件项目的主要编写工具，尤其是初学时有利

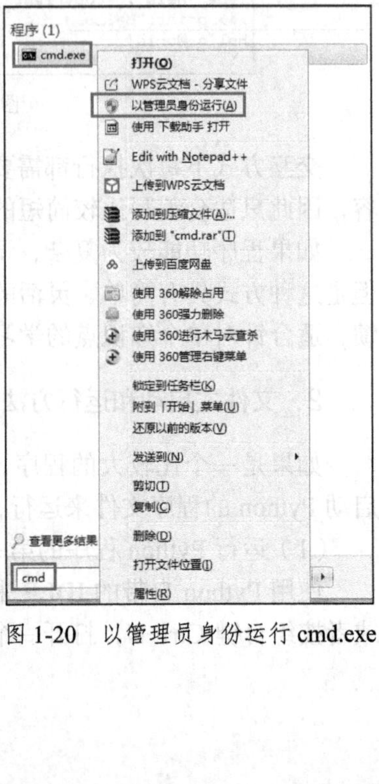

图 1-20　以管理员身份运行 cmd.exe

于我们学习 Python 语言本身，因此，本书所有程序都通过 IDLE 编写并运行。对于单行代码或需要通过观察输出结果了解少量代码的情况，我们都采用 IDLE 交互式（即有“>>>”开头）进行描述。对于讲解整段代码的情况，我们采用 IDLE 文件式。

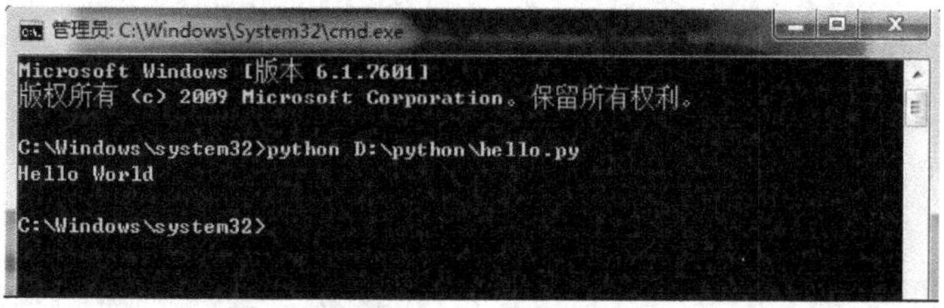

图 1-21　命令行窗口运行.py 文件方法一

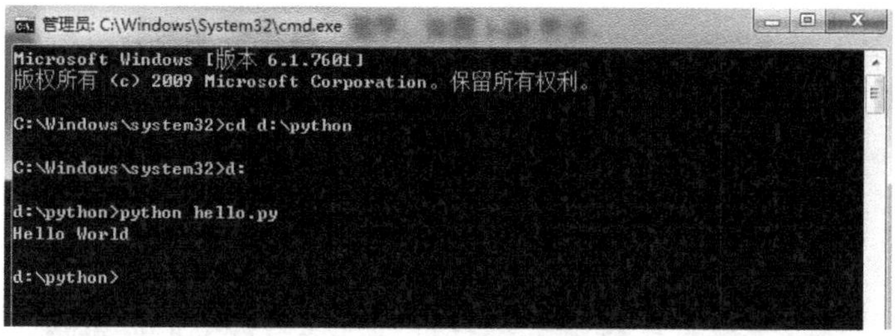

图 1-22　命令行窗口运行.py 文件方法二

（3）利用 PyCharm 来编写和运行程序

对于代码编辑器的选择，我们在做大型项目开发的时候可以选择集成开发环境，如 PyCharm（强烈推荐）。

前面我们已经成功安装了 PyCharm，下面来简单介绍 PyCharm 的使用方法。

（1）双击桌面 PyCharm 图标，运行 PyCharm。

（2）选择是否导入开发环境配置文件，因为是第一次使用，所以选择不导入，直接单击“OK”按钮，如图 1-23 所示。

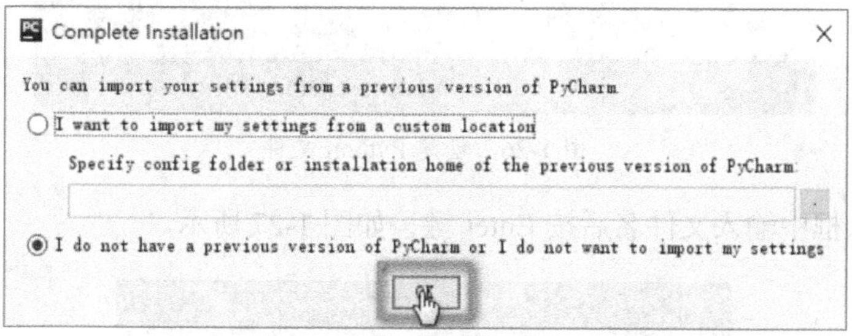

图 1-23　选择是否导入开发环境配置文件

（3）阅读协议并同意。

（4）选择输入激活码激活软件（由于我们使用的是社区版，因此不需要激活）。

（5）选择 IDE 主题与编辑区主题，选择主题后需要重启 IDE。

（6）选择“Create New Project”（创建新项目），如图 1-24 所示。

（7）自定义项目存储路径和项目名称，IDE 默认会关联 Python 解释器，单击“Create”按钮，如图 1-25 所示。

图 1-24　创建新项目

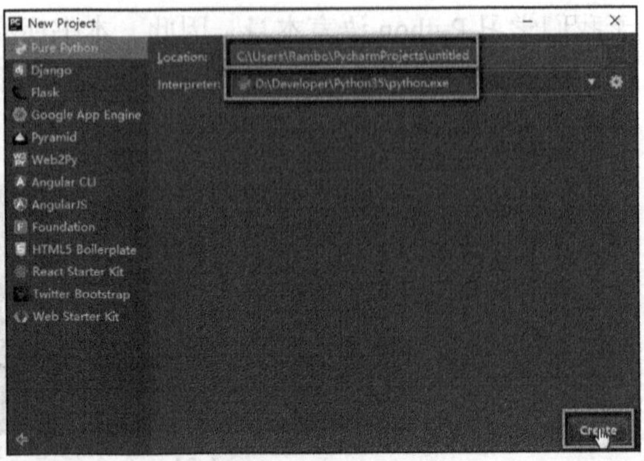

图 1-25　项目存储路径

（8）在项目名上单击鼠标右键，在弹出的快捷菜单中选择“New”→“Python File”，创建 Python 文件，如图 1-26 所示。

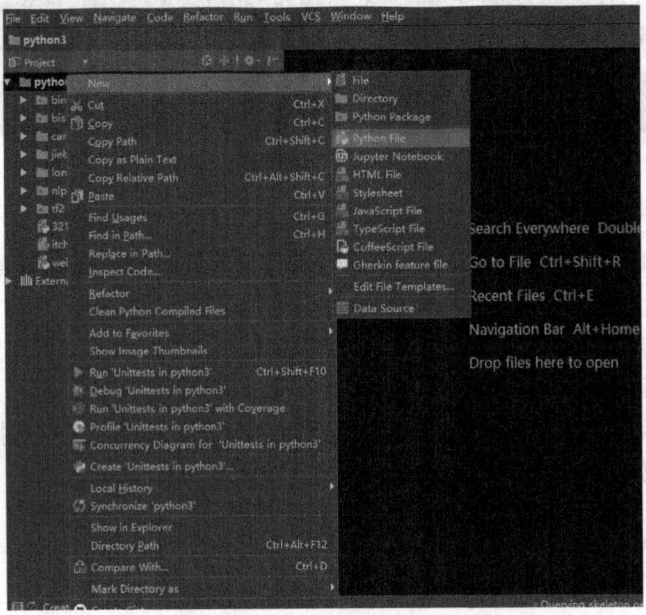

图 1-26　创建 Python 文件

（9）在输入框中输入文件名后按 Enter 键，如图 1-27 所示。

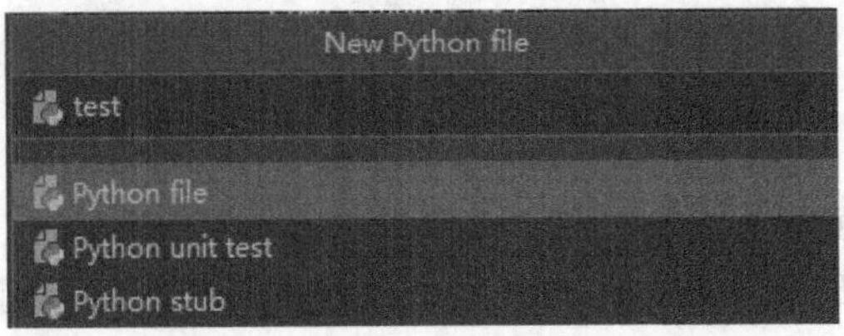

图 1-27　输入 Python 文件名

（10）在新文件中输入以下代码，如图 1-28 所示。

```
print("hello world!")
```

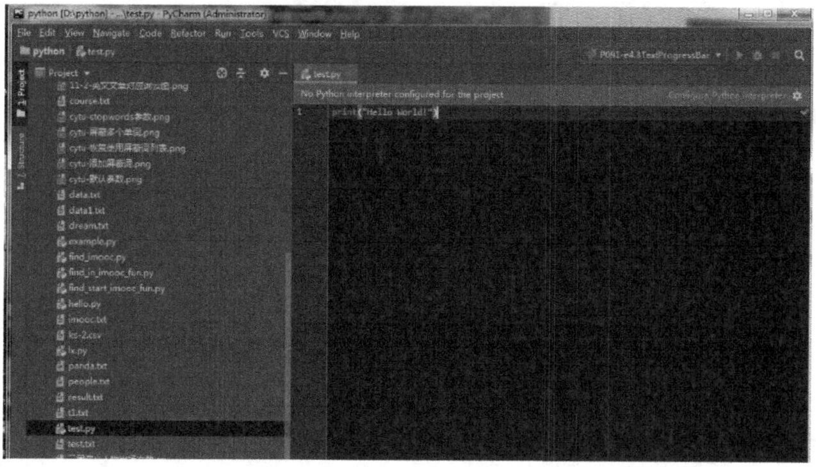

图 1-28　输入程序代码窗口

（11）单击图 1-29 中右上角的绿色三角形，运行该程序文件，运行结果如图 1-29 左下角所示。

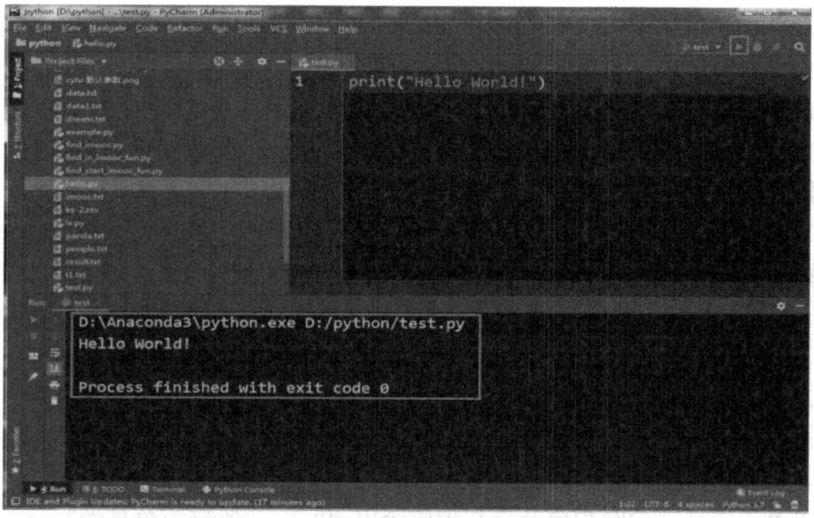

图 1-29　程序运行结果

我们通过编写第一个程序来简单介绍了 PyCharm 的使用方法。有关 PyCharm 更高级的配置和使用方法，读者可查阅资料进行学习。

练习

一、单选题

1. 关于 Python 语言特点，下列选项中描述错误的是（　　）。

   A. Python 语言是脚本语言　　B. Python 语言是非开源语言

   C. Python 语言是跨平台语言　　D. Python 语言是多模型语言

2. 下列选项中说法不正确的是（　　）。

   A. 扩展名为.py 的程序文件可以在 Python 交互方式（提示符>>>）下运行

   B. 扩展名为.py 的程序文件可以在 Windows 命令行提示符下运行

C. Python 程序文件可以利用 PyCharm 来编写和运行

D. Python 程序文件可以利用 Windows 记事本来编写

3. 输出"Hello World"，下列选项中正确的是（　　）。

A. print(Hello World)　　　　B. print('Hello World')

C. printf("Hello World")　　　　D. printf('Hello World')

4. 关于下载的 Python 安装软件，以下选项中说法不正确的是（　　）。

A. 64 位的版本不能安装在 32 位的计算机上

B. 32 位的版本可以安装在 32 位系统上

C. 32 位的版本可以安装在 64 位系统上

D. 64 位的版本可以安装在 32 位的计算机上

5. 安装 Python 第三方库 jieba 库的正确命令是（　　）。

A. pip list jieba　　　　B. conda uninstall jieba

C. pip install jieba　　　　D. pip uninstall jieba

二、填空题

1. Python 语言的官方网站是__________。

2. 在命令行窗口中查看已安装的第三方库的命令是__________。

3. 在命令行窗口中，退出 Python 交互方式的组合键是__________。

4. 在命令行窗口中，退出 IPython 交互方式的函数除了 quit()外，还有__________。

5. 快速调出"运行"对话框的组合键是__________。

三、操作题

1. 安装 Anaconda，熟悉 Anaconda 的相关组件，并尝试运用 IPython 和 Jupyter Notebook 编写代码输出"Python 语言简单易学"。

2. 在命令行窗口的 Python 交互方式和 IPython 交互方式下输出"Python 语言简单易学"。

3. 启动 IDLE，进入 Python 交互方式，输出"Python 语言简单易学"。

4. 启动 IDLE，要求在代码编辑器中编写扩展名为.py 的程序文件，然后执行该程序文件输出"Python 语言简单易学"。

5. 启动 PyCharm，编写程序并运行程序输出"Python 语言简单易学"。

6. 查看已经安装的库都有哪些。

第2章 Python 基本语法

本章重点知识：掌握两种注释方式、标识符命名规则、Python 的 35 个保留字、Python 赋值逻辑，了解垃圾回收机制、Python 的共享引用，掌握输入/输出函数的具体使用、Python 程序书写规范、使用字符串类型的 format()方法实现字符串的格式化，了解 Python 中英文混输格式对齐问题。

本章知识框架如下：

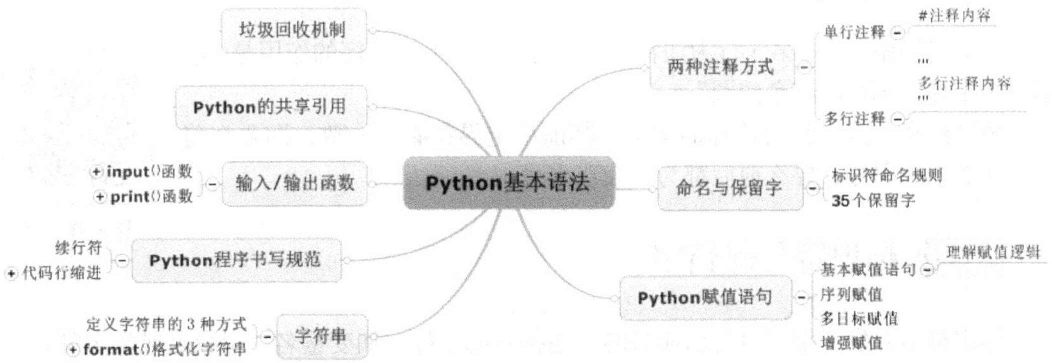

Python 语言与 Java、C#等编程语言最大的不同点是 Python 代码块是使用缩进对齐表示代码逻辑的（而不是使用大括号），并且缩进的空格数是可变的，但是同一个代码块的语句必须包含相同的缩进空格数。

注释

2.1 注释

注释是对程序代码做解释说明的，其本身不会被执行。它可以提升代码的可读性，方便日后检查和修改代码。使用注释也可以将暂时不用的程序代码屏蔽，将来需要时再将注释取消。

Python 语言支持单行注释和多行注释。

1. 单行注释

单行注释以#开头，#后为注释内容。它可作为单独的一行放在被注释代码行之上，也可以放在一条语句或者表达式之后。以下示例中，代码的注释都放在语句之后，我们通过注释可以知道该程序的功能是计算圆的面积。

【例 2-1】已知半径，计算圆的面积。

```
radius=25  #圆的半径为 25
area=3.1415*radius*radius  #计算圆面积的公式
print(area)   #输出圆的面积值
```

2．多行注释

多行注释使用 3 个单引号（'''）或者 3 个双引号（"""）将注释内容括起来。

【例 2-2】多行注释示例。

```
'''
画笔尺寸为 10
画笔颜色为红色
绘制一个半径为 100 的圆
'''
import turtle as t
t.pensize(10)
t.pencolor('red')
t.circle(100,360)
```

以上代码中第 1 ~ 第 5 行为注释内容，用于说明上述程序的作用是“绘制一个半径为 100 的红色的圆”。

值得注意的是，作为注释的文本，其前后定界符必须一致，即要么前后都为 3 个单引号，要么前后都为 3 个双引号。

标识符与保留字

2.2 标识符与保留字

标识符是开发者编程时自己命名的一些符号或名称，如变量名、函数名或类名等。

Python 语言标识符的命名规则：标识符由字母、数字、下画线或汉字组成，且不能以数字开头，长度任意。具体地说，其标识符命名规则如下。

（1）标识符可以使用大小写字母、数字、下画线或汉字等字符及其组合来命名。R、r、S、ls_1、tp123 为合法的标识符。

（2）标识符的首字符不能是数字（如果使用数字开头，就不能区分它所代表的是数值还是变量）、标识符的中间不能出现空格，123Python、Python　123 等不符合标识符的命名规则。

（3）标识符区分大小写，a 与 A 是不相同的标识符。

（4）标识符还不能是 Python 的保留字，保留字是被编程语言内部定义并保留使用的标识符。通过以下命令可以查看保留字。

```
>>> import keyword
>>> keyword.kwlist
['False', 'None', 'True', 'and', 'as', 'assert', 'async', 'await', 'break', 'class', 'continue', 'def', 'del', 'elif', 'else', 'except', 'finally', 'for', 'from', 'global', 'if', 'import', 'in', 'is', 'lambda', 'nonlocal', 'not', 'or', 'pass', 'raise', 'return', 'try', 'while', 'with', 'yield']
```

由以上运行结果可知，Python 3 中一共有 35 个保留字。

变量是取值可以发生变化的量。如二元一次方程 $y=x+2$ 中，若 $x=1$，则 $y=3$；若 $x=2$，则 $y=4$。x 与 y 的值是可变的，它们称为变量。请看以下示例：

```
#输入半径，计算圆面积并输出
radius=eval(input("请输入圆的半径："))
area=3.1415*radius*radius
print(area)
```

以上代码中，radius 和 area 也称为变量，它们是程序中用于表示和存储数据的符号。为了标识具有不同含义的数据，我们需要使用能体现数据含义的单词或词组作为标识符来命名变量。

与其他程序设计语言一样，变量的命名必须遵循一定规则，变量命名规则符合标识符的命名规则。

Python 赋值语句

2.3 Python 赋值语句

Python 中使用变量不需要提前声明或定义，给变量赋值的过程就是对变量进行声明和定义的过程。变量在使用之前必须被赋值，因为变量赋值以后才会被创建。

Python 中赋值的含义是创建一个对象的引用。Python 有以下几种赋值方式：基本赋值、序列赋值、多目标赋值、增强赋值或参数化赋值。

首先我们来看基本的赋值语句，其语法格式如下：

```
<变量>=<表达式>
```

它的作用是将右端表达式的值赋予左端的变量。请看以下示例：

```
>>> a=5  #赋值语句
```

该语句的作用是把值 5 赋予变量 a，该赋值语句不能读成 a 等于 5（Python 中的“等于”用其他符号表示，本书相关章节有说明）。这里“=”的含义是赋值，所以该语句相当于创建一个变量 a 指向内存里存储 5 的这个内存单元。

下面我们通过图 2-1 来演示变量 a、数值 5 在内存中存储的情况，从而理解赋值过程。

图 2-1 中左右两部分内容与变量赋值相关：变量表（用来存储变量名称）和内存数据存储区。变量 a 被赋值为 5（a=5）时，系统首先在内存中分配了一块存储空间，将数值 5 存储到里面，然后将变量 a 指向这块内存空间，相当于先在内存中产生数值 5，然后在变量表中添加标识符 a，并且 a 指向 5，这里的指向也可以称为“引用”。

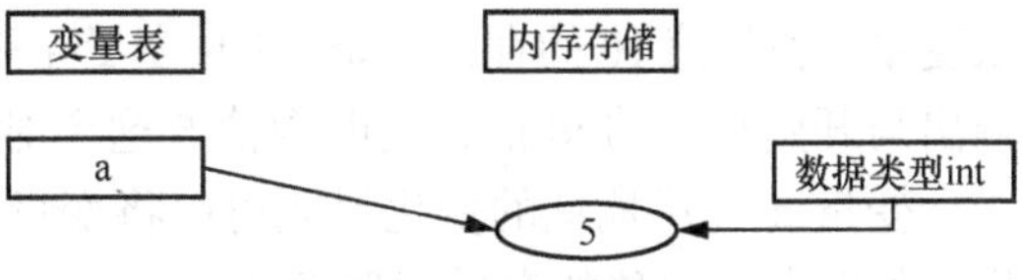

图 2-1 理解赋值过程

从以上描述可知，变量的类型与变量的名称无关，即变量本身没有类型约束，它的类型由所关联的对象决定。例如，变量 a 的类型由其关联的数值 5 决定。

Python 中的变量用于指向一个存储在内存中的数据，变量只表明存在引用关系，而不是特定存储单元的名称。这一点与其他语言区别较大。

Python 中的数据会占用一定的内存空间，而数据被称为对象（Object）。整数 5 是一个 int 型对象，用单引号括起来的 hello（'hello'）是一个字符串对象，而用方括号将 1、2

和 3 括起来的 [1, 2, 3] 是一个列表对象。请看以下示例：

```
>>> a=5
>>> a=a+5
```

以上第一个赋值语句表示变量 a 指向对象 5，第二个赋值语句表示变量 a 指向新的数据对象 a+5。这个过程可以用以下形式阐释。

```
a → 5
a → a+5
```

在 Python 中，一切数据都视为“对象”，Python 解释器为每一个对象分配内存空间。一个对象被创建后，它的 id（identity，标识）就不再发生变化。我们可以使用全局内置函数 id(obj)来获得一个对象 obj 的 id 值，id 可以被看作是该对象在内存中的存储地址。全局内置函数是不需导入任何包而直接使用的函数，我们看下面代码的运行结果。

```
>>> a=5
>>> print(a)
5
>>> id(a)
140728023372960
>>> id(5)
140728023372960
>>> a=a+5
>>> print(a)
10
>>> id(a)
140728023373120
>>> id(10)
140728023373120
>>> id(5)
140728023372960
```

对上述代码进行分析。

（1）执行语句“a=5”，之后调用 print()函数输出变量 a 的值，得到数值 5。

（2）调用 id()函数来获取变量 a 和数值 5 的 id 值，发现它们的 id 值（即存储地址）是相同的。

（3）执行语句“a=a+5”，然后输出变量 a 的值，得到结果为 10，之后调用 id()函数获取变量 a 和数值 10 的存储地址，此时变量 a 和数值 10 的存储地址相同。通过再次调用 id(5)，输出与开始相同的 id 值，说明数值 5 这个对象依然存在，并且存储在原来的位置上。

变量 a 前后地址的变化说明可以将变量看作指向对象的引用，为变量赋值；改变变量指向的对象，对象的存储位置并未改变。

一个对象被创建后，它不会被立即销毁。在上面的例子中，变量 a 首先指向对象 5，然后执行语句“a=a+5”，a+5 产生了一个新的对象 10。由于对象 5 并未销毁，a 赋值为10，此时 a 指向新的对象 10，而不是用新的对象 10 去覆盖对象 5，因此，代码执行完成后，内存中仍然存在对象 5，也存在对象 10。

Python 中赋值语句的功能就是创建一个对象的引用并指向对象。变量是对象引用，并不是存储对象本身。

2.4 Python 的其他赋值方式

Python 除了前述基本赋值方法外，还有序列赋值、多目标赋值和增强赋值等。

1. 序列赋值

Python 的其他赋值语句

序列赋值的语法格式如下：

```
<变量 1,变量 2,…,变量 n>=<表达式 1,表达式 2,…,表达式 n>
```

赋值时，首先计算赋值号“=”右端每个表达式的值，然后将每个表达式的值分配给左端对应的变量，即通过一个赋值语句可以将多个值同时分别赋予不同的变量。例如，将 1、2 和 3 分别赋予变量 a、b 和 c，赋值语句如下：

```
>>> a,b,c=1,2,3
```

这条语句的作用与以下 3 个基本赋值语句的功能是等价的。可见，使用序列赋值可以减少赋值语句的行数。

```
>>> a=1
>>> b=2
>>> c=3
```

以下为交换两个变量值并输出其值的程序段。

```
a, b=5, 10
a, b=b, a
print(a,b)
10 5
```

在其他语言（如 Java、C 或 C++）中至少需要 3 行代码才能完成两个变量值的交换，而在 Python 中，通过序列赋值的方式只需要一行代码即可完成变量值的交换。

序列赋值也称为序列解包赋值，它可以实现用逗号隔开多个变量的同时赋值操作。序列赋值虽然可以减少赋值语句的行数，但我们应该尽量避免将多个无关的单一赋值语句组合成序列赋值语句，因为它会降低程序的可读性。如果多个单一赋值语句在功能上表达了相同或相关的含义，或者在程序中实现相同的功能，此时可以考虑采用序列赋值的方式，否则，不要使用序列赋值。

2. 多目标赋值

多目标赋值是将同一个值赋予多个变量的一种赋值方式。它的语法格式如下：

```
<变量 1>=<变量 2>=…=<变量 n>=<表达式>
```

表达式在最后面，表达式之前为赋值符号，赋值符号之前为若干变量，这些变量之间使用赋值符号连接。例如，将数值 1 同时赋予变量 a、b 和 c，赋值语句如下：

```
>>> a=b=c=1
```

它相当于以下 3 个基本赋值语句。

```
>>> a=1
```

```
>>> b=1
>>> c=1
```

也相当于以下序列赋值语句。

```
>>> a,b,c=1,1,1
```

3．增强赋值

增强赋值是将二元表达式的计算和赋值功能结合起来的一种赋值方式。

如果希望将某个变量在它原有值的基础上做一些运算，再将运算结果重新赋予同一变量来替换原有的值，这时可以使用增强赋值。例如：

```
>>> x+=1
```

它是将变量 x 在原有值的基础上加 1 后再赋予 x，等价于下面这个基本赋值语句。

```
>>> x=x+1
```

二元算术运算符（+、−、*、/、//、%和**等）都有与之对应的增强赋值操作符（+=、−=、*=、/=、//=、%=和**=等）。

如果用 op 表示运算符，则 x op= y 等价于 x=x op y。

⚠ 注意：op 与赋值符号“=”之间没有空格。

2.5 Python 的垃圾回收机制

看下面两个赋值语句：

```
>>> a=5
>>> a=a+5
```

Python 的垃圾回收机制

第一个赋值语句表示变量 a 指向对象 5，执行第二个赋值语句后，变量 a 指向 a + 5，即新数据对象 10。

```
a → 5
a → a+5
```

如果没有变量 a 指向对象 5（即不再引用对象 5），Python 会使用垃圾回收机制来决定是否将对象 5 回收，这个过程由 Python 自动完成。

不同于 C/C++，Python、Java 和 C#等高级语言是不需要程序员编写代码来实现内存管理的，因为它们的垃圾回收（garbage collection，GC）机制实现了自动内存管理。垃圾回收功能是找出内存中不再使用的区域并将其释放。

Python 垃圾回收机制的功能包括引用计数、标记与清除和分代回收。使用引用计数（reference counting）可跟踪和回收垃圾；在引用计数的基础上，使用标记与清除（mark and sweep）解决容器对象可能产生的循环引用问题；使用分代回收（generation collection）以空间换时间的方法提高垃圾回收效率。这里我们主要介绍引用计数法的工作原理。

引用计数法的工作原理是，每个对象都维护一个引用计数字段，用来记录当前对象被引用的次数，也就是追踪到底有多少引用指向了这个对象。

当发生以下 4 种情况时，该对象的引用计数器+1。

（1）对象被创建：a=14，赋值的本质工作就是创建一个对象的引用。

（2）对象被引用：b=a，将 a 赋予 b，这是对 a 的再次引用。

（3）对象被作为参数传递到函数中：func(a)，如果定义了一个自定义函数 func()，我们把 a 作为参数传递到函数 func()中，那么此时对象 a 的引用计数也要进行加 1 操作。

（4）对象作为一个元素存储在容器中：st={a,'cd','cf ',2}，a 属于集合 st 中的一个元素，则对象 a 的引用计数也要进行加 1 操作。

与上述情况相对应，当发生以下 4 种情况时，该对象的引用计数器−1。

（1）当该对象的别名被显式销毁时：del a。

（2）当该对象的别名被赋予新的对象时：a=26。

（3）一个对象离开它的作用域时：例如 func()函数执行完毕时，函数里面局部变量的引用计数器就会减 1（但是请注意，全局变量的引用计数器不会减 1）。在讲到有关函数以及代码复用的时候，我们再来理解这个问题。

（4）将元素从容器中删除时，或者容器被销毁时。

简单来说，如果有新的引用指向对象，该对象的引用计数就加 1；引用被销毁时，对象的引用计数减 1；一旦对象的引用计数为 0，该对象的生命周期就结束了，对象立即被回收，对象占用的内存空间被释放。也就是说，Python 内部的垃圾回收机制侦查到在特定时间内没有变量引用某一个对象，这个对象会被回收，释放它所占用的资源。Python 中的垃圾回收机制就是根据引用计数器来判断是否有引用的，以此来决定是不是在合适的时候自动释放并清空所占资源。垃圾回收机制的目标是 Python 中未被引用的对象，其计算方法是根据引用计数器得到的一个结果来进行推断。

理解这一点很重要。在今后讲到列表等数据类型的时候，我们会再次看到正确理解变量指向对象的重要性。

Python 的共享引用

2.6 Python 的共享引用

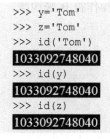

共享引用指的是多个变量引用同一个内存对象。请看以下示例：

```
>>> y='Tom'
>>> z='Tom'
>>> id('Tom')
1033092748040
>>> id(y)
1033092748040
>>> id(z)
1033092748040
```

将字符串'Tom'赋予变量 y 和 z，然后获取它们的 id 值，通过输出可知，y、z 和字符串'Tom'具有相同的存储地址。图 2-2 表示 x、y 与字符串'Tom'之间的关系。

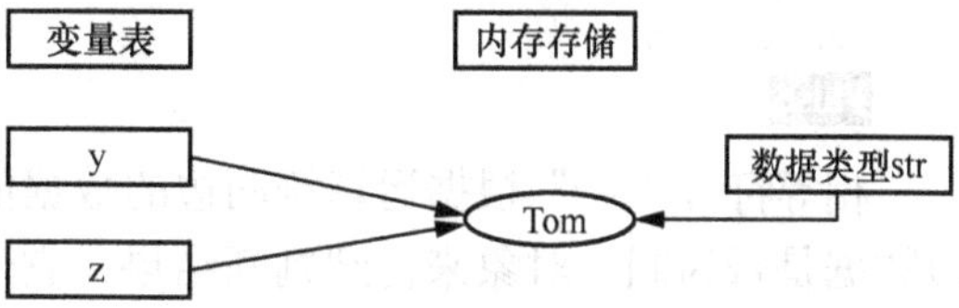

图 2-2　共享引用示意图

再看以下示例：

```
>>> a=50
>>> b=50
>>> a==b
True
```

以上代码将 50 赋予变量 a 和 b，然后判断变量 a 和 b 是否相等，结果为 True，表示 a 与 b 是相等的。需要注意的是，“a==b”有两种情况：① a 与 b 存储的数据值是相等的，但 a 与 b 指向的对象不是同一个；② a 与 b 指向的对象是同一个。

```
>>> id(a)
140736482630208
>>> id(b)
140736482630208
```

通过以上代码的输出结果可知，a 与 b 指向的对象是同一个，这时语句“a==b”的结果为 True。

这种不同变量引用相同值得到相同内存地址的情况是由 Python 中整数对象的缓冲池机制决定的，即小的整数和部分短字符串已经被 Python 预先缓存在内存中，而当使用较大的整型数值或者是较长的字符串时，即便是不同变量引用了相同的值，分配的内存地址也绝对不可能相同。请看以下示例：

```
>>> a,b=3421356,3421356
>>> a==b
True
>>> id(a)
51593392
>>> id(b)
51593648
>>> id(3421356)
51593424
```

通过以上代码可知，a 与 b 的值相等，这时语句“a==b”的结果为 True，但 a 与 b 指向的对象却不是同一个，因此，其 id 值不相同。

判断两个变量是否指向同一个对象除了使用 id()函数，还可以用操作符 is 来检测。

```
>>> a,b=50,50
>>> a is b
True
>>> a is 50
True
>>> b is 50
True
>>> a,b=3421356,3421356
>>> a is b
False
```

相等符号“==”根据运算符两边的数据值是否相等来得到判断结果，而 is 根据判断两边数据是否为同一对象来得到判断结果，它们是有区别的。因此，如果要判断两个或者多个变量是否属于共享引用，应该使用 id()函数或者 is 来判断，不能直接根据数据值是否相等来判断。

2.7 输入函数与输出函数

输入是将数据从输入设备传入计算机，典型的输入设备是键盘和鼠标；数据在计算机的 CPU 中运算处理，最终结果通过输出设备输出，典型的输出设备是显示器和打印机。

Python 内置的输入函数与输出函数分别是 input()函数和 print()函数。

输入函数与输出函数

1. input()函数

input()函数的作用是从标准输入中读取一个字符串，默认的标准输入是键盘。input()函数的语法格式如下：

```
input([<提示信息>])
```

如果在调用 input()函数时指定了提示信息，则在输入数据之前显示提示信息。

需要注意的是，无论输入的是字符还是数字，input()函数的返回值始终是字符串。例如：

```
>>> a=input("请输入：")
请输入：xyz
>>> a
'xyz'
>>> a=input("请输入：")
请输入：123.4
>>> a
'123.4'
```

当输入字符串 xyz 时，返回字符串'xyz'；当输入数字串 123.4 时，返回字符串'123.4'。这些单引号表明 input()函数返回的是字符串。如果想要使用数值型数据，我们需要强制类型转换或者使用 eval()函数将字符串转变成 Python 语句并执行。

2. eval()函数

eval()函数的语法格式如下：

```
eval(<字符串表达式>)
```

eval()函数是 Python 的一个内置函数，它将作为参数的字符串转变成 Python 语句，并执行该语句，经常用来将由数字构成的字符串转换成数值型数据。请看以下求圆面积的交互式语句。

```
>>> radius=eval(input("请输入圆的半径："))
请输入圆的半径：2
>>> area=3.1416*radius*radius
>>> print(area)
12.566
```

用 input()输入半径 2，返回字符串'2'，再使用 eval()将其转换成数值 2，接着使用语句"area=3.1416*radius*radius"求出圆的面积。如果没有使用 eval()函数，最终将出现错误提示。再看下面的语句。

```
>>> x=7
>>> eval('x+1')
```

```
8
>>> eval('x+2+1.1')
10.1
```

将数字 7 赋值给 x，然后用 eval()函数将字符串“x+1”转换成表达式 x+1 并计算结果，x+1 的计算结果为 8；同样地，用 eval()函数将字符串“x+2+1.1”转换成表达式 x+2+1.1 并计算其结果，计算结果为 10.1。

3. print ()函数

Python 内置的输出函数是 print()，该函数的语法格式如下：

```
print(value1,…,valuen, sep=' ', end='\n')
```

该函数的主要参数为 value、sep 和 end，其中 sep 和 end 为可选参数。

value$_1$, …, value$_n$ 表示可以一次输出多个对象，多个对象之间用英文状态下的逗号分隔开。

sep 表示输出多个对象时，对象之间的分隔符。默认分隔符为空格。

end 用于指定本次最后输出的字符或字符串。默认使用换行符“\n”。

使用 print()函数的实例如下：

```
>>> print(2)
2
>>> print('Hello World')
Hello World
>>> print('www','baidu','com')
www baidu com
```

未指定参数 sep 和 end 的值时，多个输出项之间用空格分开，输出内容最后添加了换行符。

再看以下示例：

```
>>> print("www","baidu","com",sep=".")
www.baidu.com
```

如果给定参数“sep="."”，则以“.”分隔多个输出对象，因此，上述语句的输出结果为“www.baidu.com”。

```
>>> print(1,2,3,sep='+',end='=?')
1+2+3=?
```

如果设置参数“sep= '+'”和“end='=?'”，则表明用“+”分隔多个对象，并在输出完多个对象的值后添加符号“=?”。因此，最终的输出结果为“1+2+3=?”。灵活运用 print()函数参数 sep 和 end 的设置可以得到想要的输出形式。

2.8 Python 程序书写规范

Python 程序书写规范

计算机通过执行某种程序设计语言编写的代码来完成指定的任务，开发者必须保证使用某种程序设计语言编写出的程序不能有歧义，因为每一种程序设计语言都有其自己的语法体系。程序执行之前，程序设计语言的编译器或解释器将合法的程序代码转换成计算机能够执行的机器码，然后执行，Python 程序也不例外。编写 Python 程序，除了需要遵循基本的语法规则之外，还需要注意一些书写规范。

1．用分号“;”分隔一行中多条语句

一般情况下，每一行只书写一条语句。如果需要在一行内写多条语句，语句之间必须使用英文状态下的分号进行分隔。请看以下示例：

```
>>> print("hello Python");print("hello world")
hello python
hello world
```

两条 print 语句写在同一行上，中间使用“;”分隔。为了增加程序的可读性，一般情况下一行只写一条语句。

2．续行符及隐式行连接符的使用

如果表达式过长（含有表达式的语句超出一行），我们可以使用续行符“\”来连接转行语句，或者在表达式外围增加一个括号“( )”。例如，给字符串 s 赋的值在一行放不下时，则可以在行末尾处加上续行符“\”或者在字符串的外围加上一个括号，具体语句如下。

```
>>> s="The Python language is a very efficient and concise language. You will \
find the Python language very interesting."
>>> print(s)
The Python language is a very efficient and concise language. You will find the Python language very interesting.
>>> s=("The Python language is a very efficient and concise language. You will find
the Python language very interesting.")
>>> print(s)
The Python language is a very efficient and concise language. You will find the Python language very interesting.
```

3．代码行缩进

Python 程序的代码块由多行语句组成，此类语句也称为复合语句。Python 采用严格的缩进来表示不同的代码块（缩进是指代码行前面使用若干空格来表示代码之间的包含与层次关系），同一个代码块的语句必须含有相同数量的缩进空格。代码块的缩进空格数量是可以调整的，建议使用 4 个空格的缩进，因为 Python 社区贡献的代码一般用 4 个空格缩进，这样便于从他人编写的程序中获取有用的代码片段并在自己编写的程序中使用。此外，严格的缩进使程序结构清晰、便于阅读，也有利于代码维护。

2.9 字符串

字符串之定义

1．字符串的定义

Python 中最常用的数据类型是数值类型和字符串类型。字符串是用一个单引号、一个双引号或一个三引号括起来的 0 个或者多个字符序列，它是一种序列类型。单引号、双引号或三引号用于定义字符串时称为界定符，字符串的前后界定符必须一致。例如，'a' "hello"和'''abc'''都是字符串，引号必须成对出现。使用单引号时，双引号可以作为字符串的一部分；使用双引号时，单引号可以作为字符串的一部分；使用三引号时，单引号或双引号也可作为字符的一部分。请看以下示例：

```
>>> a='''Jack said,"Let's go". '''
>>> print(a)
Jack said,"Let's go".
```

变量 a 为一字符串，赋值时字符串使用三引号括起来，字符串内部使用了单引号和双引号作为字符。

⚠ 注意：当使用单引号作为字符串的界定符时，由 3 个单引号组成的三引号不能出现在字符串中，因为 Python 解释器没办法区分。同样，当使用 3 个单引号作为字符串的界定符时，如果单引号出现在字符串中，此时要求必须与作为界定符的三引号之间有其他间隔字符。使用 3 个双引号作为字符串的界定符与使用 3 个单引号作为界定符的要求类似。请看以下示例：

```
>>> 'ok"""'
'ok"""'
>>> 'error'''error'
SyntaxError: invalid syntax
>>> '''123'5'''
"123'5"
>>> '''1235''''
SyntaxError: EOL while scanning string literal
```

第 2 行代码中，单引号作为界定符，中间出现了 3 个单引号，Python 解释器没法处理的原因是不知道将这 3 个单引号作为一个整体，还是将这 3 个单引号中的一个与开始的单引号进行匹配，无法确定，故解释器拒绝这样的操作，给出语法错误的提示信息。

第 4 行代码中，对最后的 4 个单引号，Python 解释器没法处理的原因是不知道将最后 3 个单引号作为一个整体与开始的三引号匹配，还是将最后的一个单引号与开始的三引号进行匹配，无法确定，故解释器拒绝这样的操作，给出语法错误的提示信息。

字符串是序列类型，我们可以对字符串中单个字符进行索引。字符串中字符的索引序号（下标）可以正向递增或反向递减，如图 2-3 和图 2-4 所示。如果字符串长度为 L，正向递增时从左侧开始编号，第一个字符的序号为 0，最后一个字符的序号为 $L-1$，如图 2-3 所示。反向递减时最右侧字符序号为−1，向左依次递减，最左侧字符序号为 $-L$，如图 2-4 所示。

例如，图 2-3 中该字符串的长度为 11，正向递增时最左侧字符序号为 0，最右侧字符序号为 10。反向递减时最右侧字符序号为−1，最左侧字符序号为−11，如图 2-4 所示。

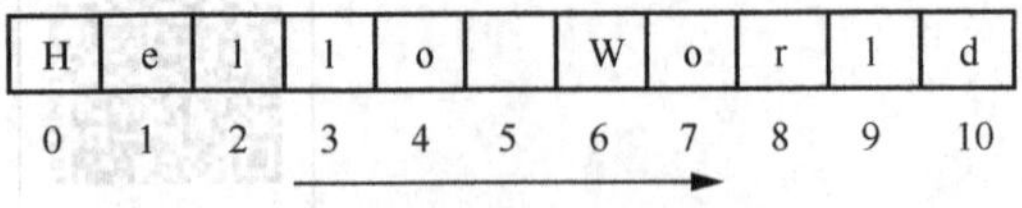

图 2-3　正向递增序号

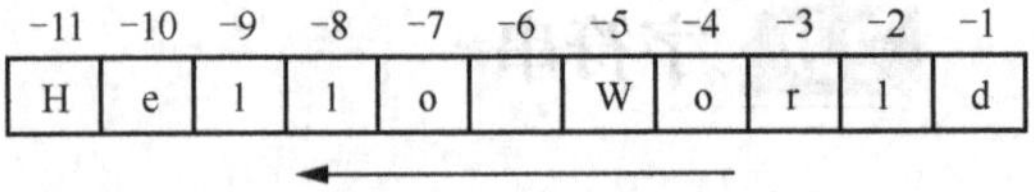

图 2-4　反向递减序号

请看以下示例：

```
>>> a="对酒当歌，人生几何？"
>>> a[-1]
'？'
>>> a[1]
'酒'
```

a[−1]获取最后一个字符为“?”，a[1]获取字符串中第二个字符为“酒”。需要注意的是，使用正向序号时，下标是从 0 开始。

Python 字符串可以按区间访问，即对字符串切片。字符串切片格式为：str[N:M]，表示从字符串 str 中获取序号 N 到 M（不包含 M）的子字符串，其中，*N* 和 *M* 为字符串的索引序号，实际使用时可以混合使用正向递增序号或反向递减序号。请看以下示例：

```
>>> a="Hello World"
>>> a[0:2]
'He'
>>> a[-3:-1]
'rl'
>>> a[0:-1]
'Hello Worl'
```

a[0:2]表示由字符串中下标 0 到下标 2（不包含 2）的字符构成的子字符串，即“He”；a[-3:-1]表示由字符串中下标从−3 到下标−1（不包含−1）的字符构成的子字符串，即“rl”；a[0:-1]表示由字符串中下标 0 到下标−1（不包含−1）的字符构成的子字符串，即“Hello Worl”。

字符串之转义字符

2. 转义字符

字符串是一段文本信息，其中可以包含字母、数字和特殊符号等 ASCII 编码字符，也可以包含由其他各种编码规定的中文、日文或韩文等字符。

定义字符串可以使用单引号、双引号或三引号，字符串的前后界定符必须一致。使用三引号时，作为界定符的引号可以是 3 个单引号，也可以是 3 个双引号，需要保证前后一致。三引号通常用来定义多行字符串。以下为正确定义字符串的示例。

```
>>> num_str='20190101'
>>> name='Tom'
>>> s1='''三引号声明的字符串中可以使用"双引号"或'单引号' '''    #注意最后 3 个单引号前有空格
>>> s2 ="""三引号也可以
声明多行字符串"""
```

如果字符串中有回车符、换行符或制表符等特殊符号，由于这些符号没有直接的字符可以表示，因此我们需要使用特殊符号的转义字符。转义字符用反斜线“\”开头，后面跟一个字符或一串数字。

常用的转义字符如表 2-1 所示。

表 2-1　常用的转义字符

转义字符	说明	转义字符	说明
\\	一个\符号	\n	换行符
\'	一个单引号	\t	横向制表符
\"	一个双引号	\r	回车符
\000	一个空格	\a	蜂鸣、响铃

以反斜线“\”定义转义字符有时也会给字符串定义带来一定的麻烦，例如，使用以下语句将含路径信息的文件保存到 path 变量，命令执行后会出现错误提示。

```
>>> path='c:\abc\xyz\tag.txt'
```

```
SyntaxError: (unicode error) 'unicodeescape' codec can't decode bytes in position 6-7: truncated \xXX escape
```

出错原因：在普通的字符串中使用反斜线“\”时，它总是与后面的字符形成一个转义字符，即它把“\a”当作一个整体，但错误的位置并不是“\a”，因为“\a”本身就是一个正确的转义字符。实际上，错误提示是由“\x”产生的，“\x”被认为是一个转义字符，但Python没有转义字符“\x”。

Python默认将字符串中出现的反斜线“\”作为转义字符的开始符号。如果需要将“\”当作一般字符，有以下三种解决方法。

方法一：把反斜线“\”再次转义，即写作“\\”，前一个“\”表示转义，后一个“\”是实际字符。请看以下示例：

```
>>> path='c:\\abc\\xyz\\tag.txt'
>>> print(path)
c:\abc\xyz\tag.txt
```

方法二：使用斜线“/”替换字符串中的反斜线“\”。请看以下示例：

```
>>> path='c:/abc/xyz/tag.txt'
>>> print(path)
c:/abc/xyz/tag.txt
```

使用方法一和方法二存在的问题是，需要多处修改在字符串中出现的反斜线“\”，很容易漏改导致错误。

方法三：在字符串前加一个字符“r”，表示其后字符串中出现的“\”不被当成转义字符使用，即使用r将其后的字符串声明为原始字符串。请看以下示例：

```
>>> path=r'C:\abc\xyz\tag.txt'
>>> print(path)
c:\abc\xyz\tag.txt
```

format()格式化字符串之简单应用

2.10 format()格式化字符串

利用字符串运算符构成的字符串表达式作为输出对象，可以控制字符按某种格式输出。请看以下示例：

```
score_m=89
score_e=95
score_p=78
print("数学成绩: "+str(score_m))
print("="*20)
print("英语成绩: "+str(score_e))
print("="*20)
print("物理成绩: "+str(score_p))
```

程序运行结果如下：

```
数学成绩: 89
====================
英语成绩: 95
====================
物理成绩: 78
```

利用字符串运算符“*”，可以在数学成绩、英语成绩和物理成绩之间输出 20 个“=”作为分隔符。

实际输出数据时，输出内容除了变量或表达式的值之外，还需要加入一些提示信息，且提示信息与变量或表达式值是混合在一起的，例如需要按以下格式输出内容。

```
张三的数学成绩：89
```

其中，加下画线的“张三”和“89”需要随变量的值变化而变化，我们可以使用字符串表达式实现以上格式的输出，但不够灵活。使用字符串格式化来实现这种需求是一种更好的选择。在 Python 中，使用字符串类型的 format()方法实现字符串格式化。

format()方法的使用格式如下：

```
<模板字符串>.format(<逗号分隔的多个参数>)
```

<模板字符串>中使用“槽”将要输出的变量或表达式定位，“槽”使用一个大括号来表示，如图 2-5 所示。

<模板字符串>中槽的编号和 format()方法中参数的序号是对应的，即将作为参数的变量或表达式按序号填写到对应序号的槽中。在图 2-5 中，format()中的第一个参数“2018-10-1”填写到第一个槽位，第二个参数“C”填写到第二个槽位，第三个参数 10 填写到第三个槽位。需要注意的是，槽的序号是可以在程序中指定的，如图 2-6 所示。

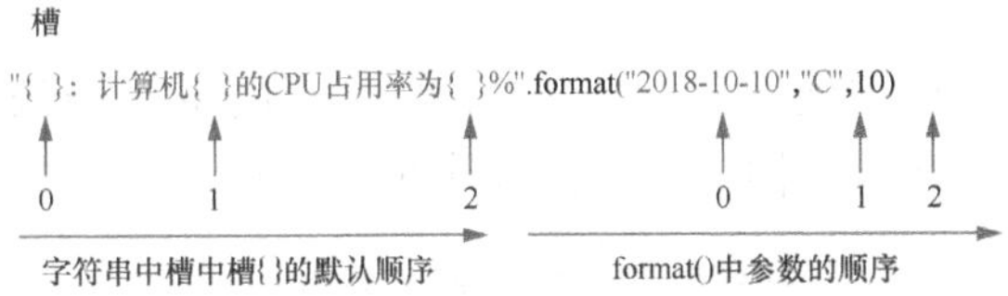

图 2-5 大括号表示槽

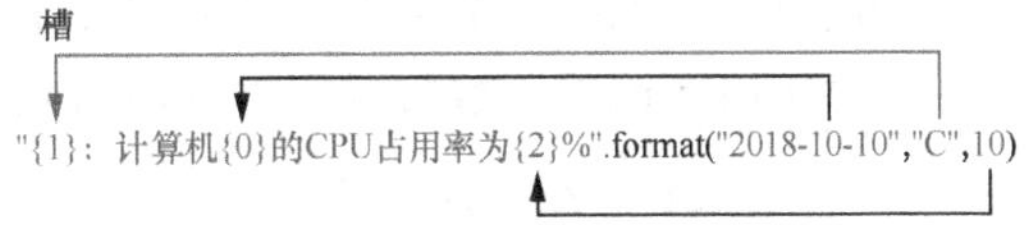

图 2-6 指定槽的序号

由于槽中使用了序号，则填入的是指定序号的参数，因此，这时不再按参数的顺序填写到槽中，也不再要求参数个数与槽的个数一样多，我们可以灵活地实现字符串格式化。这种方式还可以有非常复杂的组合，请看以下示例：

```
>>> "{}的数学成绩是：{}".format('张三',93)
'张三的数学成绩是：93'
>>> "数学成绩为{1}分的同学是{0}，{0}的数学成绩是最高分".format('张三',93)
'数学成绩为 93 分的同学是张三，张三的数学成绩是最高分'
```

在输出内容较多的情况下，使用 format()方法实现字符串格式化比使用字符串表达式容易，但输出内容较为简单时，仍然可以使用字符串表达式来完成格式化。

需要注意的是，使用 format()格式化字符串时，若字符串自身包含字符“{”或“}”，则需要将“{”变为“{{”，将“}”变为“}}”，否则“{}”被当成格式化字符串的槽来处理，会发生错误。请看以下示例：

```
>>> "{0}的数学、语文、英语三科成绩分别是{{{1},{2},{3}}}".format("张三",89,98,76)
'张三的数学、语文、英语三科成绩分别是{89,98,76}'
```

请正确理解以上模板字符串中的“{{{1},{2},{3}}}”。其中，{1}、{2}和{3}表示槽；{1}前的两个“{{”表示输出“{”；{3}后面的两个“}}”表示输出“}”。

1. 字符串格式化的“槽”机制

通过<模板字符串>中的“{}”规定对应输出内容的位置来实现字符串的格式化。我们可以这样理解字符串格式化：输出的内容为字符串，但在字符串中，某部分的值是随 format()函数的参数值变化而变化的，对这些可变部分先使用一个大括号来占位，相当于留下一个“槽”，即应用“槽”机制实现格式化字符串。以下分几种情况来阐明如何使用“槽”。

字符串格式化的“槽”机制

（1）省略槽中参数序号

如果 format()函数参数的位置与<模板字符串>中槽的位置是一一对应的，则我们可以省略<模板字符串>中槽的序号，即省略大括号中的序号。此时，程序按照 format()函数中的参数顺序依次将它们的值填充到对应的槽中。请看以下示例：

```
>>> name="Tom"
>>> age =30
>>> job="教师"
>>> print("姓名：{}，年龄：{}，职业：{}".format(name, age, job))
姓名：Tom，年龄：30，职业：教师
```

以上输出语句中 3 个槽依次填充对应参数 name、age 和 job 的值。

这种方式每个槽对应的参数不同，不能处理一个参数在多个位置输出的情况。

（2）槽中指定参数序号

如果 format()函数中某个参数需要在字符串中多处显示，则我们需要在槽中指定参数的序号。利用 format()函数可以将参数填写到对应序号的槽位置上，请看以下示例：

```
>>> print("姓名：{0}，年龄：{1}，{0}的职业是：{2}".format(name, age, job))
姓名：Tom，年龄：30，Tom 的职业是：教师
```

这里的参数“name”在输出字符串中出现了两次。由此可见，通过在大括号中指定输出参数的序号可以灵活地改变输出内容所在的位置。

（3）槽中指定参数名称

如果 format()函数使用关键字参数传递输出内容，则我们可以在槽中直接使用参数名称，从而实现在槽规定的位置输出关键字参数值。使用这种方式的好处是 format()函数参数的顺序可以任意。

```
>>> print("姓名：{name}，年龄：{age}，职业：{job}".format(name="Tom",age=30, job="教师"))
姓名：Tom，年龄：30，职业：教师
```

format()函数中，使用了关键字参数传值，每个参数的书写规则是：参数名=值，参数名不能省略（关键字参数将在函数相关章节中介绍，这里可以简单理解为给每个函数参数赋值）。请看以下示例：

```
>>> name="Tom"
>>> age =30
>>> job="教师"
>>> print("姓名：{name}，年龄：{age}，职业：{job}".format(name,age,job))
Traceback (most recent call last):
  File "<pyshell#23>", line 1, in <module>
    print("姓名：{name}，年龄：{age}，职业：{job}".format(name,age,job))
KeyError: 'name'
```

以上模板字符串的 3 个槽中使用了参数的名称而不是参数的序号，但 format()函数中并未使用关键字参数传值，也就是没有写成“参数名=值”的形式，因此发生错误。

如果 format()函数使用关键字参数传递输出内容，format()函数参数的顺序可以任意调换。请看以下示例：

```
>>> print("姓名：{name}，年龄：{age}，职业：{job}".format(age=30,name="Tom", job="教师"))
姓名：Tom，年龄：30，职业：教师
>>> print("姓名：{name}，年龄：{age}，职业：{job}".format(job="教师",name="Tom",age=30))
姓名：Tom，年龄：30，职业：教师
```

以上两次执行命令的输出结果是相同的。可见，使用这种方式可以任意交换输出参数的顺序，只需保证参数名称不变即可。这其实也是一种混合使用的方法。

（4）混合使用前面介绍的格式化方法

① 在槽中混合使用参数序号和参数名称。

请看以下示例：

```
>>> name="Tom"
>>> age=30
>>> print("姓名：{0}，年龄：{1}，职业：{job}".format(name,age,job="教师"))
姓名：Tom，年龄：30，职业：教师
```

以上模板字符串使用了 3 个槽，前两个使用参数序号，最后一个使用参数名称。需要注意的是，在 format()函数的参数表中，按序号使用的参数必须放在所有按名称使用的参数前面，否则会出现错误。请看以下示例：

```
>>> print("姓名：{0}，年龄：{2}，职业：{job}".format(name,job="教师",age))
SyntaxError: positional argument follows keyword argument
```

② 部分槽省略参数序号，其他槽使用参数名称。

请看以下示例：

```
>>> print("姓名：{}，年龄：{}，职业：{job}".format(name,age,job="教师"))
姓名：Tom，年龄：30，职业：教师
```

以上模板字符串的 3 个槽中，前两个省略了参数序号，第三个槽中填写的是参数名称。需要注意的是，按名称使用的参数必须放到 format()函数参数表的最后。另外，不允许部分槽省略参数序号，而另一部分槽使用序号。请看以下示例：

```
>>> name="Tom"
>>> age=30
>>> job="教师"
>>> print("姓名：{}，年龄：{}，职业：{2}".format(name,age,job))
Traceback (most recent call last):
  File "<pyshell#26>", line 1, in <module>
    print("姓名：{}，年龄：{}，职业：{2}".format(name,age,job))
ValueError: cannot switch from automatic field numbering to manual field specification
```

输出时发生错误，原因：在模板字符串的 3 个槽中，前两个省略了参数序号，而第三个中又填写了参数序号。

2. 字符串格式化输出

<模板字符串>中的槽不仅可以规定输出内容的位置，还可以控制输出格式。使用格式控制标记来定义输出格式，格式控制标记在槽的参数序号之后。槽的完整格式如下：

```
{<参数序号>:<格式控制标记>}
```

字符串格式化输出

<参数序号>和<格式控制标记>之间有一个英文状态的冒号。如果没有格式控制标记，则冒号可以省略且槽对应的参数使用默认格式输出。

格式控制标记用来控制输出内容的显示格式。Python 提供了 6 种格式控制标记，分别为填充、对齐、宽度、数字的千位分隔符、精度和类型符号，如图 2-7 所示。这些标记都是可选的，并且可以组合使用。以下按组介绍各种标记的作用。

:	<填充>	<对齐>	<宽度>	,	<.精度>	<类型>
	用于填充的单个字符	<左对齐； >右对齐； ^居中对齐	设定输出宽度	数字的千位分隔符，适用于整数和浮点数	浮点数小数部分的精度或字符串的最大输出长度	整数类型为b、c、d、o、x、X；浮点数类型为e、E、f、%

图 2-7 6 种格式控制标记

输出内容时，设置的宽度大于输出内容的长度后，才需要设置对齐和填充，因此，“宽度、对齐、填充”为一组格式控制标记。

（1）宽度

宽度用于指定槽的输出内容总宽度。如果该槽对应的输出内容长度比宽度大，按实际长度输出；反之，使用“填充”字符或空格填充超出部分的宽度。

（2）对齐

对齐用于指定输出内容的对齐方式，<、>和^这 3 个符号分别表示左对齐、右对齐和居中对齐。字符串类型数据的默认对齐方式为左对齐，数值类型数据的默认对齐方式为右对齐。

（3）填充

填充用于指定当宽度超过输出内容长度时，多余部分在显示时使用的字符，默认采用空格填充。请看以下示例：

```
>>> name="Tom"
>>> print("{0:*^10},{s:*<10}".format(name,s="Python"))
***Tom****, Python****
```

第 2 行代码中的模板字符串中有两个槽，它们的输出宽度为 10，填充字符为“*”，第一个槽使用居中对齐方式显示，因此“*”显示在输出内容的前后；第二个槽使用左对齐方式显示，因此“*”显示仅在输出内容之后。

需要注意的是，开发者如果指定了填充字符，则必须指定对齐方式，否则会出现错误。请看以下示例：

```
>>> name="Tom"
>>> print("{0:*10},{s:*10}".format(name,s="Python"))
Traceback (most recent call last):
  File "<pyshell#2>", line 1, in <module>
    print("{0:*10}, {s:*10}".format(name,s="Python"))
ValueError: Invalid format specifier
```

错误提示说明：模板字符串的格式不正确。因为指定输出宽度为 10，用“*”字符填充，但没有指定对齐方式，格式化输出功能无法确定“*”填充显示的位置。

另外还需要注意的是，如果需要在槽中指定输出内容的宽度、对齐方式和填充字符，格式控制标记从右到左依次必须是宽度、对齐方式和填充字符，否则程序执行时会出现错误。请看以下示例：

```
>>> name="Tom"
>>> print("{0:10*^}".format(name))
Traceback (most recent call last):
  File "<pyshell#3>", line 1, in <module>
    print("{0:10*^}".format(name))
ValueError: Invalid format specifier
>>> print("{0:^*10}".format(name))
Traceback (most recent call last):
  File "<pyshell#4>", line 1, in <module>
    print("{0:^*10}".format(name))
ValueError: Invalid format specifier
```

以上两条输出语句执行结果表明，如果格式控制标记不满足顺序要求，系统会显示格式控制符错误的提示。

3. 数字的格式化输出

数字的格式化输出

模板字符串中包含规定输出数字的格式控制标记，主要有逗号、精度和类型。

（1）千位分隔符逗号（,）

使用格式控制标记逗号“,”的作用是显示数字的千位分隔符，它主要用于整数和浮点数的输出显示。请看以下示例：

```
>>> salary=85006
>>> print("薪资：{:,}".format(salary))
薪资：85,006
```

模板字符串的大括号中冒号之前为参数序号，冒号之后为千位分隔符逗号。本示例中省略了参数序号，需要注意的是，如果存在其他格式控制标记，即使省略参数序号，冒号也不能省略。此外，输出显示十进制数值数据时才会使用千位分隔符，非十进制数据输出不能设置千位分隔符。

（2）用精度指定输出小数的位数

精度在浮点数中表示小数部分的显示位数，在字符串中表示最大输出长度。在模板字符串中，精度用“.位数”指定。请看以下示例：

```
>>> salary=8500.3353
>>> print("薪资：{:.2f}".format(salary))
薪资：8500.34
```

以上模板字符串中的“.2f”表示数据按浮点数格式输出，并保留 2 位小数，小数点后第三位做四舍五入处理。

浮点数输出时一般需要使用精度来表示小数部分的宽度，有利于控制数值型数据的输出格式。

下面示例使用精度来控制字符串的输出。

```
>>> print("{:.5}".format("Python"))
Pytho
```

输出字符串时，精度控制最多输出字符个数，本示例中“.5”表示最多输出 5 个字符，因此，输出内容为“Pytho”。需要注意的是，在精度值前面有一个小数点，如果不用小数点表示设置输出内容的宽度，请看以下示例：

```
>>> print("{:5}".format("Python"))
Python
```

以上语句中槽的冒号后面没有用小数点，这时表示设置的字符串输出宽度为 5，而设置的宽度小于字符串长度时，按实际长度输出，因此，显示“Python”。

（3）指定宽度输出数值

开发者在模板字符串中可以指定输出数值的宽度，从而输出固定宽度的数值。请看以下示例：

```
>>> salary=8500.3353
>>> print("薪资：{:12,.2f}".format(salary))
薪资：    8,500.34
```

模板字符串“{:12,.2f}”中冒号后的“12”表示输出数据所占用的总宽度，“,”表示千位分隔符；“.2f”表示保留 2 位小数，小数点后第三位做四舍五入，没有指定对齐方式，使用默认的右对齐。当设置的宽度超过输出数值位数时，默认在前面填充空格。需要注意的是，计算数值宽度时，小数点和逗号也会占用 1 位宽度。最后输出结果为“薪资：8,500.34”，在数字“8”之前有 4 个空格，读者可以分析其原因。再看以下示例：

```
>>> x=568.25766
>>> print("{:8.2f}".format(x))
  568.26
>>> print("{:08.2f}".format(x))
00568.26
```

第一次输出与第二次输出不同的是，多余宽度使用的填充字符不一样，第一次输出使用的填充字符是空格，第二次输出使用的填充字符是数字“0”。模板字符串中宽度之前（冒号之后）的字符表示填充字符。

指定输出宽度可以使输出内容排版工整、美观。

（4）指定数据输出类型

如果输出整数，我们还可以进一步指定所输出数值的进制表示；如果输出浮点数，我们可以指定浮点数的表示形式。我们通过模板字符串的类型字段来对它们进行设定。

对于整数类型，输出格式包括以下 6 种。

- b：表示输出整数的二进制形式。
- c：表示输出整数对应的 Unicode 字符。
- d：表示输出整数的十进制形式。
- o：表示输出整数的八进制形式。
- x：表示输出整数的小写十六进制形式。
- X：表示输出整数的大写十六进制形式。

【例 2-3】输出十进制数字 425 的各种进制表示形式或对应的 Unicode 字符。

```
>>> print("{0:b},{0:c},{0:d},{0:o},{0:x},{0:X}".format(425))
110101001,Σ,425,651,1a9,1A9
```

对于浮点数，输出格式主要为以下 4 种。

- e：表示用科学记数法输出浮点数，字母 e 为小写。
- E：表示用科学记数法输出浮点数，字母 E 为大写。
- f：表示以普通方式输出浮点数。
- %：表示以百分数形式输出浮点数。

【例 2-4】按照各种表示格式输出十进制浮点数 123.54。

```
>>> print("{0:e},{0:E},{0:f},{0:%}".format(123.54))
1.235400e+02,1.235400E+02,123.540000,12354.000000%
```

通常结合类型和精度控制字符来格式化数值类型数据的输出。需要注意的是，与数值型数据相关的控制字符（千位分隔符（,）、<.精度>、<类型>），在使用时也是有先后顺序关系的，从左到右分别是千位分隔符、<.精度>和<类型>。另外，千位分隔符只能用于控制十进制数据的输出。

【例 2-5】在输出中使用多种控制字符示例。

```
>>> print("{:$^20,.2f}".format(12345.6789))
$$$$$12,345.68$$$$$$
```

格式控制字符串“{:$^20,.2f}”的含义：输出内容的总宽度为 20，居中对齐，填充字符为“$”，使用千位分隔符“,”，按普通数值格式输出浮点数，保留 2 位小数，第三位做四舍五入。输出的数值为“12,345.68”，共用去 9 个符号，剩下 11 个符号使用$填充，由于采用居中对齐，数值前面填充 5 个“$”，后面填充 6 个“$”。

4．Python 中英文混输格式对齐问题

Python 中英文混输格式对齐问题

使用 format()方法格式化字符串时，我们可以定义字符串的输出宽度。通过在槽中冒号“:”后传入一个整数可以指定该位置输出内容的最小宽度。

在输出多行中文信息时，可能每行输出的中文信息长短不一，因此，读者可能会发现，即使设置了对齐方式，但输出的内容并未对齐。请看以下示例：

```
>>> s1='清华大学'
>>> s2='中国科技大学'
>>> print("{:^10}\n{:^10}".format(s1,s2))
   清华大学
  中国科技大学
```

输出显示“清华大学”与“中国科技大学”的“国科技大”并未对齐。导致以上代码运行结果未对齐的原因是：中文字符串长度如果没有达到指定的输出宽度，默认采用西文空格进行填充，而西文空格和中文空格的长度不同。解决问题的办法是使用中文空格字符 char(12288) 进行填充（中文空格字符的 Unicode 编码为 12288，函数 chr(12288)用于返回中文空格）。

```
>>> s1='清华大学'
>>> s2='中国科技大学'
```

```
>>> print("{0:{2}^10}\n{1:{2}^10}".format(s1,s2,chr(12288)))
   清华大学
 中国科技大学
```

从输出结果可以看出，输出的字符串按中文字符对齐。print 语句中的模板字符串使用了 3 个槽，序号分别为 0、1 和 2。需要注意的是，槽 2 出现在槽 0 和槽 1 中，这是槽的嵌套使用。程序中 print 语句表明：槽 0 是变量 s1 的输出位置，槽 1 是变量 s2 的输出位置，槽 2 对应的输出是 chr(12288)，“{2}”出现在槽的冒号之后用于表示字符填充的位置，因此，槽 0 与槽 1 使用中文空格填充。

【例 2-6】输出中英文混合的格式对齐示例。

```
s="{0:{3}^8}\t{1:^8}\t{2:^5}"
print(s.format("姓名","学号","总成绩",chr(12288)))
print(s.format("张三","20150011",589.5,chr(12288)))
print(s.format("李思望成","20150022",620,chr(12288)))
```

以上程序段中，变量 s 保存模板字符串，因为 format()方法中的参数是“姓名”“学号”“总成绩”和中文空格函数 chr(12288)，模板字符串中序号为 0、1、2 和 3 的槽分别与它们对应。姓名使用中文输出，故输出姓名时使用中文空格进行填充，而学号和总成绩是由数字字符构成的，故使用默认的西文空格进行填充，因此，只有槽 0 中使用中文空格，即在槽 0 中设置填充字符为槽 3 对应的 chr(12288)。运行以上代码，最后的输出结果为

```
  姓名        学号      总成绩
  张三      20150011    589.5
李思望成    20150022     620
```

左对齐时使用制表符“\t”也可实现对齐效果，请读者自行测试。

练习

一、单选题

1. 下列选项中描述错误的是（　　）。

   A. Python 语言代码块的缩进只能使用 4 个空格的缩进方式

   B. Python 语言可以使用“\”作为续行符

   C. 可以通过调用字符串的 format()方法得到一个新的字符串

   D. 可以用分号“;”分隔一行中的多个语句

2. 下列选项中不符合 Python 语言变量命名规则的是（　　）。

   A. iSum　　B. teacher　　C. 5_abc　　D. _QE

3. 下列选项中描述错误的是（　　）。

   A. 设 x="jack", y="mary"，执行语句 x,y=y,x 可以交换变量 x 和 y 的值

   B. 在 Python 语言中，赋值语句指的是将赋值号“=”右侧的计算结果赋予左侧变量

   C. 以下两段代码运行后的输出结果相同，都为 10 30

   代码段一：

```
a=10
b=20
a,b =a,a+b
print(a,b)
```

   代码段二：

```
a=10
b=20
a=b
b=a+b
print(a,b)
```

D. 在 Python 语言中，可以将同一个值同时赋予多个变量

4. 关于 Python 语言中字符串，以下描述错误的是（　　）。

A. 字符串是用一个双引号或单引号括起来的 0 个或者多个字符

B. 字符串的界定符不能是三引号

C. 字符串包括两种序号体系：正向递增和反向递减

D. 假设 s="Python"，则 s[2:]得到的结果为"thon"

5. 关于字符串格式化的槽机制，以下描述错误的是（　　）。

A. 可以省略槽中参数序号

B. 槽中只能填写参数序号，不能填写参数名称

C. 槽中省略参数序号，则参数序号默认从 0 开始编号

D. 假设 s="Python"，则 s[2:]得到的结果为"thon"

二、填空题

1. print("{:>15s}:{:8.2f}".format("Length",23.87501))结果为__________。

2. 判断两个变量或多个变量是否为共享引用时，必须通过函数__________或__________操作符__________来实现。

3. 格式化输出 0.002178 对应的科学记数法，保留 4 位有效位，输出语句为__________。

4. 单行注释的符号是__________。

5. eval()函数的作用是__________。

三、编程题

1. 从键盘输入两个数，求两个数的和并输出。

2. 输入一个数作为圆的半径，求圆面积并格式化输出（要求小数点后保留 2 位小数）。

3. 输入两个数字存入变量 a、b 中，交换 a、b 的值。

4. 假设 s="*"，利用字符串的格式化方法 format()输出 s，得到以下图形。

```
   ***    ***
  ****    ****
 *****    *****
  ****    ****
   ***    ***
    **    **
       *
```

第3章 基本数据类型

本章重点知识：掌握整数类型、浮点类型和复数类型以及数值运算操作符、数值运算函数和类型转换函数，了解整数、浮点数和复数之间存在的一种逐渐扩展关系；了解布尔类型的本质，掌握各种数据类型的特殊值转换为布尔类型后取值为 False；掌握导入 math 库的方法，了解 math 库提供的数学常数、数值函数和幂对数函数等。

本章知识框架如下：

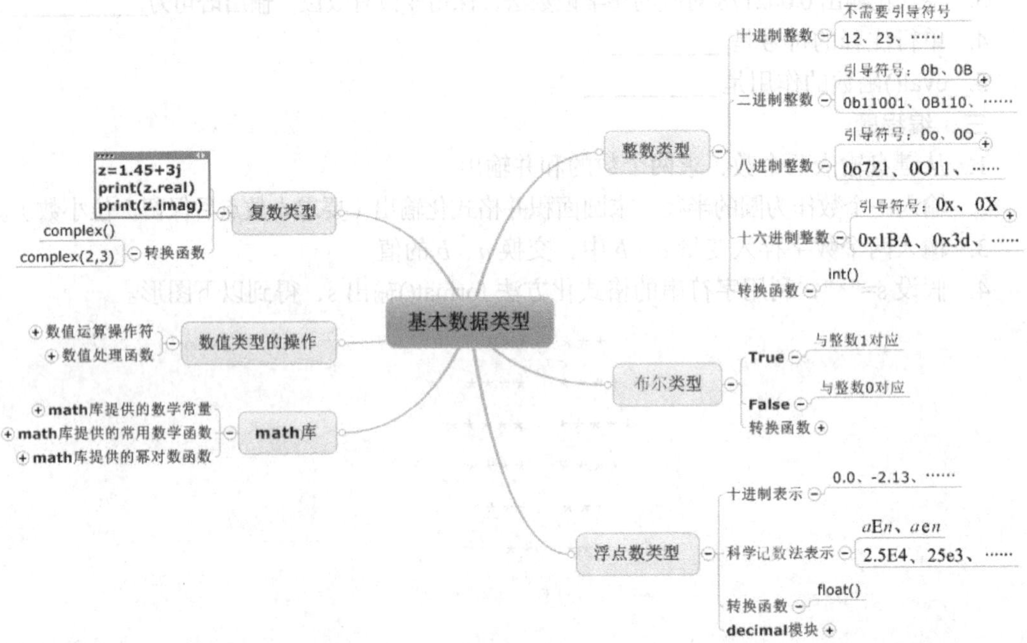

Python 是一种动态类型语言，其变量数据类型的定义与 C、Java、C#等静态类型语言不同。静态类型语言在声明或定义变量时就确定了变量的数据类型，并在程序运行过程中不能动态改变。而动态类型语言中的变量类型是可变的，变量类型取决于它所关联对象的类型。

数据类型概述

3.1 数据类型概述

数据类型为一个值的集合以及定义在这个值集上的一组操作的总称，

它描述了在内存中数据的存储方式和所支持的操作。

Python 语言内置了大量的数据类型以方便处理各种数据，其主要的数据类型有数值类型（如整型、浮点型等）、序列类型（如列表、元组和字符串）、字典类型和集合类型等。

由于 Python 是动态类型语言，开发者在定义变量的时候，不用明确指定数据类型，但在编写程序时，有必要知道变量是哪种类型，从而确定变量可以完成哪些操作。

Python 提供了一个内置函数 type()来检查一个对象的类型。函数参数为被检查的对象，返回值为对象类型名。请看以下示例：

```
>>> type(8)
<class 'int'>
>>> type(3+2)
<class 'int'>
>>> a=8
>>> type(a)
<class 'int'>
```

从函数返回结果可知，数字“8”、表达式“3+2”和变量 a 的类型均为 int 型（<class'int'>），type()函数可以检测字面量、表达式和变量的类型。请看以下检测小数 3.14 类型的示例。

```
>>> type(3.14)
<class 'float'>
```

返回结果为<class'float'>，表示浮点类型。

Python 中的空对象（None）表示什么都没有，它的类型较为特殊。请看以下示例：

```
>>> type(None)
<class 'NoneType'>
```

空对象（None）类型为“NoneType”。

本章后面的内容主要介绍 Python 的各种内置数据类型及相关操作。

3.2 整数类型

整数类型

Python 语言的数值类型主要有整数类型、浮点数类型和复数类型 3 种，本节主要描述整数类型。

与大多数程序设计语言的整型精度有限不同，Python 语言整型的精度是不受语言本身限制的，开发者可以使用 Python 程序处理非常大的整数，如使用 Python()内置函数 pow 计算 2 的 100 次幂与 2 的 1000 次幂，执行语句如下。

```
>>> pow(2,100)
1267650600228229401496703205376
>>> pow(2,1000)
107150860718626732094842504906000181056140481170553360744375038837035105112493612249319837881569585812759467291755314682518714528569231404359845775746985748039345677748242309854210746050623711418779541821530464749835819412673987675591655439460770629145711964776865421676604298316526243868372056680693 76
```

以上示例说明，使用 pow()函数可以计算出很大的整数。当然，计算量越大，计算时间开销越高，消耗的内存空间越多。

Python 为整数类型提供了 4 种进制表示方式，分别是十进制、二进制、八进制和十六进制。

十进制整数。不需要引导符号，数值由数字符号 0 ~ 9 组成，如 12、23 或−137 等。

二进制整数。使用 0b 或 0B 作为引导符号，数值由 0 和 1 两个符号组成，如 0b101、0B0 或−0b1011。注意，第一个引导符号是数字 0 而非字母 o，以下相同。

八进制整数。使用 0o 或 0O 作为引导符号，数值由数字符号 0 ~ 7 组成，如 0o721、0O11 或−0O127。

十六进制整数。使用 0x 或 0X 作为引导符号，数值由数字字符 0 ~ 9 和字母 a ~ f（A ~ F）组成，如 0x1BA、0x3d 或−0XAB1。

3.3 浮点数类型

浮点数类型

浮点数为有理数中某特定子集数的数字表示，用于近似表示任意某个实数，即用于表示在数学中常见的小数或带小数的数。Python 中的浮点数有两种表示方法：十进制表示和科学记数法表示。十进制表示的浮点数由数字字符和小数点组成，有且只有一个小数点，例如，0.0、77.2 和−81.9 等。科学记数法将一个数表示成 a 与 10 的 n 次方相乘的形式，其中 a 为十进制表示的浮点数，n 为整数。用科学记数法表示的数记作：aEn，这里的 E 表示以 10 为底数（可以使用小写字母 e），例如，25000 用科学记数法可以表示为 2.5E4、25E3 或 0.25E5 等。规范地使用科学记数法时，a 在 1 ~ 10。表示非常大的数与非常小的数时，用科学记数法非常有效。

与整数相同的是，浮点数可以为正数，也可以为负数。但与整数不同的是，浮点数的取值范围和精度有一定的限制。使用 sys 模块中的 float_info 可以查看 Python 解释器当前所使用的浮点数及各项参数，执行语句如下。

```
>>> import sys
>>> sys.float_info
sys.float_info(max=1.7976931348623157e+308,max_exp=1024,max_10_exp=308,min=2.2250738585072014e-3
08,min_exp=-1021,min_10_exp=-307,dig=15,mant_dig=53,epsilon=2.220446049250313e-16,radix=2,rounds=1)
```

float_info 的 max 与 min 分别表示当前系统可用浮点数的最大值与最小值；max_exp 和 min_exp 分别表示基数为 2 时最大次幂和最小次幂；dig 表示能准确计算的浮点数最大个数；mant_dig 表示科学记数法中系数的最大精度；epsilon 表示系统能分辨的两个相邻浮点数的最小差值；radix 表示基数。

Python 中浮点数运算结果最长可以输出 17 个数字，但由于 sys.float_info 的 dig 为 15，表示浮点数的前 15 位数字是有效的。请看以下示例：

```
>>> 3.14159265358979626433
3.1415926535897962
```

由于“3.1415926535897962”中有 17 个数字字符，输出结果的后两位可能是不准确的。

使用浮点数进行计算，大多数情况下能得到所期望的结果，但有时可能出现与实际不符的结果。请看以下示例：

```
>>> 0.1+0.1+0.1-0.3
5.551115123125783e-17
```

实际输出结果不是 0。尽管输出的数字很小，但它不是 0。这种差错在精度要求非常高的金融或者财务领域是不能容忍的。造成这个问题的主要原因是：计算机内部用二进制表示数，而有些十进制小数不能无误差地转换为对应的二进制小数。为满足精度要求非常高的科学计算或者是金融、财务领域的要求，Python 提供了一个专门的模块 decimal 来解决有关浮点数计算时存在的误差。使用 decimal 模块下的类 Decimal（注意 Decimal 类第一个字母大写）完成相关计算，请看以下示例：

```
>>> import decimal
>>> decimal.Decimal('0.1')+decimal.Decimal('0.1')+decimal.Decimal('0.1')-decimal.
Decimal('0.3')
Decimal('0.0')
```

需要注意的是，应该使用字符串 0.1 作为参数传递给 decimal 模块下 Decimal 类的构造函数，而不是将数值 0.1 直接传入。

如果需要将上述计算结果输出，开发者可以将它赋予一个变量，然后使用字符串格式化 format()方法或使用 str()函数将变量转换成字符型数据，或者使用 int()函数将变量转换成整型、使用 float()函数将变量转换成浮点型数据，再输出。请看以下示例：

```
>>> import decimal
>>> x=decimal.Decimal('0.1')+decimal.Decimal('0.1')+decimal.Decimal('0.1')-decimal.
Decimal('0.3')
>>> type(x)
<class 'decimal.Decimal'>
>>> y=str(x)
>>> print(y)
0.0
>>> type(y)
<class 'str'>
>>> z=int(x)
>>> print(z)
0
>>> type(z)
<class 'int'>
>>> w=float(x)
>>> print(w)
0.0
>>> type(w)
<class 'float'>
```

另外，还可以使用 decimal 模块中的 getcontext().prec 属性定义浮点数的有效数字位数，注意包括小数点前的数字位数。请看以下示例：

```
>>> import decimal
>>> a=decimal.Decimal('1.23456789')
>>> b=decimal.Decimal('9.87654321')
>>> a*b
Decimal('12.1932631112635269')
>>> decimal.getcontext().prec=10
>>> a*b
Decimal('12.19326311')
```

通过修改 getcontext().prec 属性，开发者可以根据应用规定设置精度，从而使计算精确度满足要求。

3.4 复数类型

复数类型

Python 中内置了复数（complex）类型，开发者可直接使用复数类型数据实现数学中复数的基本运算而不需要引入第三方库。复数由实部与虚部构成，其可表示为 $a+b$j（J）的形式，后缀“j”或“J”表示虚数部分，a 与 b 分别表示实部与虚部，例如，复数 1.2+2.5j，1.2 为实部，2.5 为虚部。在 Python 中，使用复数类型的 real 和 imag 属性可获取复数的实部和虚部。此外，还可以使用函数 complex(real,imag)指定复数，例如，complex(2,3)表示复数 2+3j。请看以下示例：

```
>>> z=1.45e-4+2.3e+4j  #实部与虚部使用科学记数法表示
>>> print(z)
(0.000145+23000j)
>>> print(z.real)
0.000145
>>> print(z.imag)
23000.0
>>> type(z)
<class 'complex'>
>>> complex(2,3)
(2+3j)
```

需要注意的是，复数的实部与虚部数值均为浮点类型。请看以下示例：

```
>>> z=1+2j
>>> print(z.real)  #实部为浮点数
1.0
>>> print(z.imag)  #虚部为浮点数
2.0
```

Python 针对复数类型提供加、减、乘、除与实数次幂等运算，此外，开发者还可以使用 conjugate()函数求共轭复数、使用 abs()函数求复数的模等。请看以下示例：

```
>>> a=1+2j
>>> b=2+1j
>>> print(a+b)
(3+3j)
>>> print(a-b)
(-1+1j)
>>> print(a*b)
5j
>>> print(a/b)
(0.8+0.6j)
>>> print(a**2)
(-3+4j)
>>> print(a**2.3)
(-5.270835333937705+3.5685725157032833j)
>>> print(a**-2)
(-0.12-0.16j)
```

```
>>> a.conjugate()  #求复数 a 的共轭复数
(1-2j)
>>> abs(a)             #求复数 a 的模
2.23606797749979
```

上述示例中，求共轭复数时，需调用复数变量（对象）的方法 conjugate()；求模时直接调用 abs()函数，复数为函数参数，因为 complex 类中定义了魔法函数__abs__。

3.5 数值类型的操作

前面介绍了 3 种数值类型（整数类型、浮点数类型和复数类型）的基础知识，本节主要介绍 Python 为操作数值类型数据所提供的各种数值运算操作符、数值处理函数和类型转换函数等。

数值类型的操作

1. 数值运算操作符

数值类型数据可以进行加、减、乘和除等运算。Python 提供了大部分常用的数值运算操作符，这些操作符如表 3-1 所示。

表 3-1　数值运算操作符

操作符	描述
+	加法。对操作符左、右的两个数进行加法运算
-	减法。对操作符左、右的两个数进行减法运算
*	乘法。对操作符左、右的两个数进行乘法运算
/	除法。对操作符左、右的两个数进行除法运算
//	除法取整。左边数除以右边数的整数部分
%	取模。左边数除以右边数的余数
**	幂。以左边数为底数、右边数为指数进行幂运算

需要注意的是，运算结果的类型可能与操作数的类型不一致，3 种数值类型之间存在一种逐渐“扩展”的关系：整数→浮点数→复数。这是因为整数可以看成没有小数部分的浮点数，浮点数可以看成是虚部为 0 的复数。根据这样的“扩展”关系，如果两个整数进行运算，结果可能是整数，也可能是浮点数。例如，整数 5 加整数 2 得到整数 7，但整数 5 除以整数 2 得到浮点数 2.5。如果整数与浮点数进行运算，结果为浮点数，例如，整数 5 乘以浮点数 2.0 得到结果 10.0。如果整数或浮点数与复数进行运算，结果是复数，例如，整数 5 与复数 2.5+3.2j 相加得到结果 7.5+3.2j。请看以下示例：

```
>>> type(5+2)
<class 'int'>
>>> type(5*2.0)
<class 'float'>
>>> type(5+(2.5+3.2j))
<class 'complex'>
```

表 3-1 中数值运算操作符都有与之对应的增强赋值运算操作符，这些操作符（运算符）是+=、-=、*=、/=、//=、%=和**=。如果用 op 表示运算符，则 x op= y（op 与赋值符号“=”

之间没有空格）相当于 x=x op y。例如，假设 x 已经被赋值为 2，则 x=x**3 与 x **= 3 的运算结果相同。请看以下示例：

```
>>> x=2
>>> x=x**3
>>> x
8
>>> x=2
>>> x **= 3
>>> x
8
```

【例 3-1】判断回文数。

问题描述：从键盘输入一个 5 位数字，编写程序判断该数是否为回文数（设 *n* 是一任意自然数，如果 *n* 的各位数字反向排列所得自然数与 *n* 相等，则 *n* 被称为回文数；反之不是）。

分析：若一个 5 位自然数是回文数，则各位数字反向排列所得自然数与原来的数相等，那它万位上的数字必须与个位上的数字相同，千位上的数字与十位上的字相同，百位在中间，不需要与其他数字比较。

根据上述分析，程序应该包括以下处理步骤。

第 1 步：从键盘获取一个 5 位数字，并赋予变量，如 *w*。程序语句为 w=eval(input("请输入一个 5 位数字："))。

第 2 步：计算万位上的数值，使用整除运算符。一个 5 位数对 10000 进行整除，得到万位上的数值，赋予变量，如 *m*。程序语句为 m=w // 10000。

第 3 步：计算个位上的数值，使用取模运算符。一个 5 位数可以对 10 进行取模运算，得到个位上的数值，赋予变量，如 *n*。程序语句为 n=w % 10。

第 4 步：计算千位上的数值，使用取模运算符和整除运算符。先用 5 位数对 10000 进行取模运算，再对 1000 进行整除运算，得到千位上的数值，赋予变量，如 *x*。程序语句为 x=w % 10000 // 1000。

第 5 步：计算十位上的数值，使用取模运算符和除法取整运算符。先用 5 位数对 100 进行取模运算，再对 10 进行整除运算，得到十位上的数值，赋予变量，如 *y*。程序语句为 y=w % 100 // 10。

第 6 步：判断并输出结果。如果 *m* 等于 *n* 且 *x* 等于 *y*，输出“w 是回文数”，否则，输出“w 不是回文数”。程序语句为

```
if (m == n and x==y):
    print(w, "是回文数")
else:
    print(w, "不是回文数")
```

因此，判断回文数的完整代码如下。

```
#例 3-1 判断回文数.py
w=eval(input("请输入一个 5 位数字："))
m=w//10000
n=w%10
x=w%10000//1000
y=w%100//10
if (m==n and x==y):
```

```
        print(w, "是回文数")
else:
        print(w, "不是回文数")
```

运行以上程序，会提示输入一个 5 位数，如输入 12321，由于 12321 是回文数，因此输出“12321 是回文数”。再次运行程序，如输入 12345，输出“12345 不是回文数”。

2．数值处理函数

除使用数值运算操作符完成相关数值型数据处理之外，Python 还提供了大量内置函数来完成数值型数据特定的操作。这些函数主要有以下几个。

（1）绝对值函数：abs(x)，返回 x 的绝对值（x 为整数或浮点数）或模（x 为复数）。

（2）商余函数：divmod(x,y)，返回元组类型数据（x//y , x%y）。例如：

```
>>> z=divmod(20,3)
>>> z
(6, 2)
>>> type(z)
<class 'tuple'>
```

（3）幂次方函数：pow(x,y[,z])，如果省略第三个参数，返回 x**y，否则返回(x**y)% z。例如：

```
>>> m=pow(2,3)
>>> m
8
>>> n=pow(2,3,4)
>>> n
0
```

（4）四舍五入函数：round(x[,n])，对 x 进行四舍五入，并保留 *n* 位小数，如果省略 n，则默认 n 为 0，即四舍五入为整数。例如：

```
>>> round(1.234,2)
1.23
>>> round(1.5)
2
```

但请注意，Python 3 中 round()函数对浮点数的取舍遵循“**四舍六入五成双**”。“**四舍六入五成双**”是一种比较科学的记数保留方法。具体的保留方法为：①小于或等于 4 的舍去；②大于或等于 6 的进一；③等于 5 的要看后面有没有有效数字，有进一，没有要按照 5 前面数字的奇偶性来处理，若 5 前面为偶数则进一，若 5 前面为奇数则舍 5 不进一。请看以下示例：

```
>>> round(2.135, 2)
2.13
>>> round(2.175, 2)
2.17
>>> round(2.165, 2)
2.17
>>> round(2.145, 2)
2.15
```

如果说非要进行四舍五入，就要用到 decimal 模块进行处理。

（5）最大值函数：max(x1,x2,…,x*n*)，返回所有参数中的最大者。与之对应的函数为最小值函数：min(x1,x2,…,x*n*)，返回所有参数中的最小者。

3．类型转换函数

Python 是一种强类型的语言，当两个不同类型的数据进行运算时，系统需要转换其中的一种数据类型为另一种数据类型，即统一类型后再计算。有些时候，Python 可能对参与运算的数据做默认的类型转换，如 5+2.0，系统将整数 5 的类型转换为浮点型，然后计算，最后结果是浮点型数据 7.0。默认类型转换只能将较“小”的类型转换为较“大”的类型，如整型可以默认转换为浮点型，浮点型可默认转换为复数型。反之，Python 不能进行类型的默认转换。另外，还有很多类型之间不存在默认转换，如字符型转换成整型，这时需要使用 Python 提供的类型转换函数来实现，主要的类型转换函数有以下几个。

（1）int(x[,n])：将 *x* 转换为整数。其中，*x* 可以是浮点数或者是由数字构成的字符串；当 *x* 为数字字符串时，*n* 用于指定进制的基数。例如：

```
>>> x=5+int('1011',2)
>>> x
16
```

int()函数的第二个参数 2 表示前面的数字字符串为数字的二进制表示。此外，还可以将第二个参数设置为 8 或 16 来表示前面数字字符串为八进制或十六进制表示的数字。

（2）float(x)：将 *x* 转换为浮点数，*x* 可以是整数或数字字符串。例如：

```
>>> float(2)
2.0
>>> float('2.001')
2.001
```

（3）complex(re[,im])：将 re 和 im 转换为复数。其中，复数的实部为 re，虚部为 im，re 和 im 都可以是整数或浮点数。例如：

```
>>> complex(2,3)
(2+3j)
>>> complex(2.3,3.3)
(2.3+3.3j)
```

使用 complex()函数将两个浮点型数据 2.3 和 3.3 转换成了一个复数 2.3+3.3j。读者如果需要了解更多 complex()函数的用法，可以使用以下 help(complex)命令进行查阅。

```
>>> help(complex)
```

3.6 布尔类型

布尔（bool）类型

布尔类型用于表示事物的两种状态，只有两种取值。布尔代数中用真与假表示这两种状态。在 Python 中，用 True 表示真，用 False 表示假，它们一般用来检查判断条件是否成立，布尔类型名为 bool。请看以下示例：

```
>>> 5>3
True
>>> 5<3
False
>>> type(5<3)
<class 'bool'>
```

“5 > 3”或者“5 < 3”为关系表达式，我们通过运算结果可知，关系表达式的结果类型为布尔类型；使用 type()函数也可以获取表达式结果的类型。

与大多数语言相似，Python 布尔类型的 True 和 False 分别与 int 类型中的 1 和 0 是可以互换的。请看以下示例：

```
>>> True==1
True
>>> True==3
False
>>> False==0
True
>>> False==-1
False
>>> True==-1
False
```

从以上示例可知，True 对应整型数字 1，False 对应整型数字 0。从 3 和−1 与 True 和 False 的比较可以看出：只有数字 1 与 0 和真与假有对应关系，其他数字与布尔类型数值没有对应关系，这一点与 C 语言中“用非零表示真，用零表示假”的规定不同。

此外，还可以直接把布尔类型的 True 与 False 当作数值 1 与 0 来使用。请看以下示例：

```
>>> x=3+True
>>> print(x)
4
>>> y=4+False
>>> print(x)
4
```

布尔类型提供内置函数 bool()，它可以将整型或浮点数转换成布尔类型。其语法格式为：bool(obj)，含义为将参数 obj 转换成布尔类型。请看以下示例：

```
>>> bool(1)
True
>>> bool(0)
False
>>> bool(3)
True
>>> bool(-5)
True
>>> bool(2.2)
True
>>> bool(0.0)
False
>>> bool(-1.2)
True
```

从以上示例可知，bool()函数将非零数值转换为真，将零转换为假。

再看以下字符串和特殊对象“None”的转换结果。

```
>>> bool('abc')
True
>>> bool('')
False
>>> bool(' ')
True
>>> bool(None)
False
```

从以上示例可知，bool()函数将非空字符串转换为 True（包括空格组成的字符串），将空字符串和 None 转换为 False。

在 Python 中有以下规定：数值 0 和 0.0、空字符串''、空列表[]、空元组()、空字典{}及空集合 set()转换成布尔类型后，取值均为 False。

3.7 math 库

math 库

使用数值运算操作符和内置的数值运算函数可以完成基本的数值计算工作，但如果需要做比较复杂的数值计算处理，如求某个数的三角函数值，就应该使用 Python 或第三方提供的库。本节主要介绍 Python 所提供的 math 库的使用方法。使用 math 库，首先需要将其导入。

导入库的方法不同，调用库中函数的方式就不同。Python 中一共有以下 3 种导入库的方法。

（1）import <库名>

使用保留字 import 来导入库，对应的库函数调用方式如下：

```
库名.函数名(<函数参数>)
```

请看以下示例：

```
>>> import math
>>> math.sin(1)
0.8414709848078965
```

（2）import <库名> as <库别名>

这里的库别名是开发者自己取的一个便于记住的名称，但它必须符合标识符命名规则。此时调用库函数的方式如下：

```
库别名.函数名(<函数参数>)
```

请看以下示例：

```
>>> import math as m
>>> m.sin(2)
0.9092974268256817
```

（3）from <库名> import <函数名,函数名,……,函数名>

使用 from 和 import 两个保留字来共同实现对库的导入，但此时只能调用 import 后面列出的函数，其调用方式如下：

```
函数名(<函数参数>)
```

请看以下示例：

```
>>> from math import sin
>>> sin(3)
0.1411200080598672
```

注意此时不能调用 import 后面未列出的函数。请看以下示例：

```
>>> cos(3)
Traceback (most recent call last):
  File "<pyshell#13>", line 1, in <module>
    cos(3)
NameError: name 'cos' is not defined
```

所以除非确定只调用指定的函数，否则不要使用这样的导入库方法。但此种导入库的方法可以配合使用通配符“*”来导入库中的所有函数，语法格式如下：

```
from <库名> import *
```

此时，调用库的函数时不需要使用库名，直接使用如下格式即可。

```
<函数名>(<函数参数>)
```

请看以下示例：

```
>>> from math import *
>>> sin(3)
0.1411200080598672
>>> cos(3)
-0.9899924966004454
```

如果使用第一种方法导入库，开发者自定义的函数名可以与库中函数的名称一样；如果使用第三种方法导入库，开发者自定义的函数名称不能与库中函数的名称相同。对于初学者，我们不提倡用这种方法，因为这种导入方法很容易造成函数名称冲突。推荐读者使用第二种方法来导入库。

math 库提供了基本的数学常量和大量的数学运算函数。math 库提供的数学常量有圆周率、自然对数、正无穷大和非浮点数标记等，如表 3-2 所示。

表 3-2　math 库提供的数学常量

常量	数学表示	描述
math.pi	π	圆周率。其值为 3.141592653589793
math.e	e	自然对数。其值为 2.718281828459045
math.inf	∞	正无穷大。负无穷大为–math.inf
math.nan	—	非浮点数标记。其值为 NaN（Not a Number）

math 库提供的常用数学运算函数如表 3-3 所示。

表 3-3　math 库提供的常用数学运算函数

函数	描述
math.fabs(x)	绝对值函数。返回 *x* 的绝对值
math.fmod(x,y)	模函数。返回 *x* 与 *y* 的模，即余数
math.ceil(x)	向上取整函数。返回不小于 *x* 的最小整数
math.floor(x)	向下取整函数。返回不大于 *x* 的最大整数
math.trunc(x)	取整函数。返回 *x* 的整数部分，等价于使用函数 int()
math.gcd(a,b)	最大公约数函数。返回 *a* 与 *b* 的最大公约数
math.pow(x,y)	返回 *x* 的 *y* 次幂
math.exp(x)	返回 e 的 *x* 次幂，e 是自然对数
math.expml(x)	返回 e 的 *x* 次幂减 1 后的值
math.log(x,a)	返回以 a 为底，*x* 的对数
math.log1p(x)	返回以 e 为底，1+*x* 的对数
math.log2(x)	返回以 2 为底，*x* 的对数
math.log10(x)	返回以 10 为底，*x* 的对数
math.log(x)	返回以 e 为底，*x* 的对数

说明 1：floor()函数与 ceil()函数取值的区别在于，floor()函数总是往左边、往小的方向取值，ceil()函数总是往上、往大的方向取值。floor()函数与 trunc()函数的区别在于，floor()函数总是往左边、往小的方向取值，trunc()函数总是往 0 方向取值。请看以下示例：

```
>>> import math as mt
>>> mt.floor(2.8)
2
>>> mt.ceil(2.8)
3
>>> mt.trunc(-0.1)
0
>>> mt.floor(-0.1)
-1
```

说明 2：math 库中提供的函数 pow()与全局函数 pow()的区别在于，math 库提供的 pow()函数只能带 2 个参数，全局函数 pow()可带 3 个参数，即 pow(x,y[,z])，表示 pow(x,y)%z，且 z 只能是整数类型。

这里只是对 math 库及它的部分函数进行了介绍。更多内容请查阅相关文档，也可以通过 help 命令进行查阅。

```
>>> import math
>>> help(math)
```

练习

一、单选题

1. 语句 print(type(1j))的输出结果是（　　）。

   A. <class 'complex'>　　B. <class 'int'>

   C. <class 'float'>　　D. <class 'dict'>

2. Python 表达式 math.sqrt(4)*math.sqrt(9)的值为（　　）。

A. 36.0　　B. 1296.0

C. 13.0　　D. 6.0

3. 关于 Python 的复数类型，下列选项中描述错误的是（　　）。

A. 复数的虚数部分通过后缀“J”或“j”来表示

B. 复数的虚数部分只能通过后缀“J”来表示

C. 对于复数 z，可以用 z.real 获得它的实数部分

D. 对于复数 z，可以用 z.imag 获得它的虚数部分

4. 下列选项中描述错误的是（　　）。

A. 两个整数进行运算，运算结果一定是整数

B. 两个整数进行运算，运算结果可能是整数，也可能是浮点数

C. 整数和浮点数混合运算，输出结果是浮点数

D. 浮点数与复数运算，输出结果是复数

5. 关于库的导入方法，下列选项中描述错误的是（　　）。

A. 用 from math import sin 导入 math 库，只能调用 math 库的 sin()函数

B. 使用 import math as mt 导入 math 库后，也可以使用 math.sin(3)方式调用 sin()函数

C. 用 from math import sin 导入 math 库，也可以调用 math 库的其他函数

D. 使用 import math 导入 math 库后，调用 sin()函数时不能省略“math.”形式

二、填空题

1. Python 表达式 3**2**3 的值为__________。

2. print(pow(-3,2),round(18.67,1),round(18.67,–1))的输出结果是__________。

3. 数学表达式 $\sin 35^\circ + \dfrac{e^x - 15x}{\sqrt{x^4+1}} - \ln(7x)$ 的 Python 表达式为__________。

4. 执行以下语句：x=True; y =False; Z=False; print(x or y and z)后的输出结果是__________。

三、编程题

1. 编写程序，从键盘输入两个数，求两个数的平方和并按照如 3+2=5 的格式输出。

2. 编写程序，格式化输出 298 的二进制、八进制、十进制、十六进制表示形式，以及对应的 Unicode 字符。

3. 编写程序，利用 input()函数输入任意一个 3 位整数，要求分别输出此 3 位整数的百位、十位和个位上的数字。

第4章 程序控制结构

本章重点知识：理解 3 种基本程序控制结构，能恰当选择单分支、双分支和多分支编写程序，理解 for-in 遍历循环和 while 条件循环的差异，能够使用 3 种基本程序结构解决基本的编程问题；掌握 continue 语句和 break 语句在循环中的使用方法；了解 for-in-else 和 while-else 结构的使用方法和应用场合；掌握嵌套循环的设计思路；掌握 random 库的常用函数调用方法，理解随机种子数的含义，能用 random 库解决实际问题，如生成随机短信验证码和随机密码等。

本章知识框架如下：

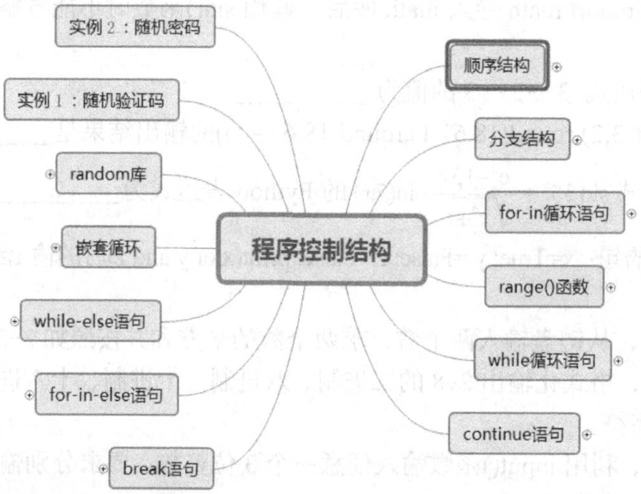

结构化程序设计的 3 种基本结构：顺序结构、分支结构和循环结构。使用这 3 种基本结构编写程序，程序逻辑结构清晰，功能需求易于实现，易于阅读和测试。Python 语言支持结构化程序设计，因此 Python 程序也由这 3 种基本程序结构构成。

4.1 顺序结构

顺序结构是最基本、最简单的程序结构，也是常用的结构，程序中各语句按它们书写的先后顺序执行。顺序结构流程图如图 4-1 所示，程序将按照线性顺序依次执行语句 1 和语句 2。

顺序结构

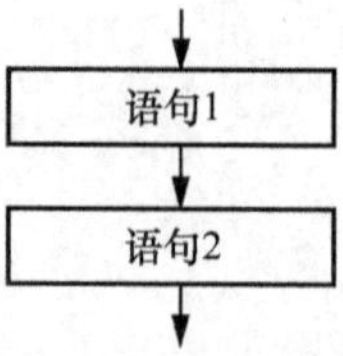

图 4-1 顺序结构流程图

使用顺序结构编写程序，开发者只需将程序语句按照处理的逻辑顺序，自上而下地排列起来即可。请看以下示例：

【例 4-1】输入正方体的棱长，计算正方体对应的表面积和体积。

分析：正方体表面积和体积的公式如下所示。

$$正方体的表面积=6\times棱长\times棱长$$

$$正方体的体积=棱长\times棱长\times棱长$$

因此，解决该问题的步骤如下。

第 1 步：使用 input()函数获取手动输入的正方体棱长。

第 2 步：将 input()函数返回的字符串类型数据转换为数值类型，在这里可以使用 eval()函数实现类型转换，并将转换后的棱长赋予变量 *a*。

第 3 步：求出正方体的表面积并赋予变量 *S*，求出正方体的体积并赋予变量 *V*。

第 4 步：输出变量 *S* 和 *V*。

使用顺序结构编程可实现以上各个步骤，程序代码如下：

```
n=input("请输入正方体的棱长：")
a=eval(n)
S=6*a*a
V=a*a*a
print("正方体的表面积：",S)
print("正方体的体积：",V)
```

程序运行结果如下：

```
请输入正方体的棱长：3
正方体的表面积： 54
正方体的体积： 27
```

如果需要先输出体积再输出表面积，则只需交换第 5 行和第 6 行代码的顺序，程序代码如下：

```
n=input("请输入正方体的棱长：")
a=eval(n)
S=6*a*a
V=a*a*a
print("正方体的体积：",V)
print("正方体的表面积：",S)
```

程序运行结果如下：

```
请输入正方体的棱长：3
正方体的体积为： 27
正方体的表面积为： 54
```

从以上程序运行结果可知，代码的执行顺序和程序代码的编写顺序保持一致。

分支结构

4.2 分支结构

使用顺序结构可以解决一些比较简单的问题，但很多问题不能单纯地使用顺序结构来解决，例如，有些问题需要根据条件来选择不同的处理过程，此时编程需要用到分支结构。分支结构是在程序中根据条件判断结果选择不同执行路径的一种程序结构。执行分支结构时，首先分析条件，当条件值为真时，执行条件成立时的相关语句，否则不执行语句或执行其他语句。

分支语句的条件一般使用关系表达式或逻辑表达式来实现。Python 的关系表达式用到的运算符主要有小于（<）、小于或等于（<=）、大于或等于（>=）、大于（>）、等于（==）和不等于（!=）。这些运算符的功能与数学中相关运算符的功能相同，但需要注意部分运算符的书写方式与数学运算符不同，如等于用两个等号（==）表示，单个等号（=）用在赋值语句中，其含义是给某个变量赋值。

Python 的逻辑运算符有 and（逻辑与）、or（逻辑或）和 not（逻辑非），它们的含义如表 4-1 所示。

表 4-1 逻辑运算符的含义

逻辑运算符	逻辑表达式	描述
and	x and y	与运算符。如果 *x* 和 *y* 同时为 True，则表达式的值为 True，否则为 False
or	x or y	或运算符。如果 *x* 和 *y* 同时为 False，则表达式的值为 False，否则为 True
not	not x	非运算符。如果 *x* 为 True，则表达式的值为 False；如果 *x* 为 False，则表达式的值为 True

Python 的分支结构有 3 种：单分支结构、双分支（二分支）结构和多分支结构。

1．单分支结构

单分支结构的语法格式如下：

```
if <条件>:
    <语句块>
```

说明：if 所在行的末尾有一个英文状态的冒号，然后换行书写若干语句形成语句块。该结构的含义是当条件成立时执行<语句块>的所有语句。<语句块>的每行语句必须有一次缩进。

单分支结构流程图如图 4-2 所示。

当程序执行到 if 语句时，分析计算“条件”的结果，如果条件为真，则执行<语句块>，然后执行 if 语句的下一条语句；如果条件为假，则不执行<语句块>，直接转到 if 语句的下一条语句执行。

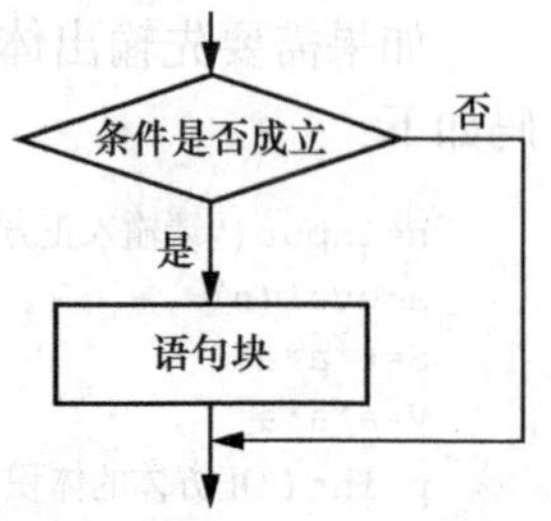

图 4-2 单分支结构流程图

【例 4-2】任意输入一个整数，如果为偶数，则将其输出。

分析：能被 2 整除的数是偶数；如果输入的整数除以 2 后余数为 0，则该数为偶数，将其输出，否则不做任何处理。

程序代码如下：

```
a=eval(input("请任意输入一个数字："))
if a%2==0:
    print(a,"是偶数")
```

运行程序，输入数字“8”，输出结果如下：

```
8 是偶数
```

再次运行程序，输入数字“7”，没有显示任何结果。

如果希望输入的数为奇数时程序也有相应的输出，则需要使用双分支结构，这时使用 if-else 语句来实现。

2．双分支结构

双分支结构的语法格式如下：

```
if <条件>:
    <语句块 1>
else:
    <语句块 2>
```

说明：if 所在行末尾有一个“:”，else 后面也有一个“:”；<语句块 1>和<语句块 2>的所有语句均需要使用一次缩进。

双分支结构流程图如图 4-3 所示。当条件成立时，执行<语句块 1>，否则，执行<语句块 2>，然后执行 if 语句后面的其他语句。

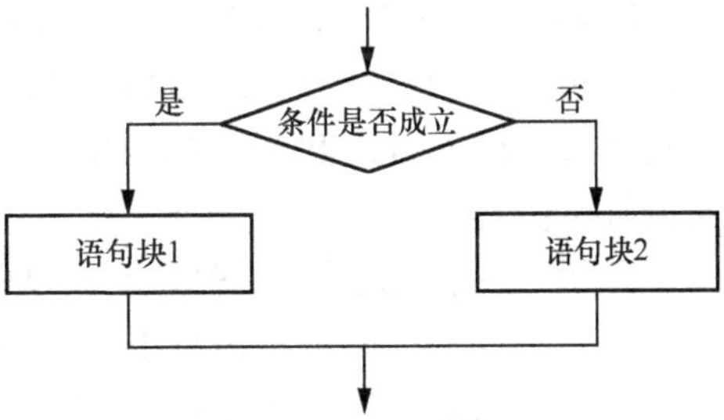

图 4-3　双分支结构流程图

【例 4-3】输入一个整数，其如果是偶数，输出“是偶数”，否则，输出“是奇数”。

程序代码如下：

```
a=eval(input("请任意输入一个数字："))
if a%2==0:
    print(a,"是偶数")
else:
    print(a,"是奇数")
```

相较前面的单分支结构，该多分支结构中多出了“else:”和“print(a,"是奇数")”的语句。

运行程序，输入数字“5”，输出结果如下：

```
5 是奇数
```

再次运行程序，输入数字为“12”，输出结果如下：

```
12 是偶数
```

3．多分支结构

当执行路径为 3 条或 3 条以上时，我们需要使用多分支结构，这时使用 if-elif-else 语句来实现。多分支结构是根据多个条件来选择运行不同语句执行序列的一种分支结构。

多分支结构的语法格式如下：

```
if <条件 1>:
    <语句块 1>
elif <条件 2>:
    <语句块 2>
......
else:
    <语句块 n+1>
```

在双分支语句中增加 elif <条件>产生更多分支，即可形成多分支结构。以上语法格式中的省略号代表 elif 可以多次出现，在 if 和 elif 之后为判断条件。需要注意的是，Python 语法要求 if、elif 和 else 所在行最后必须有冒号。

多分支结构流程图如图 4-4 所示。它的执行过程是依次判断语句中列出的条件，只要找到一个条件表达式的结果为“真”，就执行其对应的语句块，不再分析后面的条件，其后的语句块也不再执行。如果没有任何条件成立，且存在 else 分支时，执行 else 分支中的语句块。

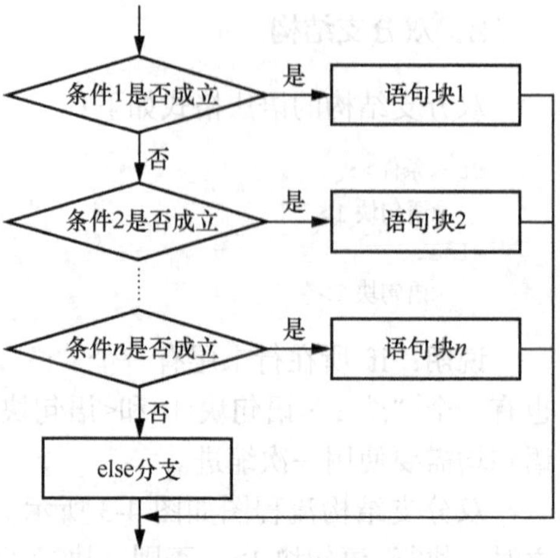

图 4-4　多分支结构流程图

【例 4-4】PM2.5 数值在 0 ~ 50 代表空气质量为优，50 ~ 100 代表空气质量为良，100 以上则代表有污染。输入当天 PM2.5 的数值，输出空气质量的提示信息。

分析：根据上述规定，PM2.5 大致可以分为 3 个等级。不同等级的提示信息不同，我们可以使用多分支结构来控制输出结果。首先，提示用户输入当天 PM2.5 的数值，如果输入值大于或等于 0 且小于 50，则输出“空气优质，快去户外运动！”。如果输入值大于或等于 50 且小于 100，则输出“空气良好，适度户外运动！”。如果输出值不满足以上两种条件，就执行 else 后面的语句，输出“空气污染，不适宜户外运动！”。

程序代码如下：

```
PM=eval(input("请输入 PM2.5 当天的数值："))
if 0<=PM<50:
    print("空气优质，快去户外运动！")
elif 50<=PM<100:
    print("空气良好，适度户外运动！ ")
else:
    print("空气污染，不适宜户外运动！ ")
```

运行程序，输入 88，程序的输出结果如下：

```
请输入PM2.5当天的数值：88
空气良好，适度户外运动！
```

程序的运行过程：输入 88 到变量 PM，条件 0<=PM<50 为假（False），不执行 if 之后的语句，接下来分析条件 50<=PM<100 为真（True），因此执行该条件之后的语句，输出“空气良好，适度户外运动！”，然后结束整个多分支语句的执行。

上述程序代码中的条件是只使用了关系运算符，实际上也可以通过逻辑运算符来实现。程序代码如下：

```
PM=eval(input("请输入 PM2.5 当天的数值："))
if PM>=0 and PM<50:
    print("空气优质，快去户外运动！")
elif PM>=50 and PM<100:
    print("空气良好，适度户外运动！ ")
else:
    print("空气污染，不适宜户外运动！ ")
```

运行程序，输入“88”，程序的输出结果如下：

```
请输入PM2.5当天的数值：88
空气良好，适度户外运动！
```

for-in 循环语句

4.3 for-in 循环语句

如果在满足条件时需要反复执行某些操作，我们可以使用循环结构实现。

根据循环执行次数是否确定，循环分为确定次数的循环和非确定次数的循环。确定次数的循环为“遍历循环”，Python 中使用 for-in 语句来实现。非确定次数的循环，则要通过判断循环条件是否满足来确定是否继续执行循环，Python 中使用 while 语句来实现。

Python 中使用较多的循环语句是 for-in 遍历循环，它也称为 for-in 遍历或 for-in 迭代。使用 for-in 可以遍历各种序列数据结构，如字符串、列表、集合或字典。

遍历循环的语法格式如下：

```
for <迭代变量> in <可迭代对象>:
    <循环体>
```

执行 for-in 循环语句时，迭代变量依次从可迭代对象中取出元素，当所有元素从迭代对象取出后，循环语句结束。因此，循环的次数由可迭代对象中元素的个数来决定。每取到一个元素就执行一次循环体中的语句，除非在循环体内遇到 break 或 continue 语句。

在编写 for-in 循环程序时，经常使用全局内置函数 range()生成一个类型为 range 的可迭代对象（可以将其理解为一个整数序列），用其控制 for-in 循环遍历的循环次数。

【例 4-5】使用 range 生成含 5 个元素的可迭代对象并输出。

为了方便查看代码运行的效果，我们在 Python 的交互方式下来运行如下的每行代码。

```
>>> r=range(5)
>>> print(r)
range(0, 5)
>>> type(r)
<class 'range'>
>>> print(list(range(5)))
[0, 1, 2, 3, 4]
```

range(5)得到由 0 到 4 的整数构成的迭代器对象，注意不包含终值 5。调用 range(5)函数不能直接输出 0 到 4 构成的整数，实际输出为 range(0,5)，表示是一个迭代器对象，其类型为“range”；此时可以通过转换函数 list()将其转换成列表后输出，列表数据类型将在第 7 章介绍。

我们经常按表 4-2 所示的 3 种方式调用 range()函数。

表 4-2　range()函数

函数	描述
range(j)	得到闭区间[0, j−1]内整数序列构成的迭代对象，注意没有包含整数 j
range(i,j)	得到闭区间[i, j−1]内整数序列构成的迭代对象
range(i,j,k)	按步长 k 递增得到闭区间[i, j−1]内整数序列构成的迭代对象

【例 4-6】在 for-in 循环中使用 range()函数。

程序代码如下：

```
>>> for i in range(1,10,3):
        print(i)
```

程序运行结果如下：

```
1
4
7
```

这里 range(1,10,3)函数按步长 3 递增取得区间[1,10)内整数序列构成的迭代对象，其中的元素从 1 开始，按步长 3 递增，直到 10 为止（但不包括 10）。循环体使用 print()函数将元素输出，输出结果为 1、4、7。

【例 4-7】在循环过程中修改 for-in 循环迭代变量的值。

程序代码如下：

```
>>> for i in range(1,6):
        print(i)
        i=i + 3
```

程序运行结果如下：

```
1
2
3
4
5
```

从输出结果可知，即使在循环体里改变了迭代变量 i 的值，其循环次数也没有发生改变。原因如下：

循环执行时，迭代变量 *i* 依次从可迭代对象“range(1,6)”中取出元素，当迭代对象中所有元素都取出后，结束循环。第一次执行循环时，迭代变量 *i* 从可迭代对象“range(1,6)”中取出的元素是 1，因此，输出迭代变量 *i* 的值为 1，在循环体中执行 *i*=*i*+3，*i* 的值修改为 4，即 *i* 指向值 4，但第二次执行循环时，迭代变量 *i* 从“range(1,6)”取出第二个元素 2，修改了 *i* 的指向使 *i* 重新指向 2，所以输出 *i* 的值为 2，我们可同样分析其他几次循环处理。因此，在 for-in 循环中修改迭代变量 *i* 的值并未改变循环执行的次数。

【例 4-8】计算 *s*=1+2+3+…+100 并输出 *s* 的值。

分析：使用变量 *s* 保存累加的结果，使用变量 *i* 表示累加项。首先将 *s* 赋初值为 0，*i* 从 1 取到 100，每次取得的 *i* 值累加到变量 *s* 中，这里使用 for-in 循环遍历获取可迭代对象 range(1,101)中的元素来实现 1 到 100 的累加。

程序代码如下：

```
s=0
for i in range(1,101):
    s += i
print("s=", s)
```

4.4 while 循环语句

如果循环次数可确定，通常采用 for-in 遍历实现循环，这时可以使用 range()函数来控制循环的次数。如果不能事先确定循环的执行次数，则

while 循环语句

需要根据条件是否成立来决定是否循环执行相关语句，这种循环称为条件循环。Python使用 while 语句实现条件循环，while 关键字之后的条件表达式用于判断是否可以继续循环。

条件循环的语法格式如下：

```
while <条件表达式>:
    <循环体>
```

执行 while 循环时，只要条件表达式的值为真，就执行<循环体>，直到条件表达式的值为假，然后退出循环。需要注意的是，循环体中的所有语句需要缩进一次。

【例 4-9】计算 $s=1+2+3+\cdots+n$，直到 s 值达到或超过 1000 时输出 s 和 n 的值。

分析：使用变量 s 保存累加的结果，使用变量 i 表示累加项。首先将 s 赋初值为 0，i 赋初值为 1，然后将当前 i 的值累加到 s 中，并将 i 的值修改为 2，为下一次累加做准备，接下来将修改后的 i 值累加到 s 中，并将 i 的值修改为 3，再累加到 s 中，如此往复，直到 s 达到或超过 1000 时结束处理。这是一个循环过程，但循环执行的次数不易在程序执行前确定，使用 for-in 循环实现相对困难。而使用 while 循环，只需要在 while 之后使用指定的条件，就很容易实现上述操作目标。

程序代码如下：

```
n=eval(input("请任意输入一个数字："))
s=0
i=1
while s<=1000:
    s += i
    i += 1
print("s=", s)
print("n=", i)
```

4.5 continue 语句与 break 语句

我们可以在 for-in 遍历循环或 while 条件循环的循环体中使用 continue 语句或 break 语句。continue 语句的作用是立即结束本次循环，即跳过本次循环尚未执行的语句，开始做下一轮循环。break 语句的作用是立即结束它所在的循环语句的执行，即使 for-in 循环尚未取完迭代对象中的元素或 while 循环的条件仍然成立。

continue 语句与 break 语句

【例 4-10】计算 1 ~ 5 中偶数的和。

程序代码如下：

```
sum=0
i=1
while i<5:
    i += 1
    if i%2 != 0:
        continue
    sum += i
print("sum=",sum)
```

程序运行结果如下：

```
sum =  6
```

当 *i* 为奇数时，i%2 为 1，此时条件表达式“i%2 != 0”成立，执行 continue 语句，跳过语句“sum += i”，开始下轮循环；执行 *i* += 1 后，*i* 变为偶数，条件表达式“i%2 != 0”不成立，不再执行 continue 语句，“sum + = i”会被执行。当循环结束时，sum 为 1 ~ 5 中所有偶数的和。

若将以上程序中的 continue 语句修改为 break 语句，其他代码行都不变，则程序代码如下：

```
sum=0
i=1
while i<5:
    i += 1
    if i%2 != 0:
        break
    sum += i
print("sum=",sum)
```

程序运行结果如下：

```
sum =  2
```

当程序执行到 *i* 的值为 3 时，条件表达式“i%2 != 0”的值为真，这时执行 if 中的 break 语句，结束循环处理，即退出循环，执行循环外的 print 语句。因为 sum 变量只保存了第一次循环处理时的累加结果 2，所以输出为“sum=2”。

for-in-else 和 while-else 结构

4.6 for-in-else 和 while-else 语句

for-in 遍历循环和 while 条件循环中都可以使用 else 子句，具体语法格式如下：

```
for <变量> in <迭代对象>:
    <语句块 1>
else:
    <语句块 2>
```

或

```
while <条件表达式>:
    <语句块 1>
else:
    <语句块 2>
```

else 子句的<语句块 2>只在循环正常结束的情况下才执行，即 for-in 循环遍历完迭代对象中的所有元素后，执行 else 中的语句；while 循环在条件不成立结束循环时，执行 else 中的语句。如果 for-in 循环或 while 循环中遇到 break 或 return 而提前结束循环时，不执行 else 中的语句（return 是用于函数返回的保留字，在第 6 章有相关介绍）。需要注意的是，循环体（<语句块 1>）和 else 中的语句（<语句块 2>）都需要右缩进一次，continue 语句不影响 else 子句的执行。

【例 4-11】运行以下程序，分析 for-in 循环中 else 子句的执行情况。

```
for i in range(6):
    if i%2==0:
```

```
        print(i)
else:
    print("的确输出了[0, 6)范围的所有偶数！")
```

在循环体中，如果 i 对 2 求余的结果是 0，这时 i 是偶数，输出当前 i 的值，进入下一轮循环；如果 i 对 2 求余的结果不是 0，这时 i 是奇数，不满足条件，没有输出，然后进入下一轮循环。由于执行循环体时没有遇到 break 或 return 语句，退出循环时会执行 else 分支中的语句，因此，最后执行了 else 后的 print 语句。程序运行结果如下：

```
0
2
4
的确输出了[0, 6)范围的所有偶数！
```

【例 4-12】运行以下程序，分析 for-in 循环中包含 continue 语句的执行情况。

```
for i in range(6):
    if i%2==1:
        continue
    print(i)
else:
    print("虽然有 continue，但还是输出了[0, 6)范围的所有偶数！")
```

在循环体中，若 i 为奇数，则执行 continue 语句，提前结束本次循环，跳过 print(i)，开始下一轮循环；若 i 为偶数，if 语句的条件不成立，不执行 continue 语句，执行 if 语句后面的 print(i)，输出 i 的当前值，然后进入下一轮循环。因此，以上程序运行后输出为 0、2、4。由于循环体里没有执行 break 或 return 语句，退出循环之后要执行 else 分支中的语句，因此，最后还要输出 else 分支中的 print 语句的内容。程序运行结果如下：

```
0
2
4
虽然有continue，但还是输出了[0, 6)范围的所有偶数！
```

接下来分析循环体中包含 break 语句的执行情况。

【例 4-13】运行以下程序，分析 for-in 循环中包含 break 语句的执行情况。

```
for i in range(6):
    if i%2==1:
        break
    print(i)
else:
    print("循环体里有 break 语句，因此，不会执行此 else 分支！")
```

程序运行结果如下：

```
0
```

在第一次循环开始时，i 的值为 0，条件“i%2==1”不成立，执行 if 后的 print(i)语句，输出值 0；在第二次循环开始时，i 的值为 1，条件“i%2==1”成立，执行 break 语句，跳出循环。由于执行 break 退出了循环，循环的 else 分支不执行，因此，最终的输出结果只有数字 0。

上述示例说明循环语句中的 else 分支只在循环正常结束之后才执行；反之，由于 break

或 return 导致退出循环，不会执行循环的 else 分支。可以这样理解，else 分支是对循环正常结束的一种奖励。

嵌套循环

4.7 嵌套循环

如果 for-in 遍历循环或 while 条件循环的循环体内的部分（或全部）语句仍然为循环语句，这样的循环结构为嵌套循环。

【例 4-14】分析以下程序的输出结果。

```
for i in range(4):
        for j in "Python":
            print(j,end='')
        print()
```

以上程序在 for-in 循环内，嵌套了另一个 for-in 循环。外循环的循环变量 *i* 从 range(4) 中取值，第一次执行外循环时，*i* 取 0，外循环的循环体中有两条语句，第一条语句为 for-in 循环，它的作用是依次取出字符串“Python”的各个字符，并在其循环体内执行输出，输出语句为：print(j,end=' ')，end 参数将每次输出的分隔符规定为空，因此该内循环执行一次的输出结果是 Python；内循环结束后，执行其后的 print 语句，用于输出换行，这时外循环的第一次循环执行结束，开始执行外循环的第二次循环，此时 *i* 取 1，进入循环体中先执行内循环输出 Python，然后换行。如此往复，直到外循环运行结束。程序运行结果如下：

```
Python
Python
Python
Python
```

【例 4-15】编程实现从键盘任意输入一个字符串，将大写字母“T”之外的字符重复输出 2 次，大写字母“T”输出 1 次。例如，

输入：abx12gTwse

输出：aabbxx1122ggTwwssee

解决该问题的方法并不唯一，这里介绍两种实现方法。

方法一　分析：首先使用 input()函数接收用户输入的字符串，保存到变量中，假设变量为 st。由于 st 中的每个字符至少输出 1 次，因此，我们可以对 st 中的每个字符逐一处理，即使用 for-in 循环遍历字符串 st 中的每一个字符，循环变量 *i* 依次取得 st 中的每个字符，大写字符“T”输出 1 次，除大写字符“T”之外的所有字符均需输出两次，故可以使用 for j in range(2)来实现字符的两次输出，这时就形成了嵌套循环；在内循环中，对获取的字符首先输出 1 次，然后进行判断，如果字符是大写的“T”，则使用 break 语句提前结束内循环，否则内循环进入第二次循环中。由于要求仍以字符串的形式输出，因此，每次输出结束后不能换行，我们可以通过在 print()函数中将参数 end 设置为空来实现（即 end=' '）。

程序代码如下：

```
st=input("请输入一个字符串：")
for i in st:
    for j in range(2):
        print(i, end='')
```

```
    if i=="T":
        break
```

程序运行结果如下：

```
请输入一个字符串：abt1T23e
aabbtt11T2233ee
```

方法二　分析：首先使用 input()函数接收用户输入的字符串，假设保存到变量 st 中，然后使用 for i in st 遍历获取 st 中的每个字符，如果循环变量 *i* 的值等于“T”，则使用 print(i,end="")输出 *i* 一次，否则使用 print(i*2,end="")输出 *i* 两次。

程序代码如下：

```
st=input("请输入一个字符串：")
for i in st:
    if i=="T":
        print(i,end="")
    else:
        print(i*2,end="")
```

程序运行结果如下：

```
请输入一个字符串：abtT12w
aabbttT1122ww
```

【例 4-16】编写程序输出以下形式的乘法九九表。

```
1*1=1
2*1=2  2*2=4
3*1=3  3*2=6  3*3=9
4*1=4  4*2=8  4*3=12  4*4=16
5*1=5  5*2=10  5*3=15  5*4=20  5*5=25
6*1=6  6*2=12  6*3=18  6*4=24  6*5=30  6*6=36
7*1=7  7*2=14  7*3=21  7*4=28  7*5=35  7*6=42  7*7=49
8*1=8  8*2=16  8*3=24  8*4=32  8*5=40  8*6=48  8*7=56  8*8=64
9*1=9  9*2=18  9*3=27  9*4=36  9*5=45  9*6=54  9*7=63  9*8=72  9*9=81
```

分析：从输出可知，该乘法九九表一共输出 9 行，每行输出的表达式个数是变化的（第 1 行输出 1 个表达式，第 2 行输出 2 个，第 3 行输出 3 个……第 9 行输出 9 个表达式）。显然，我们可以通过嵌套循环来实现编程，如外循环的循环变量 *i* 控制行数，内循环的循环变量 *j* 控制每行表达式的个数。输出的每个表达式左端有乘数、乘号和被乘数，其中乘数是控制行数的变量 *i*，被乘数用控制每行表达式个数的变量 *j* 来表达，这样，每个表达式的等号“=”左边就可以表示成 i*j（乘号×用*替换）；“=”右端的值可以看成是“乘数×被乘数”的结果，也就是说每个表达式中的“*”和“=”是不变的，其余的乘数、被乘数和乘积均是变化的。因此，如果用字符串的 format()方法来输出每个表达式，其输出语句：print("{}*{}={}".format(i,j,i*j))；考虑到每一行的每个表达式输出后不换行，所以通过设置“end="　"”实现。最后，通过一个 print()语句实现一行所有表达式输出完后的换行功能。输出乘法九九表的程序代码如下：

```
for i in range(1,10):
        for j in range(1,i+1):
                print("{}*{}={}".format(i,j,i*j),end="  ")
        print()
```

嵌套循环根据所嵌套循环的层数可分为二重循环、三重循环以及多重循环。读者在后面学习序列数据类型后，可以看到嵌套循环的更多应用。

4.8 random 库

random 库

由于在程序中经常使用随机数来解决实际问题，因此，Python 内置了 random 库用于生成各种伪随机数序列。random 库可以生成指定范围内的随机整数或浮点数，还可以在序列中随机选取部分元素或将序列中的元素顺序打乱。

在数学中，严格意义上的随机数是按照某种概率分布随机产生的，其结果是不可预测的。而计算机中的随机数是按照一定算法模拟产生的，其结果是可预见的。因此，使用随机函数所生成的随机数实际上是“伪随机数”。计算机在生成每一个随机数序列时需要一个输入数据作为随机种子数。随机种子数由用户通过函数参数来指定，用户如果没有指定，那么在默认情况下随机种子数使用系统时钟的当前值来设置。

在 random 库中设置随机种子数的函数是 seed()，相同的种子数多次生成的随机数序列是相同的。如果不调用该函数设置随机种子数，则随机种子数按照系统时钟的当前值来设置，这样每次生成的随机数序列是不相同的。请看以下示例：

```
>>> import random
>>> random.seed(123)
>>> print(random.random())
0.052363598850944326
>>> print(random.random())
0.08718667752263232
```

导入 random 模块，设置随机数种子为 123，调用 random 库的 random()函数，随机生成一个在区间[0,1)内的浮点数，再次调用 random()函数，随机生成另一个在区间[0,1)内的浮点数。再执行下列语句：

```
>>> random.seed(123)
>>> print(random.random())
0.052363598850944326
>>> print(random.random())
0.08718667752263232
```

从以上两次的输出结果可知，再次将随机数种子设置为 123 后，调用 random()函数生成的浮点数与上一次将随机种子数设置为 123 后随机生成的两个浮点数是完全相同的。

```
>>> import random
>>> print(random.random())
0.9011988779516946
>>> print(random.random())
0.0381536661023224
```

重新导入 random 模块，之后直接调用 random 库的 random()函数来随机生成一个浮点数，这时没有使用 seed()函数来设置随机种子数，则随机种子数取自系统时钟。从程序的输出结果可知，这时产生的随机数序列与前面生成的随机数序列不同。

以上输出结果表明，使用相同的随机种子数生成的随机数序列是一样的；使用不同随机种子数生成的随机数序列是不相同的。

random 库的函数可以分成两类：基本随机数函数和扩展随机数函数。

（1）基本随机数函数

基本随机数函数主要有 seed()和 random()。读者请参考表 4-3 使用这两个函数。

表 4-3　基本随机数函数的功能、说明及示例

函数	功能	说明及示例
seed(a=None)	指定随机种子数	初始化随机数种子，默认值为当前系统时间 >>> random.seed(10)　#设置随机种子数为 10
random()	获取随机浮点数	生成一个[0,1)的随机小数。随机数产生与种子有关，只要种子是 10，则第一个数必定为如下输出的数值 >>> random.random() 0.5714025946899135

使用随机种子数的好处是可以重现程序的运行结果，即在生成随机数之前可以通过 seed()函数指定随机种子数，只要指定的随机种子数相同，多次运行程序生成的随机数序列是相同的，以方便测试程序或分析程序的执行过程。

（2）扩展随机数函数

扩展随机数函数主要有 uniform()、randint()、randrange()、choice()、shuffle()和 sample()。读者请参考表 4-4 使用这几个函数。

表 4-4　扩展随机数函数的功能、说明及示例

函数	功能	说明及示例
uniform(a,b)	获取随机浮点数	随机生成[*a*,*b*)或者[*a*,*b*]的一个小数。当 a!=b 时，生成介于两者之间的一个浮点数；当 a==b 时，则生成的浮点数为 *a* >>> random.uniform(10,100) 22.91618932450376
randint(a,b)	获取随机整数	随机生成闭区间[*a*,*b*]内的一个整数 >>> random.randint(10,100) 56

randrange(a,b[,k])		随机生成[*a*,*b*)以 *k* 为步长的整数序列中的一个整数，包含 *a* 但不包含 *b*。如果不指定 *k*，默认步长为 1。另外，也可以只使用一个参数 *b*，此时随机生成的整数范围为[0,*b*)，包含 0 但不包含 *b*
		>>> random.randrange(1,7,2)　#在 1、3、5 中随机取一个整数
		5
		>>> random.randrange(1,7)　#在 1 ~ 6 中随机取一个整数
		3
		>>> random.randrange(7)　#在 0 ~ 6 中随机取一个整数
		1

choice(seq)	从序列随机取出一个元素	从非空序列中随机取出一个元素，非空序列可以是列表、元组和字符串
		>>> random.choice("student")　#随机从字符串中取出一个元素
		's'
		>>> random.choice([1, 2, 3, 4, 5, 6, 7, 8, 9])　#随机从列表中取出一个元素
		5

shuffle(list)	打乱列表中元素的顺序	该函数的返回值是 None。函数的参数为列表，该函数直接在原列表上改变元素的顺序
		>>> ls=[1, 2, 3, 4, 5, 6, 7, 8, 9]
		>>> print(random.shuffle(ls))
		None
		>>> print(ls)
		[2, 5, 4, 9, 3, 6, 8, 1, 7]
		输出列表 ls，发现它里面的元素已经改变了排列顺序

续表

函数	功能	说明及示例

sample(seq,k)	从序列 seq 中随机取出 *k* 个元素	该函数的返回值为列表。该函数从指定的序列（列表、元组或字符串）中随机选择 *k* 个元素形成新的列表返回，它不会修改原序列
		>>> old_tp=(1,2,3,4,5,6,7,8,9,10)　#定义一个元组
		#从元组 old_tp 中随机抽取 5 个不重复的元素形成列表并返回
		#该函数并不改变原序列本身
		>>> new_ls=random.sample(old_tp,5)
		>>> print(old_tp)
		(1, 2, 3, 4, 5, 6, 7, 8, 9, 10)
		>>> print(new_ls)
		[7, 8, 2, 6, 5]

有关 random 库更多函数的使用方法，读者可以通过执行 help(random)命令进行查阅。

4.9 实例

1. 实例 1：随机验证码

短信验证码与很多日常应用联系非常紧密，如在完成账号注册、密码找回、异常登录、支付确认等操作时，一般都需要使用短信验证码来核实用户身份是否真实，以保证相关操作的安全性。短信验证码一般使用随机数来生成，本节通过编程实现 4 位纯数字验证码的随机生成，以加深开发者对随机数及随机数相关应用的理解。

随机验证码

【例 4-17】随机生成 4 位纯数字验证码。

随机生成 4 位纯数字验证码的方法有很多，这里给出两种实现方法。

方法一　分析：生成4位纯数字验证码可以使用random库提供的randint(0,9)函数。调用一次该函数产生一个 0 ~ 9 范围的数字，重复 4 次调用 random.randint(0,9)得到 4 个随机数字，最后把这 4 个数字拼接起来就得到了 4 位数字验证码。数字拼接可以先将每个数字转换成字符串类型，然后通过字符串连接操作来完成。程序代码如下：

```
import random
check_code=''
for i in range(4):
    code=str(random.randint(0,9))
    check_code += code
print(check_code)
```

方法二　分析：我们可以将 4 位纯数字随机验证码看作一个 4 位随机整数，而 4 位随机整数的取值范围为 1000 ~ 9999，因此，只需调用 random.randint(1000,9999)函数一次就能得到 4 位数字验证码。程序代码如下：

```
import random
check_code=random.randint(1000,9999)
print(str(check_code))
```

说明：第二种方法可能不太随机，因为产生的是 1000 ~ 9999 的随机整数，漏掉了 0 ~ 999 的那些数字构成的验证码。学习了第 7 章的列表数据类型后，我们就知道系统可以生成更为随机的验证码。更多生成随机验证码的方法，读者可以自行尝试。

2. 实例 2：随机密码

随机密码

大多数系统支持账号和密码方式登录，这些系统的安全性与用户的账号密码保护意识密切相关。如果用户使用比较简单的密码，则密码容易被不法分子破解，因此需要增加密码的复杂程度来保证账号的安全。但由于用户自己设置的密码往往趋向于简单易记，不利于保障系统安全，因此，有些软件系统通过生成有一定复杂度的密码来供用户使用，而不是让用户自己来设置。本节利用 random 库生成具有一定复杂度的密码，具体要求如例 4-18 所示。

【例 4-18】 随机生成指定长度的密码，且密码包含大小写字母、数字和标点符号。

分析： 随机生成指定长度密码的方法并不唯一，这里只介绍其中的一种方法，读者可根据实际需求设计其他生成方法。由于密码中必须包含大小写字母、数字和标点符号，因此，首先通过 string 模块的 ascii_uppercase 属性获取全体大写英文字母，通过其 ascii_lowercase 属性获取全体小写英文字母，通过其 digits 属性获取所有数字字符和通过其 punctuation 属性获取所有标点符号。再通过 input()函数输入密码的长度，假设用变量 n 保存。由于生成的密码必须包含大小写字母、数字字符和标点符号，因此，除去这 4 种字符各至少 1 个之后，另外还需生成 $n-4$ 位的密码。因为没有规定每种字符最多只能包含多少个，所以这里可以调用随机函数 random.randint(1,n-3)来产生大写英文字母的个数，记入变量 len_upp 中（第二个参数为 $n-3$ 的原因是为小写字母、数字字符和标点符号各预留了 1 个长度，这样，大写字母的最多个数为 $n-3$）。再次调用 random.randint(1,n-len_upp-2)来产生小写英文字母的个数，保存到变量 len_low 中（小写字母的个数为 n 减去已经生成的大写字母个数 len_upp，再减去 2，2 是为数字字符和标点符号预留的最小长度），使用类似方法可以得到数字符号和标点符号的个数。在确定了构成密码的大小写字母、数字字符和标点符号的个数之后，接下来使用 random 库的 sample()函数从前述 string 模块的相关属性中随机抽取指定个数的字符生成字符列表。连续 4 次使用 sample()函数，可获取分别由大写字母、小写字母、数字和标点符号构成的 4 种随机字符列表，将这些列表拼接起来形成一个完整的列表，然后对拼接成的列表使用 shuffle()函数打乱其中字符的排列顺序。最后利用 join()方法将打乱后的字符列表的所有字符拼接成一个字符串，就得到了满足需求的随机密码。

程序代码如下：

```
import string, random

str_upp=string.ascii_uppercase
str_low=string.ascii_lowercase
str_num=string.digits
str_pun=string.punctuation
n=int(input('请输入密码长度（要求大于或等于 4）：').strip())
#随机设置 4 种类型字符的个数（总数为 n）
len_upp=random.randint(1,n-3)
print("大写字母个数为：",len_upp)            #大写字母个数
len_low=random.randint(1, n-len_upp-2)
print("小写字母个数为：",len_low)            #小写字母个数
len_num=random.randint(1,n-len_upp-len_low-1)
```

```
    print("数字字符个数为：",len_num)        #数字字符个数
    len_pun=n-(len_upp + len_low+len_num)
    print("标点符号个数为：",len_pun)        #标点符号个数
    password=random.sample(str_upp,len_upp)+random.sample(str_low,len_low)+random.
sample(str_num, len_num)+random.sample(str_pun, len_pun)
    #打乱列表元素
    random.shuffle(password)
    #将列表元素转换为字符串
    new_password=''.join(password)
    print("生成的随机密码为：",new_password)
```

总结：在这个例子中使用了 string 模块，它提供了一些字符串常量，可以很方便地获取各种 ASCII 字符，同时还使用了 random 库的 randint()函数、sample()函数和 shuffle()函数实现各种需求。

练习

一、单选题

1. 下列有关 break 语句与 continue 语句的描述，不正确的是（　　）。
   A. 当多个循环语句彼此嵌套时，break 语句只结束最内层循环语句的执行
   B. continue 语句类似于 break 语句，也必须在 for、while 循环中使用
   C. continue 语句提前结束本次循环，继续执行下一轮循环
   D. break 语句结束所有循环语句的执行
2. 下列选项中可实现多分支结构的是（　　）。
   A. while　　B. if-elif-else　　C. for　　D. if-else
3. 下列选项中能够与保留字 for 一起实现遍历循环的是（　　）。
   A. in　　B. loop　　C. elif　　D. while
4. 下列程序段中，print 语句的执行次数是（　　）。

```
k=1314
while k>1:
    print(k)
    k=k/2
```

   A. 7　　B. 1314　　C. 657　　D. 11

二、填空题

1. 下列程序段的执行结果是__________。

```
for i in "HelloWorld":
    if i=="o":
        continue
    print(i, end="")
```

2. 下列程序段的执行结果是__________。

```
for i in range(0, 8, 2):
    print(i)
```

3. 在循环语句中，__________语句的作用是提前结束本层循环，__________语句的作用是提前进入下一次循环。

三、编程题

1. 编程实现输入长方体的长、宽、高，计算输出长方体的表面积和体积，要求输出结果有提示信息。

2. 输入百分制成绩，然后将其转换成 A、B、C、D、E 等级并输出。（规定 A 级成绩大于或等于 90 分，B 级成绩大于或等于 80 分且小于 90 分，C 级成绩大于或等于 70 分且小于 80 分，D 级成绩大于或等于 60 分且小于 70 分，E 级成绩小于 60 分）

3. 编程求出 100 以内奇数的和。

4. 编程求出所有的 3 位水仙花数并输出。（3 位水仙花数为每位数的立方之和等于其本身，例如 $153=1^3+5^3+3^3$）

5. 编写程序生成斐波那契数列的前 50 项，并将其中的偶数删除，输出余下的数。（斐波那契数列的递推公式：$F(0)=0$，$F(1)=1$，……，$F(n)=F(n-1)+F(n-2)$（$n \geqslant 2$，$n \in \mathbf{N}^*$））

6. 编程计算前 30 个自然数的阶乘之和：1!+2!+3!+…+30!。

7. 已知 $S=1-\frac{1}{2}+\frac{1}{3}-\frac{1}{4}+\cdots+\frac{1}{99}-\frac{1}{100}$，编程计算 S 的值。

8. 假设公鸡 10 元 1 只，母鸡 5 元 1 只，小鸡 1 元 3 只，用 100 元买了 100 只鸡，编程求解公鸡、母鸡和小鸡的数量。

第5章 海龟绘图库——turtle 库

本章重点知识：理解 turtle 库绘图坐标系；掌握 turtle 库的画笔控制函数（改变画笔形状和速度、设置画笔粗细和颜色、抬起/放下画笔、改变画笔方向、设置封闭图形颜色等）、画笔运动函数（绘制直线段、绘制弧线或正多边形）和全局控制函数（设置图形窗口标题、清空绘图窗口、输出文本内容到当前画笔处等）；了解利用 Turtle 类、Pen 类绘制图形的方法等。

本章知识框架如下：

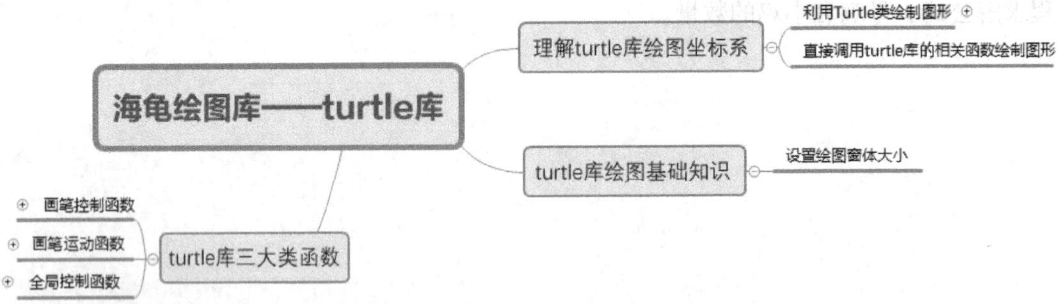

Python 中有很多编写图形程序的方法，一个简单启动图形化程序设计的方法是使用 Python 内置的 turtle 库。turtle 是 Python 内置的绘制线、圆及其他形状（包括文本）的图形库。

理解 turtle 库绘图坐标系

5.1 理解 turtle 库绘图坐标系

turtle 库是 Python 的标准库之一，是随解释器直接安装到操作系统中的功能模块。它提供了一个“小海龟”（也就是一支画笔），你可以把它理解为一个海龟机器人，其根据指令在绘图窗口中爬行。打开绘图窗口时，“小海龟”位于一个横轴为 x、纵轴为 y 的坐标系原点处，“小海龟”最初所在的这个坐标原点(0,0)（注意不是计算机屏幕窗口左上角的原点）是在绘图窗口的正中间，“小海龟”面向 x 轴的正方向（向右），如图 5-1 所示。在一组函数指令的控制下，“小海龟”可以在这个平面坐标系中“爬行”，将其所经过的轨迹形成绘制图形。因此，turtle 库也称为海龟绘图库。

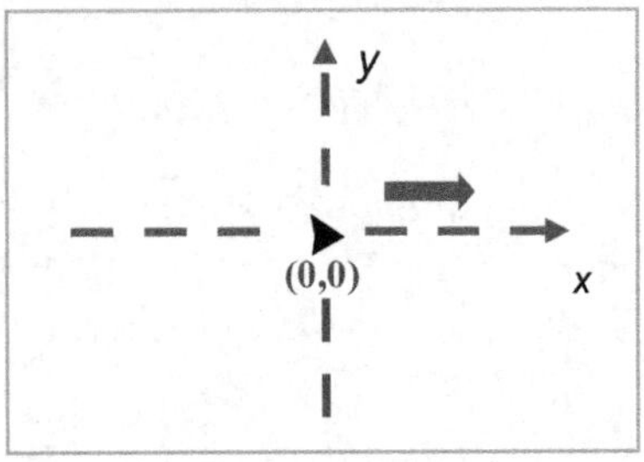

图 5-1 turtle 库绘图坐标系

无论我们使用 Python 内置的标准库还是使用第三方库，使用之前都首先需要通过 import 命令导入要使用的库。Turtle 库提供了面向对象和面向过程两种形式的海龟绘图基本组件，面向对象的接口主要使用类 TurtleScreen 和 RawTurtle。TurtleScreen 类定义图形窗口作为“海龟”的运动场所，Screen()函数返回一个 TurtleScreen 子类的单例对象。RawTurtle（别名为 RawPen）类定义海龟对象在 TurtleScreen 上绘图，从 RawTurtle 派生出子类 Turtle（别名为 Pen），该类对象在 Screen 实例上绘图，如果实例不存在则会自动创建。

1．利用 Turtle 类的绘制图形

导入 turtle 库后，通过调用 turtle 库的 Turtle 类来创建一个 Turtle 对象并打开绘图窗口，注意 Turtle 类的第一个字符是大写的。请看以下示例：

```
>>> import turtle
>>> t=turtle.Turtle()
>>> type(t)
<class 'turtle.Turtle'>
```

执行第 1 行和第 2 行代码后，打开了绘图窗口，并且画笔位于窗口的正中心（坐标原点(0,0)），画笔笔尖向右。

如果要设置一支红色的画笔，则执行以下语句。

```
>>> t.color('red')
```

以上语句执行后，画笔笔尖的颜色就变成了红色。请读者仔细观察语句执行后绘图窗口中画笔笔尖颜色的变化。

默认情况下，画笔的笔尖是向下的（就像真实的笔尖触碰着一张纸一样）。由于笔尖是向下的，因此当移动画笔的时候，它就会绘制出一条从当前位置到新位置的线。这里可以理解为“小海龟”从当前位置爬行到新位置，爬行经过的路径所留下的痕迹就形成了图形。

【例 5-1】利用 Turtle 类绘制一个红色的等边三角形。

程序代码如下：

```
#例 5-1-红色等边三角形.py
import turtle           #导入 turtle 库
t=turtle.Turtle()       #创建一支画笔对象 t
t.color("red")          #设置画笔颜色为红色
for i in range(3):
        t.forward(100)  #画笔向正前方前进 100 像素
        t.left(120)     #画笔笔尖向左转 120°
```

程序运行结果如下：

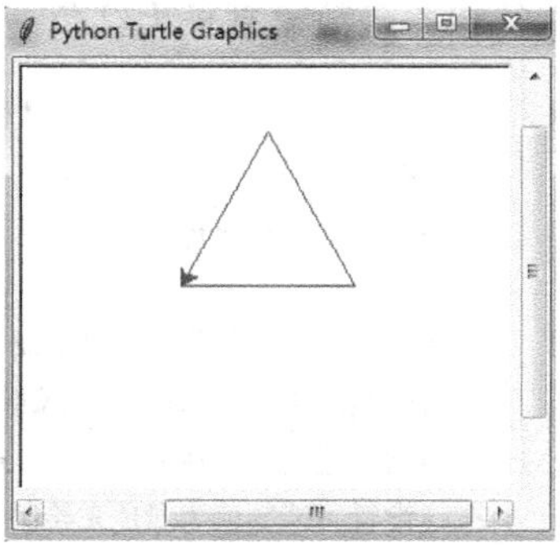

因为等边三角形的内角为 60°，所以绘制等边三角形的一条边后，画笔需要左转 120°。

Turtle 的别名是 Pen，因此，导入 turtle 库后，开发者通过调用 turtle 库的 Pen 类创建一支画笔对象也能完成图形的绘制（注意 Pen 类的第一个字符是大写的）。请看以下示例：

```
>>> import turtle
>>> p=turtle.Pen()      #创建一支画笔对象 p
```

执行以上两行代码后，打开了绘图窗口，并且画笔位于窗口的正中心（坐标原点(0,0)），画笔笔尖向右。第 2 行代码产生了一个对象 p，在这里可理解为产生了一支用于绘制图形的画笔，然后调用对象的相关方法进行图形绘制。

【例 5-2】利用 Pen 类绘制一个绿色的正方形。

程序代码如下：

```
#例 5-2-绿色正方形.py
import turtle              #导入 turtle 库
p=turtle.Pen()
p.color("green")           #设置画笔颜色为绿色
for i in range(4):
      p.forward(100)       #画笔向正前方前进 100 像素
      p.left(90)           #画笔笔尖向左转 90°
```

程序运行结果如下：

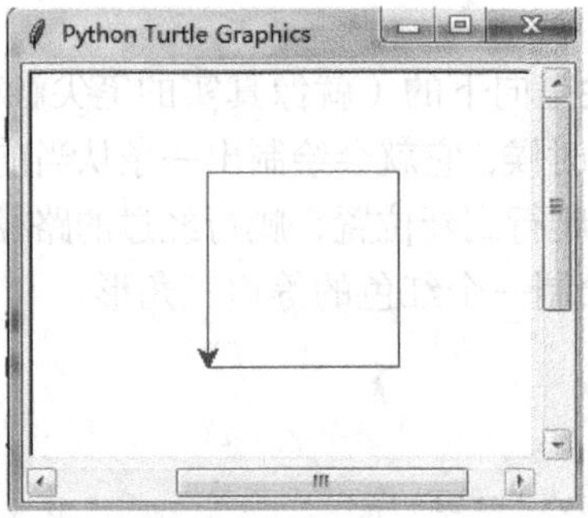

2．直接调用 turtle 库的相关函数绘制图形

TurtleScreen/Screen 和 RawTurtle/Turtle 的所有方法都存在对应的函数，它们可以作为面向过程的接口组成部分。因此，通过使用“库名.函数名([<参数表>])”方式调用 turtle 库的相关函数也可以完成图形的绘制。

【例 5-3】直接调用 turtle 库的相关函数绘制长为红色、宽为绿色的长方形。

程序代码如下：

```
#例 5-3-长红宽绿的长方形.py
import turtle                        #导入 turtle 库
for i in range(2):
      turtle.color("red")            #设置画笔颜色为红色来绘制长
      turtle.forward(150)            #画笔向正前方前进 150 像素
      turtle.left(90)                #画笔笔尖向左转 90°
      turtle.color("green")          #设置画笔颜色为绿色来绘制宽
```

```
    turtle.forward(80)          #画笔沿当前方向前进 80 像素
    turtle.left(90)             #画笔笔尖向左转 90°
```

程序运行结果如下：

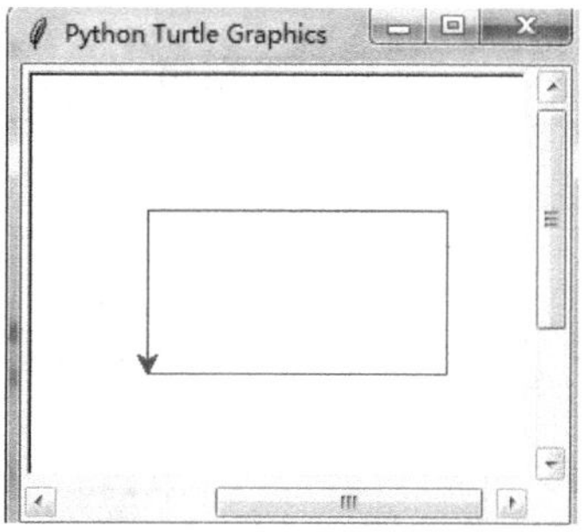

由于绘制长方形长和宽的颜色不同要进行两次画笔颜色的设置，并且长方形的长和宽要分别绘制两次，因此，这里可以使用 for-in 循环来控制长方形长和宽的绘制。

5.2 turtle 库绘图基础知识

1．设置绘图窗体大小

使用 turtle 库绘图时的最小单位是像素。开发者可以使用 screensize()函数设置绘图窗口的大小，或者使用 setup()函数设置绘图窗口的大小以及初始位置。

（1）screensize()函数

screensize()函数的调用格式如下：

```
turtle.screensize(width=None, height=None, bg=None)
```

该函数的 3 个参数分别用于设置绘图窗口的宽、高以及背景颜色。如果省略参数，或者所有的参数值均设置为“None”，则绘制一个背景色为白色、其大小为 400×300 的窗口，并返回当前窗口的宽度和高度值。表示背景颜色的第三个参数可用颜色字符串或 RGB 元组来表示。

请看以下示例：

```
>>> turtle.screensize(400,300)
```

以上代码绘制一个大小为 400×300、背景颜色为白色的窗口。

再看以下示例：

```
>>> turtle.screensize(2000,1500)
```

以上代码执行后，绘图窗口会显示水平滚动条和垂直滚动条，如图 5-2 所示。

（2）setup()函数

setup()函数的调用格式如下：

```
turtle.setup(width=0.5, height=0.75, startx=None, starty=None)
```

setup()函数可以设置绘图窗口的大小以及在计算机屏幕窗口中的位置。其中第一个参数 width 是绘图窗口的宽度，第二个参数 height 是绘图窗口的高度，这两个参数决定绘图窗口的大小。设置 width、height 的值为整数时，单位为像素；设置为小数时，则表示占据计算机屏幕的比例，默认 width=0.5，height=0.75。第三个参数和第四个参数（startx 和 starty）指的是绘图窗口左上角相较于计算机屏幕窗口的坐标位置。注意，计算机屏幕窗口的原点在屏幕窗口的左上角。绘图窗口在计算机屏幕窗口中的位置如图 5-3 所示。

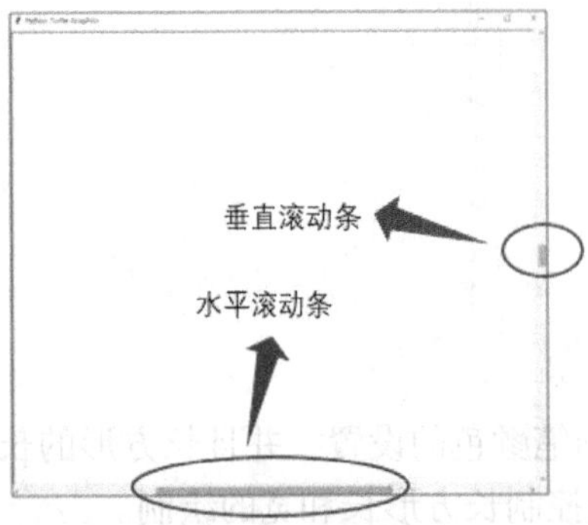

图 5-2 显示水平滚动条和垂直滚动条的绘图窗口

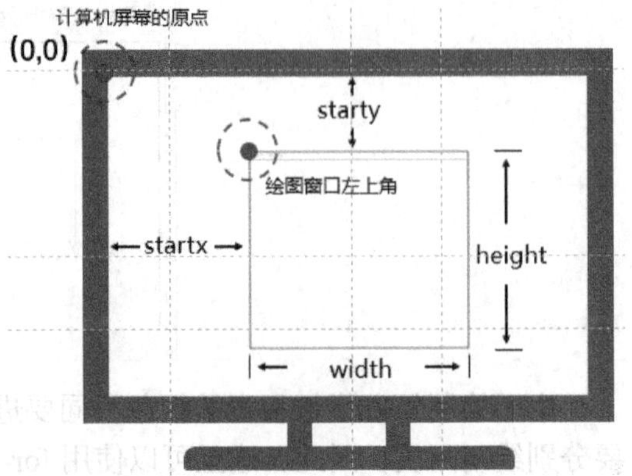

图 5-3 绘图窗口在计算机屏幕窗口中的位置

startx 的值为正时，指窗口左边距离计算机屏幕左边的距离。

startx 的值为负时，指窗口右边距离计算机屏幕右边的距离。

starty 的值为正时，指窗口顶部距离计算机屏幕顶部的距离。

starty 的值为负时，指窗口底部距离计算机屏幕底部的距离。

请读者特别注意，如果 startx 和 starty 均为 0，则绘图窗口位于计算机屏幕左上角；如果 startx 和 starty 均为 None，则绘图窗口位于计算机屏幕中心。

【例 5-4】设置绘图窗口大小为 200 像素×200 像素，位于屏幕左上方（即窗口左上角与计算机屏幕原点重合）。

分析：因为要求绘图窗口左上角与计算机屏幕原点重合，所以通过调用 setup()函数并设置参数 startx 和 starty 均为 0。程序代码如下：

```
>>> turtle.setup(width=200, height=200, startx=0, starty=0)
```

代码运行结果如下：

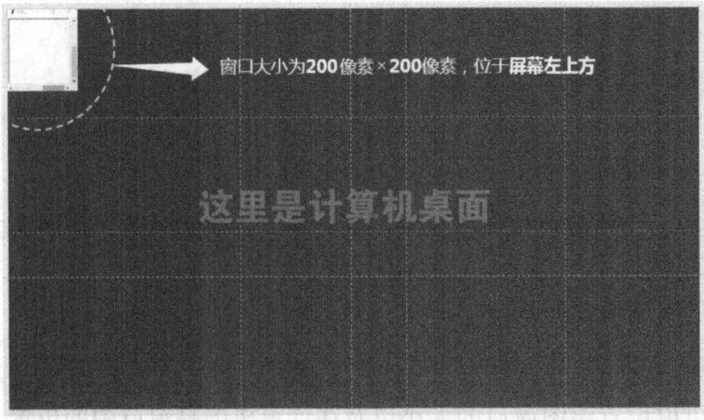

【例 5-5】设置绘图窗口的宽度和高度分别是计算机屏幕的 75%和 50%，绘图窗口位于屏幕正中心。

分析：因为要求绘图窗口位于计算机屏幕正中心，所以需要设置 startx 和 starty 均为 None。程序代码如下：

```
>>> turtle.setup(width=0.75, height=0.5, startx=None, starty=None)
```

代码运行结果如下：

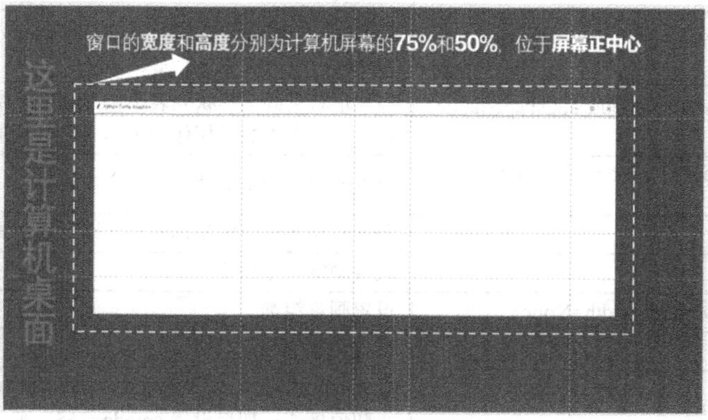

请读者通过改变 startx 和 starty 的值来观察绘图窗口位置的变化情况。

2．screensize () 函数和 setup () 函数的异同点

turtle 库的 screensize()函数和 setup()函数在绘制绘图窗口时有以下不同之处。

（1）screensize()函数可以设置绘图窗体的背景颜色，setup()函数则不能。

（2）screensize()函数绘制窗口时，无论给出的宽度和高度是多少，所绘制的窗口在屏幕上显示的大小都为 400×300，超过此大小设置时窗口会显示水平滚动条和垂直滚动条。setup()函数会根据给定的宽度、高度值来绘制窗口。当然，如果设置的窗口大小超过了屏幕窗口的大小，窗口也会显示水平滚动条和垂直滚动条。

（3）screensize()函数所绘制的窗口位于计算机屏幕上固定的位置，我们可以通过 setup()函数指定绘图窗口位于计算机屏幕窗口的位置。

其实，以上两个函数在图形绘制过程中并不是必需的，只有当需要控制窗体大小以及设置窗体在屏幕中的位置时才需要。读者可以根据实际情况选用。

5.3 turtle 库三大类函数

turtle 库提供了很多函数，通过调用这些函数可以让“小海龟”在绘图窗口中游走来完成图形的绘制。这里主要介绍三大类函数：画笔控制函数、画笔运动函数以及全局控制函数。更多函数的使用方式可通过 help(turtle)查阅学习。

turtle 库之画笔控制函数

5.3.1 画笔控制函数

turtle 库中的画笔可以通过一组函数来控制。通过画笔控制函数可以设置画笔的形状、粗细、颜色、抬起画笔、放下画笔等，再配合画笔运动函数就能画出我们想要的图形。控制画笔操作的主要函数如表 5-1 所示。

表 5-1　画笔控制函数

函数	描述
shape(name=None)	改变画笔形状。画笔的默认形状取值为'classic'
shapesize(width=None,length=None,outline=None)或 turtlesize(width=None,length=None,outline=None)	设置画笔形状大小。第一个参数设置画笔垂直方向的值，第二个参数设置画笔行进方向的值，第三个参数确定画笔形状轮廓的宽度
getshapes()	返回画笔形状列表['arrow', 'blank', 'circle', 'classic', 'square', 'triangle', 'turtle']。该函数是一个无参函数
register_shape(name,shape=None)或 addshape(name, shape=None)	添加形状到画笔形状列表中作为画笔使用，丰富画笔的外观形状。第一个参数是用作画笔的.gif 文件的名称
shapetransform(t11=None,t12=None,t21=None, t22=None)	设置或返回画笔形状的当前变换矩阵
get_shapepoly()	获取形状多边形的坐标对值，以元组形式返回
speed(speed=None)	设置画笔绘制速度
pensize(width=None)或 width(width=None)	设置画笔粗细
pencolor(color)	设置画笔颜色
colormode(cmode=None)	设置或者返回 RGB 颜色模式。如果设置 cmode=1.0，则是 RGB 小数值模式；如果设置 cmode=255，则是 RGB 整数值模式
penup()或 pu()	抬起画笔
pendown()或 pd()	落下画笔
setheading(angle)或 seth(angle)	改变画笔笔尖的行进方向为指定角度（angle）。这里的 angle 为绝对角度，angle 为正，表示正方向角度，逆时针方向；angle 为负，表示负方向角度，顺时针方向
left(angle)	向左转。angle 是画笔笔尖相对于当前行进方向旋转的角度
right(angle)	向右转。angle 是画笔笔尖相对于当前行进方向旋转的角度
fillcolor(color)	设置封闭图形的填充颜色
color(pencolor, fillcolor)	同时设置画笔颜色（pencolor）和填充色（fillcolor）
begin_fill()	准备开始填充图形。我们需要在绘制封闭图形前调用该函数
end_fill()	填充图形结束
hideturtle()	隐藏画笔
showturtle()	显示画笔。其与 hideturtle()函数对应
tracer()	用来加速复杂图形的绘制。一般是绘制开始前调用 tracer (False)，绘制结束之后调用 tracer(True)。使用该函数直接展示绘制结果给用户，无须等待漫长的绘制过程再查结果

下面以实例分析表 5-1 中部分函数的使用情况，请读者加以注意。

1．改变画笔形状函数——shape()

默认情况下，我们看到的是一支形如钢笔笔尖的画笔。通过 shape()函数还可以将画笔的形状修改为：海龟（turtle）、箭头（arrow）、实心圆（circle）、实心方形（square）、实心三角形（triangle）及默认的钢笔笔尖（classic）形状。

函数调用格式如下：

```
turtle.shape(name=None)
```

⚠ 注意：调用 shape()函数设置画笔的形状时，传入的参数一定是一个字符串。请看以下示例：

```
>>> shape("turtle")
```

程序运行结果如下：

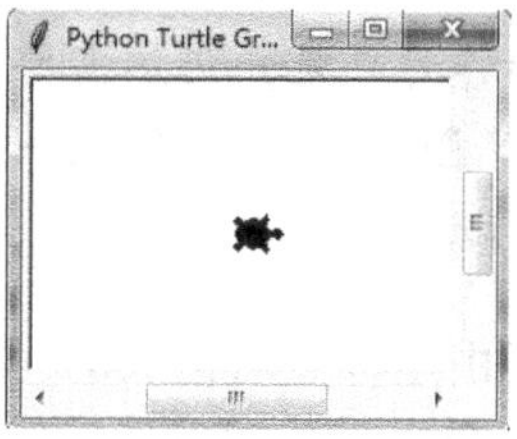

观察绘图窗口，发现窗口中心的画笔变成了一只小海龟的形状，小海龟的头朝向 x 轴的正方向。

在进行图形绘制的过程中，开发者选择一支自己喜欢的画笔进行绘图会更加有趣。

2．添加 GIF 图形作为画笔函数——register_shape()和 shape()

除了选择画笔形状列表['arrow', 'blank', 'circle', 'classic', 'square', 'triangle', 'turtle']中的画笔进行绘图外，开发者也可以使用一支个性化的画笔进行绘图，但需要事先将准备好的画笔形状图形存为.gif 文件，然后通过调用“turtle.register_shape(GIF 文件名)”或者“turtle.addshape(GIF 文件名)”的方式将新的形状作为画笔形状添加到画笔形状列表中，即注册自己的画笔形状，最后通过调用“turtle.shape(GIF 文件名)”使用新注册的画笔形状。函数 register_shape()与 addshape()的作用相同，调用时的语法格式如下：

```
turtle.register_shape(name, shape=None)
```

或

```
turtle. addshape(name, shape=None)
```

其作用是将指定的 gif 图形或自定义的多边形图表添加到画笔形状列表中。下面通过示例分析说明调用该函数时的注意事项。

（1）如果第一个参数 name 为 GIF 文件，第二个参数 shape 为 None 时，则添加 GIF 图形到画笔形状列表中。请看以下示例：

```
>>> import turtle
>>> turtle.register_shape(r"D:\PythonTest\rabbit-1.gif")
>>> turtle_ls=turtle.getshapes()
>>> turtle_ls
['D:\\PythonTest\\rabbit-1.gif', 'arrow', 'blank', 'circle', 'classic', 'square', 'triangle', 'turtle']
>>> turtle.shape("D:\\PythonTest\\rabbit-1.gif")
>>> turtle.fd(200)
```

程序运行结果如下：

⚠ **注意**：使用新注册的 GIF 图形作为画笔，仍然需要通过调用 shape( )函数来改变画笔形状。其次，当使用注册的 GIF 图形作为画笔时，设置画笔的角度方向，图形不会转动，无法显示朝向。读者可自行测试。

（2）如果第二个参数 shape 是由坐标点对构成的元组时，则将第二个参数构成的多边形图形作为画笔添加到画笔形状列表中。此时可通过第一个参数 name 定义该多边形图形名称，它可以是合法的任意字符串，不过建议遵循见名知意的原则。当使用由第二个参数构成的多边形图形作为画笔时，开发者可用第一参数的名称字符串来表示该画笔。

请看以下示例：

```
>>> import turtle
>>> turtle.addshape("tri", ((0,0), (10,10), (-10,10)))
>>> turtle_ls = turtle.getshapes()
>>> turtle_ls
['arrow', 'blank', 'circle', 'classic', 'square', 'tri', 'triangle', 'turtle']
>>> turtle.shape("tri")
>>> turtle.fd(200)
```

第 2 行代码将坐标点对“((0,0), (10,10), (−10,10))”构成的多边形“tri”作为画笔添加到画笔形状列表中，请观察第 4 行代码后的输出结果。

（3）如果第一个参数 name 是任意字符串，第二个参数 shape 是一个复合形状对象，则添加此复合对象到画笔形状列表中。

如果使用由多个不同颜色多边形构成的复合画笔形状，则开发者必须通过使用 turtle 库的类 Shape 来完成。在导入 turtle 库的前提下（import turtle），构造复合形状的步骤如下。

① 创建一个空 Shape 对象，类型为“compound”。

```
>>> s=turtle.Shape("compound")
```

② 使用 Shape 对象的 addcomponent()方法向对象 s 添加多个组件构成一个复合形状。

```
>>> poly1=((0,0),(10,-5),(0,10),(-10,-5))   #构成多边形形状的坐标值，用元组表示
>>> s.addcomponent(poly1, "red", "blue")    #将多边形 poly1 添加到复合对象 s 中
                                            #poly1 形状的填充色为红色，轮廓颜色为蓝色
>>> poly2=((0,0),(10,-5),(-10,-5))          #定义第二个多边形形状 poly2
>>> s.addcomponent(poly2, "blue", "red")    #将多边形 poly2 添加到复合对象 s 中
```

③ 调用 register_shape()函数注册复合对象 s 到画笔形状列表中。

```
>>> turtle.register_shape("myshape", s)
```

④ 调用shape()函数改变画笔形状。

```
>>> turtle.shape("myshape")                #设置当前画笔为自定义的复合对象 s
```

程序运行结果如下：

由于这里自定义的多边形是用作画笔，而画笔的笔尖是朝向 x 轴正方向（右边）的，因此在自定义多边形形状的坐标时一定要注意，多边形形状坐标系的 x 轴正方向在绘图坐标系正方向的右手边，画笔笔尖（绘图坐标系正方向）方向是多边形形状坐标系的 y 轴正方向。这一点读者一定要注意，千万不要将多边形形状坐标系的 x 轴、y 轴和绘图坐标系的 x 轴、y 轴弄混了。

【例 5-6】自定义画笔为复合形状对象。

程序代码如下：

```
#例 5-6-自定义画笔为复合形状对象.py
import turtle
s=turtle.Shape("compound")
poly1=((-20,0),(0,20),(20,0))
s.addcomponent(poly1, "red", "blue")
turtle.register_shape("myshape", s)
poly2=((0,0),(-20,20),(20,20))
s.addcomponent(poly2, "blue", "red")
turtle.register_shape("myshape", s)
turtle.shape("myshape")
turtle.left(45)
turtle.fd(200)
```

运行程序得到如下的画笔形状。

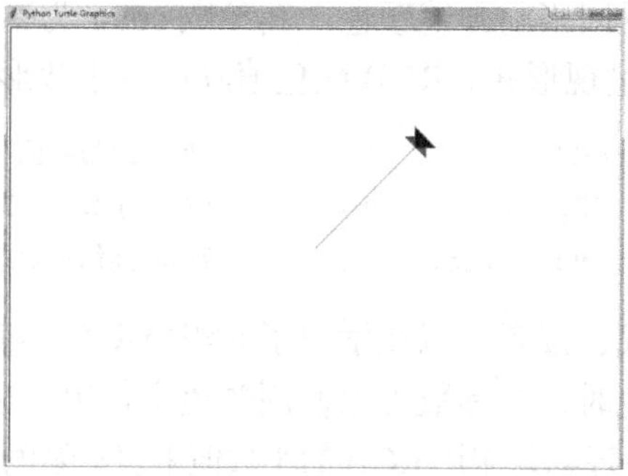

当设置画笔为自定义的多边形对象或复合形状对象时，形状对象会随画笔方向的改变而改变。

3．设置画笔绘制速度函数——speed()

使用 speed()函数改变画笔速度，函数调用格式如下：

```
turtle.speed(speed=None)
```

该函数的作用是返回或者设置画笔的速度。如果无参数传入或者参数设置为“speed=None”或“None”时，均是返回当前画笔的速度。请看以下示例：

```
>>> turtle.speed(None)
3
```

以上输出结果说明默认情况下画笔的绘制速度为3，速度较慢，足够我们看清楚图形绘制的过程。

我们可以通过改变绘制的速度来加速或减慢图形的绘制。当设置画笔绘制的速度时，速度值的取值范围为[0,10]的整数。其中取 0 时为最快；取 1～10 的值时，随取值的增大，画笔绘制的速度不断增加。

4．设置画笔粗细函数——pensize()或 width()

使用 pensize()函数或者 width()函数都可以设置画笔的粗细，函数调用格式如下：

```
turtle.pensize(width=None)
turtle.width(width=None)
```

pensize()函数与 width()函数的作用相同，都是设置画笔的粗细为指定的宽度。如果无参数传入或者参数设置为“width=None”或“None”时，则返回当前画笔宽度。请看以下示例：

```
>>> turtle.pensize(10)
>>> turtle.pensize()
10
```

5．改变画笔颜色函数——pencolor()

使用 pencolor()函数改变画笔颜色，函数调用格式如下：

```
turtle.pencolor(color)
```

当无参数传入时，则返回当前画笔颜色。其参数 color 为颜色字符串或 RGB 颜色值，其中，RGB 颜色值有两种呈现形式，RGB 颜色值默认为小数形式。请看以下示例：

```
>>> turtle.pencolor("red")                    #"red"为颜色字符串
>>> turtle.pencolor(0.65, 0.15, 0.95)         #RGB 小数值形式
>>> turtle.pencolor((0.65, 0.15, 0.95))       #RGB 元组值形式
```

以上第 3 行代码的形式，读者可以在学习了元组类型后再使用。

当我们设置画笔的颜色时，其参数可以使用颜色字符串，也可以使用 RGB 值来表示。对于 RGB 值表示方式，turtle 库默认采用 RGB 的小数值来表示颜色，但是可通过 turtle.colormode(mode)进行模式的设置，即切换使用整数值来表示颜色。

很多 RGB 颜色都有固定的英文名称，这些英文名称可以作为颜色参数的颜色字符串输

入。常用的 RGB 颜色值如表 5-2 所示。

表 5-2 常用的 RGB 颜色值

英文名称	RGB 整数值	RGB 小数值	中文名称
white	(255, 255, 255)	(1, 1, 1)	白色
yellow	(255, 255, 0)	(1, 1, 0)	黄色
magenta	(255, 0, 255)	(1, 0, 1)	洋红色
cyan	(0, 255, 255)	(0, 1, 1)	青色
blue	(0, 0, 255)	(0, 0, 1)	蓝色
black	(0, 0, 0)	(0, 0, 0)	黑色
seshell	(255, 245, 238)	(1, 0.96, 0.93)	海贝色
gold	(255, 215, 0)	(1, 0.84, 0)	金色
pink	(255, 192, 203)	(1, 0.75, 0.80)	粉红色
brown	(165, 42, 42)	(0.65, 0.16, 0.16)	棕色
purple	(160, 32, 240)	(0.63, 0.13, 0.94)	紫色
tomato	(255, 99, 71)	(1, 0.39, 0.28)	番茄色

由红、绿、蓝 3 种颜色可构成我们所看到的任意颜色，RGB 是指红、绿、蓝 3 个颜色通道的组合。实际上还有更多的颜色字符串，基本上计算机可以描述的颜色都有。

6．抬起画笔和放下画笔函数——penup () 和 pendown ()

penup()函数的作用是抬起画笔（“海龟”飞行），此时画笔经过的路径不会形成图形。pendown()函数的作用是落下画笔（“海龟”爬行），此时画笔所经过的轨迹就形成了图形。penup()函数与 pendown()函数常配对使用。另外，penup()函数与 goto()函数配合使用，可以让画笔在移动过程中不形成图形。

7．设置画笔行进方向函数——setheading ()、left () 和 right ()

改变画笔方向，常用的有函数 setheading(angle)、left(angle)和 right (angle)。setheading()函数也可以简写为 seth，该函数设置的角度与画笔笔尖当前的朝向无关，设置的角度始终都是相对于 x 轴正方向形成的夹角。

函数 left()和 right()设置画笔笔尖相对于当前行进方向旋转的角度，这两个函数与画笔笔尖当前的朝向密切相关。

以上 3 个函数的参数 angle 如果为正，则是正方向角度，逆时针方向；如果 angle 为负，则是负方向角度，顺时针方向。

8．设置封闭图形的填充颜色函数——fillcolor ()、color ()

fillcolor(color)函数用于设置封闭图形的填充颜色。

color(pencolor, fillcolor)函数用于同时设置画笔颜色和封闭图形的填充色。其中，第一个参数 pencolor 代表画笔的颜色，第二个参数 fillcolor 代表填充色。如果只有 1 个参数，那就意味着画笔颜色和填充色都使用同一种颜色。color()函数更为详细的用法，读者可以通过 help(turtle.color)进行查阅。

9. 开始填充封闭图形和结束填充函数——begin_fill()、end_fill()

对封闭图形进行颜色填充除了要设置填充颜色外，还要在开始绘制封闭图形前调用begin_fill()函数，在结束封闭图形绘制后调用end_fill()函数。

【例 5-7】绘制一个边为紫色、填充色为红色的等边三角形。

由于等边三角形边的颜色和填充色不一致，因此，我们可以使用color()函数并通过分别设置画笔颜色和填充色来完成。为了清楚地区分边的颜色和填充色，这里特意设置画笔粗细为 5。程序代码如下：

```
#例 5-7-红色填充边为紫色的等边三角形.py
import turtle
turtle.pensize(5)
turtle.color("purple","red")
turtle.begin_fill()
for i in range(3):
      turtle.fd(100)
      turtle.left(120)
turtle.end_fill()
```

程序运行结果如下：

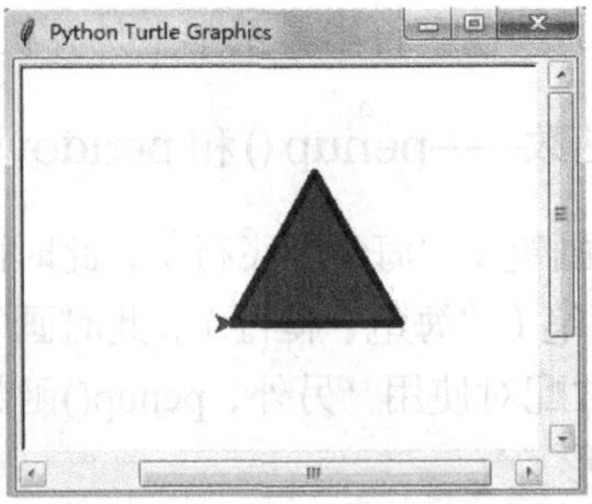

当然也可以通过调用 pencolor()和 fillcolor()函数来完成绘制。但需要注意的是，begin_fill()函数一定要放在开始绘制封闭图形前，end_fill()函数放在封闭图形绘制结束后，二者一定要配对使用。

10. 设置更新图形的延迟函数——tracer()

函数调用格式如下：

```
tracer(n=None, delay=None)
```

如果给定参数 *n*，则只执行第 *n* 次常规屏幕更新；第二个参数设置延迟值。尽量不要在交互方式下使用该函数，因为交互方式就是为了直观地看到每条命令执行后的结果，tracer()函数主要在文件方式下绘制复杂图形时使用（详见表 5-1）。

5.3.2 画笔运动函数

通过控制“海龟”在绘图窗口中的行进方向等可以完成图形的绘制。控制“海龟”行进的时候，“海龟”可以走直线，也可以走曲线，从而得到直线段或者弧线构成的图形。完成这些操作的函数如表 5-3 所示。

turtle 库之画笔运动函数

表 5-3　画笔运动函数

函数	描述
forward(distance)或 fd(distance)	distance 为正，画笔沿着当前行进方向前进 distance 像素单位 distance 为负，画笔沿着当前行进方向后退 distance 像素单位，注意后退时笔尖方向没有改变
backward(distance)、back(distance)或 bk(distance)	distance 为正，画笔沿着当前行进方向后退 distance 像素单位 distance 为负，画笔沿着当前行进方向前进 distance 像素单位
goto(x,y)	将画笔移动到坐标为(x,y)的位置，goto()函数不会改变画笔笔尖方向。一般情况下，使用该函数前要先将画笔抬起，移动到指定位置后再落下画笔
pos()	返回画笔的当前位置(x,y)，该函数为无参函数
heading()	朝向
setx(x)	沿着 x 轴将画笔从当前位置移动到指定位置
sety(y)	沿着 y 轴将画笔从当前位置移动到指定位置
home()	将画笔从当前位置移动到坐标原点(0,0)，同时设置画笔笔尖方向为 x 轴正方向。使用该函数前，通常需要先将画笔抬起
circle(radius,extent=None,steps=None)	根据给定半径（radius）绘制圆形
dot(size=None, *color)	绘制一个实心圆点。圆的直径为 size，size 为大于或等于 1 的整数（如果给定 size）；如果未给定 size 时，则取 pensize+4 和 2×pensize 中的最大值。参数 color 给出画实心圆点的颜色，其赋值可以是一个颜色字符串或者是一个 RGB 三元组

使用表 5-3 中画笔运动函数的几点说明如下。

1．goto()函数

goto()函数不会改变画笔笔尖的方向，读者可以仔细观察以下代码的执行过程并理解绘制的图形。

```
>>> import turtle
>>> turtle.seth(45)
>>> turtle.fd(100)
>>> turtle.penup()
>>> turtle.goto(75,0)
>>> turtle.pendown()
>>> turtle.fd(100)
```

程序运行结果如下：

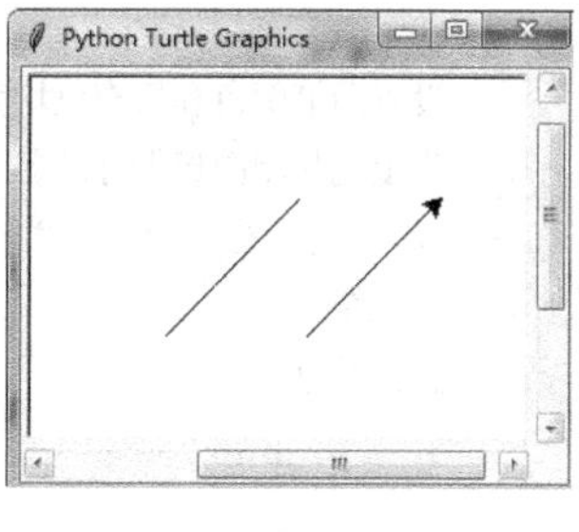

2．circle()函数

circle()函数共有以下 4 种调用方式。

（1）turtle.circle(radius)：绘制一个半径为 radius 的圆。如果 radius 为正，则圆心在行进

方向的左边；如果 radius 为负，则圆心在行进方向的右边。

（2）turtle.circle(radius, extent)：绘制一段圆弧。extent 为圆弧对应的圆心角的度数。

（3）turtle.circle(radius, steps=n)：绘制一个正多边形。该多边形内切于半径为 radius 的圆，*n* 必须是一个整数。由于圆是由内切正多边形来近似的，因此，steps 表示圆的内切正多边形的边数。如果 steps=100，则表示画 100 条线段来近似这个圆，此时我们肉眼看到的就是一个圆。如果 steps 是 3、4、5、6……，那么 circle()函数将依次绘制一个正三角形、正方形、正五边形、正六边形等。

（4）turtle.circle(radius, extent, steps)：绘制一段圆弧，这段圆弧由 steps 条线段来近似。

在使用 turtle 画笔运动函数时，请读者注意以下两点。

（1）凡是在没有抬起画笔笔尖的情况下，移动画笔都会形成图形。

（2）画笔笔尖后退时，其方向并不改变（这一点尤其要注意）。

【例 5-8】编写程序绘制图形，如图 5-4 所示。

图 5-4　正五边形的外接圆

分析：要求绘制的图形是一个用蓝色填充的正五边形和一个外接圆，正五边形可以理解为是圆的内切正五边形，因此，我们可以按照如下思路来绘制图形。

（1）设置画笔颜色为紫色（purple）。

（2）调用 turtle.circle(radius)绘制一个没有颜色填充的紫色圆。

（3）设置画笔颜色和填充色均为蓝色（blue）。

（4）调用 turtle.circle(radius, steps=5)绘制正五边形，此处的参数 radius 与第（2）步绘制圆的半径是相等的。

程序代码如下：

```
#例 5-8-蓝色填充的正五边形和外接圆.py
import turtle
turtle.pensize(5)                  #设置画笔粗细
turtle.color("purple")             #设置画笔颜色为紫色
turtle.circle(40)                  #绘制以 40 为半径的圆
#绘制一个蓝色填充的正五边形
turtle.color("blue")               #设置画笔颜色和填充色均为蓝色
turtle.begin_fill()                #为填充封闭图形做好准备
turtle.circle(40, steps=5)         #以 40 为半径，绘制一个被圆围住的五边形
turtle.end_fill()                  #填充结束
turtle.hideturtle()                #隐藏画笔
```

程序运行结果如下：

【例 5-9】编写程序绘制图形，如图 5-5 所示。

图 5-5　等边三角形和正方形的组合图形

分析：要求绘制的图形是一个红色等边三角形和一个用蓝色填充的正方形，三角形的边长和正方形的边长相等。结合例 5-2 和例 5-7，很容易完成该组合图形的绘制。这里，主要在于确定绘制等边三角形时画笔的起始位置。如果绘制等边三角形时是从底边的任意一个端点出发进行绘制，绘制完成后可以直接绘制正方形。但如果是从等边三角形底边对应的顶点出发进行绘制，绘制完成后需要移动画笔才能进行正方形的绘制。这里，我们假定从等边三角形底边的左端点出发进行绘制，因此，在绘制好等边三角形后，可以直接开始正方形的绘制，最后隐藏画笔。图形绘制思路如下。

（1）从底边左端点出发绘制红色等边三角形（假设边长为 100 像素）。

（2）绘制用蓝色填充的正方形。

（3）隐藏画笔。

程序代码如下：

```
#例 5-9-红色三角形和蓝色填充的正方形.py
import turtle                          #导入 turtle 库
turtle.pencolor("red")                 #设置画笔颜色为红色
for i in range(3):
    turtle.forward(100)                #画笔向正前方前进 100 像素
    turtle.left(120)                   #画笔笔尖向左转 120°
turtle.color("blue","blue")            #设置封闭图形的填充色为蓝色
turtle.begin_fill()
for i in range(4):
    turtle.forward(100)                #画笔向正前方前进 100 像素
    turtle.right(90)                   #画笔笔尖向右转 90°
turtle.end_fill()
turtle.hideturtle()
```

程序运行结果如下：

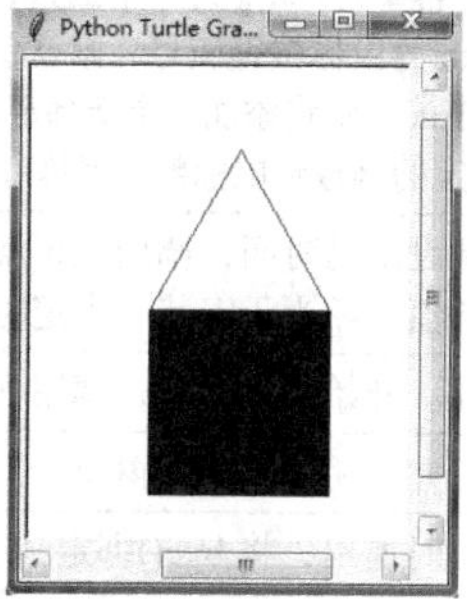

读者可以通过改变等边三角形以及正方形所在的位置进行练习。

5.3.3 全局控制函数

turtle 库除了画笔控制函数、画笔运动函数之外，还提供了全局控制函数，如窗口控制、动画控制、使用屏幕事件等函数。表 5-4 所示为 turtle 库常用的一些函数，更为详细的内容可在交互窗口使用 help(turtle)查询。

turtle 库之全局控制函数

表 5-4 turtle 库常用的函数

函数	描述
title(s)	设置 turtle 绘图窗口标题信息为字符串 s
clear()	清空 turtle 绘图窗口，但不改变当前画笔的位置和状态
reset()	清空 turtle 绘图窗口，并重置画笔位置为坐标原点(0, 0)处
undo()	撤销上一个 turtle 动作（指的是画笔的动作）
isvisible()	返回当前画笔是否可见。如果画笔是可见的，返回 True；如果隐藏画笔，则返回 False
write(s,move=False,align="left",font=("Arial",8, "normal"))	将文本内容 s 输出到当前画笔处，并可设置文本的字体格式。该函数参数取值说明如下。 • move 取值：False/True。 • align 取值："left" "right" "center"。 • font 取值：(fontname, fontsize, fonttype)是一个三元组，fontname 和 fonttype 均为字符串，分别表示输出字体的名称和类型；fontsize 为字体大小
bgcolor(color)	设置窗口的背景颜色，其参数 color 为颜色字符串或 RGB 颜色值
bgpic(picname=None)	设置背景图片。 如果 picname 是 GIF 文件名，则将相应的图片设置为背景； 如果 picname 为"nopic"，则删除背景图（如果存在）； 如果 picname 为 None，则返回当前背景图的文件名
stamp()	把画笔形状印在画布上，并返回该印章的 id 值。id 值用于删除该戳记
clearstamp(stampid)	清除印章 id 值为 stampid 的印章
clearstamps(n=None)	清除多个印章。如果 *n*>0，则清除最先的 *n* 个印章；如果 *n*<0，则清除最后的 *n* 个印章；如果 n=None 或设置参数为 None，则删除所有的印章
listen(xdummy=None, ydummy=None)	监听。将焦点设置在 TurtleScreen 以便接收按键事件
onkey(fun, key) 或 onkeyrelease(fun, key)	键盘按下并释放事件。fun 为一个无参函数或 None，key 为一个字符串（如键"a"或键标"space"）。该函数的作用是绑定 fun 指定的函数到按键释放事件。如果 fun 为 None，则移除事件绑定
onkeypress(fun, key=None)	键盘按下事件。fun 和 key 的用法同上。该函数的作用是绑定 fun 指定的函数到指定键的按下事件，如果未指定键，则绑定到任意键的按下事件
onclick(fun,btn=1,add=None) 或 onscreenclick(fun,btn=1,add=None)	单击屏幕事件。fun 为一个函数，调用时将传入两个参数表示在画布上单击的坐标；btn 为鼠标按键编号，默认值为 1（鼠标左键）；add 取值为 True 或 False，如为 True，则将添加一个新绑定，否则将取代先前的绑定。该函数的作用是绑定 fun 指定的函数到鼠标单击屏幕事件。如果 fun 值为 None，则移除现有的绑定
ontimer(fun, t=0)	当达到设定的时间，调用 fun()函数。fun 为一个无参函数，t 为一个大于或等于 0 的值。相当于安装一个定时器，在 t ms 后调用 fun()函数
mainloop() 或 done()	主循环。开始事件循环，调用 mainloop()函数
bye()	退出，并关闭海龟绘图窗口
exitonclick()	当单击时退出，将 bye()绑定到 Screen 上的鼠标单击事件

有关 write ()函数的使用说明如下。

write()函数的作用是将文本写到当前画笔所在位置上，同时通过 move 选项来确定文本写入后画笔是否移动位置。其调用格式如下：

```
write(s, move=False, align="left", font=("Arial",8,"normal"))
```

其中第一个参数 s 为输出到屏幕的文本内容，用字符串来表示。输出多行内容时，用转义字符“\n”进行换行处理。

第二个参数 move 表示输出文本内容后，画笔是否移动到文本内容的右下角。它的取值为 True 和 False，如果设置 move=True，则在输出内容后，系统会将画笔从当前位置移动到输出内容右下角，并且会留下画笔移动的痕迹。如果需要给输出的文本内容添加下画线，尤其是在居中对齐方式下只给一半内容添加下画线，则此时可以通过设置 move=True 来实现。move 参数的默认值为 False，表示输出文本内容后，画笔不会移动位置。

第三个参数 align 用于设置输出内容的对齐方式，它主要在输出多行内容时会被用到。参数 align 可以取值为“left”“right”和“center”（左对齐、右对齐和居中对齐）。其中：

align="left"（为默认值），表示从画笔的当前位置开始写（输出）文本内容，左对齐。

align="center"，表示画笔当前位置为文本输出内容的中心位置，居中对齐。写完文本内容后，画笔会从当前位置移动到输出内容最后一个字符的右下角。

align="right"，表示画笔当前位置为输出内容最后一个字符的位置，右对齐。系统自动根据输出内容多少选择从何处开始写，但写完后的最后一个字符的位置为当前画笔所在位置。

需要注意的是，当第二个参数设置 move=False，同时第三个参数设置 align="left"或者"center"时，输出文本内容后画笔仍然不会移动位置；但当第三个参数设置 align="right"时，无论第二个参数 move 的值设置为 True 还是 False，画笔都不会移动。

第四个参数 font 是设置输出内容字体的三元组，其中 fontname 和 fonttype 均为字符串。fontname 表示输出字体的名称，如 Arial、Times New Roman、宋体、楷体、黑体、微软雅黑等；fontsize 为字体大小；fonttype 表示输出字体的类型，如正常、加粗、斜体、下画线，以及它们的自由组合。

关于该函数的更多细节，读者也可以通过 help(turtle.write)进行查阅。

【例 5-10】调用 write()函数输出以下多行内容到屏幕，要求字体均为微软雅黑，标题内容与作者名称间距 40，其余每行间距 60。居中对齐输出标题和作者信息，左对齐输出正文第 1 行、第 2 行内容（第 2 行内容输出时保留画笔移动的轨迹），右对齐输出正文第 3 行、第 4 行内容，左对齐输出正文第 5 行、第 6 行内容，其余要求见如下每行小括号内。

沁园春·雪（居中对齐，红色加粗，28 号）

毛泽东（居中对齐，红色，24 号）

北国风光，千里冰封，万里雪飘。（左对齐，红色，24 号）

望长城内外，惟余莽莽；大河上下，顿失滔滔。（右对齐，带下画线，红色，24 号）

山舞银蛇，原驰蜡象，欲与天公试比高。（右对齐第 2 行的最后一个字，红色，24 号）

须晴日，看红装素裹，分外妖娆。（右对齐第 2 行的最后一个字，红色，24 号）

江山如此多娇，引无数英雄竞折腰。（与正文第 1 行左对齐，红色，24 号）

惜秦皇汉武，略输文采；唐宗宋祖，稍逊风骚。（与正文第 1 行左对齐，红色，24 号）

分析：下画线的输出可以通过设置 write 函数的第二个参数 move=True 来实现。标题只要求了输出内容之间的行间距，具体从哪个位置开始输出没有要求，但由于有对齐方式的要求，因此我们必须自己假定标题的第 1 行信息为输出位置，这样才能确定其余每行的输出位置值。不妨假定所有输出内容位于绘图窗口原点的附近，思路如下：

（1）假定在 y 轴上方 200 位置输出标题信息，居中对齐。

（2）由于要求标题与作者名称间距 40，因此在 y 轴上方 160 位置输出作者信息，居中对齐。

（3）由于要求标题与作者信息间距为 40，其余行与行之间的间距为 60，因此这里可以假定从(–250, 100)位置开始输出正文第 1 行内容，左对齐。

（4）同理可从(–250, 40)位置开始输出正文第 2 行内容，左对齐，通过设置 move=True 得到下画线效果，这样便于获得最后一个字符的位置值，为第 3 行、第 4 行的输出做准备。

（5）利用 pos()函数求出当前画笔位置。

由于第 3 行、第 4 行内容要与正文第 2 行右对齐输出，因此在输出第 2 行内容后应该先求出输出内容最后一个字符的位置值 x,y = turtle.pos()，作为第 3 行、第 4 行右对齐输出时定位画笔的依据。

移动画笔到(x, y–1×60)，右对齐输出第 3 行内容。

移动画笔到(x, y–2×60)，右对齐输出第 4 行内容。

由于第 5 行、第 6 行内容都是与正文第 1 行左对齐输出，因此输出它们的起始位置的 x 轴坐标值为–250，而 y 轴坐标值的确定与所在行有关。

（6）移动画笔到(–250, y–3×60)，与正文第 1 行左对齐输出第 5 行内容。

（7）移动画笔到(–250, y–4×60)，与正文第 1 行左对齐输出第 6 行内容。

综合以上分析，完整代码如下：

```
#例 5-10-多行文本内容输出对齐问题-沁园春·雪.py
import turtle
turtle.title("沁园春·雪")
#居中输出标题内容
turtle.penup()
turtle.goto(0,200)   #假设从位置(0,200)开始输出显示内容，居中对齐
turtle.down()
turtle.pencolor("red")
turtle.write("沁园春·雪", False, align="center",font=("微软雅黑",28,"bold"))
#居中输出作者信息
turtle.penup()
turtle.goto(0,160)   #假设从位置(0,160)开始输出显示内容，居中对齐
turtle.down()
turtle.pencolor("red")
turtle.write("毛泽东", False, align="center",font=("微软雅黑",24,"normal"))

#左对齐输出正文第 1 行内容
turtle.penup()
turtle.goto(-250,100)#假设从位置(-250,100)开始输出正文第 1 行内容
turtle.down()
turtle.write("北国风光，千里冰封，万里雪飘", False, align="left",font=("微软雅黑",24,
"normal"))
#turtle.write("北国风光，千里冰封，万里雪飘", False,align="left",font=("微软雅黑", 24,
"underline"))
```

```
    #左对齐输出正文第 2 行内容
    turtle.penup()
    turtle.goto(-250,40)#假设从位置(-250,40)开始输出正文第 2 行内容
    turtle.down()
    #设置 move 参数为 True，画笔从当前位置移动到输出内容右下角，并且会留下画笔移动的痕迹
    turtle.write("望长城内外，惟余莽莽；大河上下，顿失滔滔。", True, align="left",font=("微软雅黑",24,"normal"))

    #获取画笔当前坐标位置，作为第 3 行、第 4 行右对齐输出时定位画笔位置的依据
    x,y = turtle.pos()

    #右对齐输出正文第 3 行内容
    turtle.penup()
    turtle.goto(x,y-1*60)#假设行与行之间的间隔 60
    turtle.down()
    turtle.write("山舞银蛇，原驰蜡象，欲与天公试比高。", False, align="right",font=("微软雅黑",24,"normal"))

    #右对齐输出正文第 4 行内容
    turtle.penup()
    turtle.goto(x,y-2*60)#假设行与行之间的间隔 60
    turtle.down()
    turtle.write("须晴日，看红装素裹，分外妖娆。", False, align="right",font=("微软雅黑", 24,"normal"))

    #左对齐输出正文第 5 行内容
    turtle.penup()
    turtle.goto(-250,y-3*60) #假设行与行之间的间隔 60
    turtle.down()
    turtle.write("江山如此多娇，引无数英雄竞折腰。", align="left",font=("微软雅黑", 24,"normal"))

    #左对齐输出正文第 6 行内容
    turtle.penup()
    turtle.goto(-250,y-4*60) #假设行与行之间的间隔 60
    turtle.down()
    turtle.write("惜秦皇汉武，略输文采；唐宗宋祖，稍逊风骚。", align="left",font=("微软雅黑",24,"normal"))

    turtle.hideturtle()
```

程序运行结果如下：

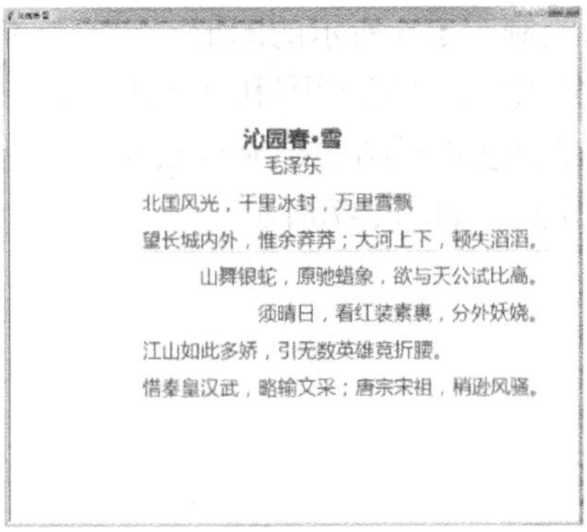

⚠ **注意**：如果程序中第 20 行代码通过设置 write()函数的第二个参数为 False、设置 font 参数的 fonttype 字体类型为下画线“underline”来得到第 2 行带下画线的显示效果，则此时第 3 行、第 4 行内容的输出起始位置要重新计算。读者可以自行进行测试。

```
turtle.write("望长城内外，惟余莽莽；大河上下，顿失滔滔。", False, align="left",font=("微软雅黑",24,"underline"))
```

请读者编程输出以下 10 行文本内容，输出要求自定。

念奴娇·赤壁怀古
苏轼
大江东去，浪淘尽，千古风流人物。
故垒西边，人道是，三国周郎赤壁。
乱石穿空，惊涛拍岸，卷起千堆雪。
江山如画，一时多少豪杰。
遥想公瑾当年，小乔初嫁了，雄姿英发。
羽扇纶巾，谈笑间，樯橹灰飞烟灭。
故国神游，多情应笑我，早生华发。
人生如梦，一尊还酹江月。

使用 Python 编写代码时，如果对一些不常用的函数或模块的用途不是很清楚，我们除了到网上寻求帮助以外，其实最直接和最为有效的方法是使用 help()函数查看函数或模块用途的详细说明。help()函数是 Python 的一个内置函数，它可被直接调用。例如，要查看 turtle 库中 bgcolor()函数的用法，我们首先需要引入 turtle 库，然后将要查看的对象传递给 help()函数即可。请看以下示例：

```
>>>import turtle
>>>help(turtle.bgcolor)
```

如果要查看 turtle 库提供了哪些函数，则输入：

```
>>>help(turtle)
```

此时会出现 turtle 库中所有函数的说明。配合使用 Ctrl+F 组合键，会快速定位到所要查看的某个函数处。

5.4 实例

【例 5-11】 利用 turtle 库绘制图 5-6 所示的图形。

分析：该图形由两个部分组成，即心形图和文本内容。

（1）心形图的绘制。直接观察心形图的构成有点抽象，我们可以将这个心形图进行分割，如图 5-7 所示。

心形图的绘制　　龟兔赛跑

图 5-6　心形图

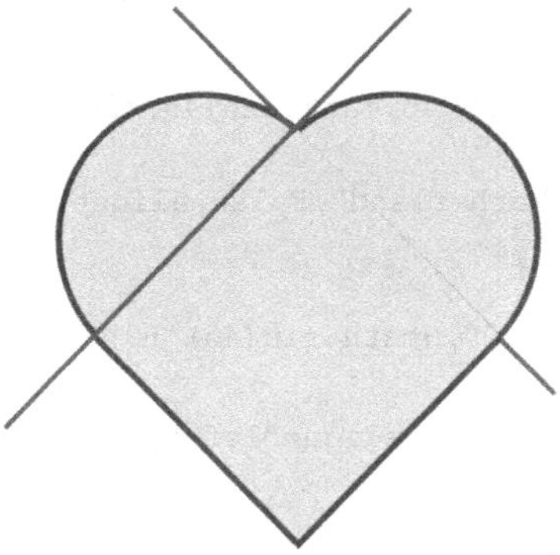

图 5-7　心形图分割

分割之后容易看出，整个图形由左边的一个半圆、右边的一个半圆和中间的一个正方形构成，并且两个半圆的直径和正方形的边长相等。

我们以绘图坐标系为参照，可以看出整个心形图相对于 x 轴向左旋转了 45°，设正方形的边长为 200 像素，则两个半圆的半径为 100 像素，如图 5-8 所示。注意，右边半圆绘制后，画笔笔尖方向需要右转 90°。

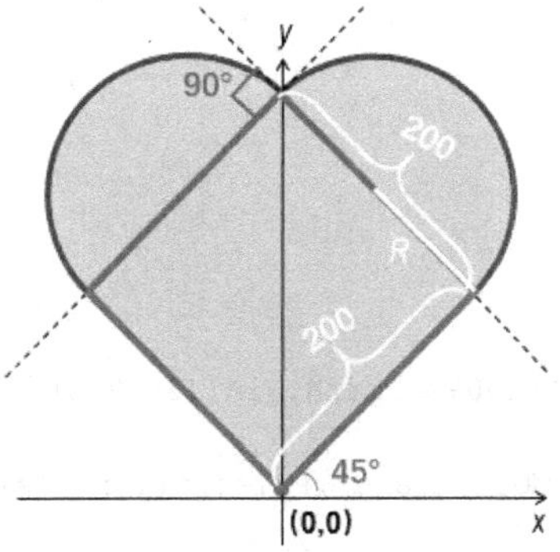

图 5-8　心形图的绘图坐标系

因此，心形图的绘制代码如下。

```
import turtle
turtle.shape("turtle")              #将画笔设置为一只可爱的“小海龟”
turtle.pensize(5)
turtle.color("red","pink")          #设置画笔颜色为红色，填充色为粉色
```

```
    turtle.begin_fill()
    turtle.left(45)
    turtle.fd(200)
    turtle.circle(100,180)
    turtle.right(90)
    turtle.circle(100,180)
    turtle.fd(200)
    turtle.end_fill()
```

（2）文本内容输出。为了方便确定文本内容输出的位置，我们导入 math 库来完成。由于正方形的两边与 x 轴呈 45° 夹角，据此利用 math 库的 sin()和 cos()函数计算文本输出的大致起始位置，然后调用 turtle 库的 write()函数输出文本内容。需要注意的是，在移动“小海龟”之前要抬起画笔，移动到指定位置后再落下画笔。程序代码如下：

```
    turtle.penup()
    turtle.goto(-math.cos(45)*200-45,math.sin(45)*200)
    turtle.pendown()
    turtle.write("I Love You, Motherland",False,align="left",font=("Times New Roman",24,
"normal"))
    turtle.penup()
    turtle.goto(-math.cos(45)*200,-math.sin(45)*60)
    turtle.pendown()
    turtle.write("我爱你，祖国",False,align="left",font=("微软雅黑",24,"normal"))
    turtle.hideturtle()
```

因此，此实例的完整代码如下。

```
    #例 5-11-实例 1-心形图
    import turtle
    import math
    turtle.title("我爱我的祖国")
    turtle.shape("turtle")
    turtle.pensize(5)
    turtle.color("red","pink")
    turtle.begin_fill()
    turtle.left(45)
    turtle.fd(200)
    turtle.circle(100,180)
    turtle.right(90)
    turtle.circle(100,180)
    turtle.fd(200)
    turtle.end_fill()
    turtle.penup()
    turtle.goto(-math.cos(45)*200-45,math.sin(45)*200)
    turtle.pendown()
    turtle.write("I Love You, Motherland",False,align="left",font=("Times New Roman",24,
"normal"))
    turtle.penup()
    turtle.goto(-math.cos(45)*200,-math.sin(45)*60)
    turtle.pendown()
    turtle.write("我爱你，祖国",False,align="left",font=("微软雅黑",24,"normal"))
    turtle.hideturtle()
```

程序运行结果如下：

I Love You Motherland
我爱你，祖国

练习

一、单选题

1. 下列选项中不能正确导入 turtle 库并使用 done()函数的是（　　）。
   A. import turtle　　　　B. import turtle as abc
   C. import done from turtle　　　　D. from turtle import *
2. 下列选项中能够使用 turtle 库绘制一个半圆的是（　　）。
   A. turtle.circle(180, 0)　　　　B. turtle.circle(90, −90)
   C. turtle.circle(90, 90)　　　　D. turtle.circle(180, −180)
3. 以下选项的操作过程中，turtle 画笔行进方向不会改变的是（　　）。
   A. turtle.forward(100)　　　　B. turtle.left(90)
   C. turtle.right(90)　　　　D. turtle.circle(100)
4. 调用 write()函数时，设置 move=False，则以下选项描述正确的是（　　）。
   A. 输出文本内容后，画笔移动到文本内容的右下角
   B. 输出文本内容后，画笔是否移动取决于对齐方式
   C. 输出文本内容后，画笔是否移动与该参数设置无关
   D. 输出文本内容后，画笔不会移动
5. turtle 库绘图坐标系中，角度的绝对 0° 方向是（　　）。
   A. 画布正左方　　　　B. 画布正右方
   C. 画布正上方　　　　D. 画布正下方

二、填空题

1. 查看 penup()函数的语法格式和作用的代码是__________。
2. 同时获取画笔的 *x* 轴和 *y* 轴坐标的代码是__________。
3. turtle.setup(startx=−200,starty=100)的作用是__________。
4. 利用 turtle 库进行绘图时可以添加图片作为画笔，添加的图片文件类型是__________。
5. turtle.clear()的作用是__________。

三、编程题

1. 利用 turtle 库绘制风车。
2. 利用 turtle 库绘制正七边形。
3. 利用 turtle 库绘制创意作品，写上自己的姓名和学号。
4. 利用 turtle 库绘制奥运五环。

第6章 函数

本章重点知识：掌握自定义函数的定义和调用、调用函数的执行过程及调用函数时参数的传递方式、lambda()函数的定义和使用，熟悉位置参数、关键字参数、默认参数和组合参数的使用，了解可变参数的使用、解包元组或列表和解包字典、变量的作用域及递归函数。

本章知识框架如下：

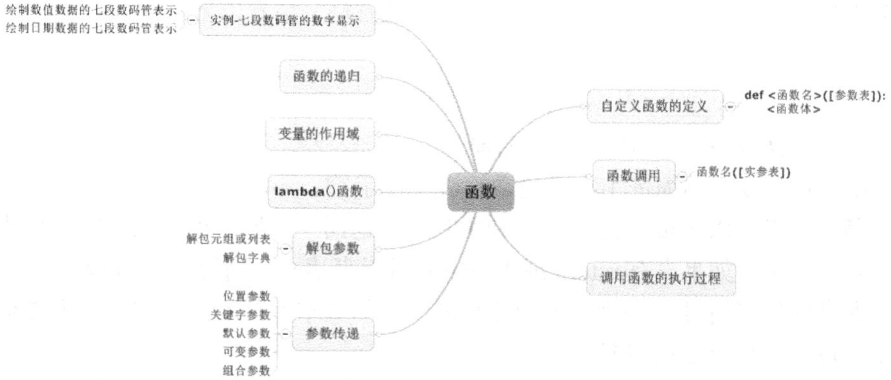

函数是程序中可重复使用的代码段，用以实现某一特定的功能。大多数高级语言都支持函数，Python 也不例外。Python 不但能非常灵活地定义函数，而且本身内置了很多有用的函数，可供直接调用，例如用于输入和输出的 input()和 print()函数。

Python 中的函数分为以下 3 类。

（1）内置函数：不需要导入便可直接使用的函数，如前面介绍的 input()、print()、eval()等函数。

（2）库函数：通过 import 命令导入库（标准库和第三方库），然后使用库中的函数。

（3）自定义函数：由程序员自己编写的函数。

本章主要介绍自定义函数的定义和函数参数的传递等相关知识。

6.1 自定义函数的定义及调用

1．自定义函数的定义

在 Python 中，定义一个函数要使用保留字 def 来完成，其语法格式如下：

```
def <函数名>([参数表]):
    <函数体>
```

定义函数时的有关注意事项如下。

（1）函数使用关键字（也称为保留字）def 定义。注意 def 只能是小写字母，不能是大写字母。请看以下示例：

```
>>> def func(x,y):
        return x + y
```

以上这种定义函数的方式是正确的。

```
>>> Def func(x,y):
        return x + y
>>> DEF func(x,y):
        return x + y
```

以上这两种定义函数的方式都是错误的。

（2）函数名必须使用有效的标识符，即以字母或下画线开头的字母、下画线及数字组成的字符串命名。

（3）参数表中的参数称为形式参数，多个参数之间用逗号隔开。函数可以没有参数，此时称为无参函数。即使没有参数，小括号也不能省略，请看以下示例：

```
>>> def no_parameter():
        print("虽然没有参数，但也必须写上小括号！")
```

（4）def <函数名>之后的冒号不能省略。

（5）函数体需要整体缩进 1 次，通常缩进 4 个字符。

（6）函数可以使用 return 返回值。利用它可以返回一个值，也可以返回多个值（实际上返回的是元组）；如果没有 return 或者 return 后无表达式，则返回“None”。

（7）通常使用三引号'''……'''添加函数功能说明的文本字符串，文本字符串必须放在函数体的第 1 行，并且与函数体缩进一致。

（8）函数体内的内容不可为空。如果想定义一个什么都不做的空函数，开发者可用 pass 语句，pass 起占位的作用。开发者经常在开始定义函数时用它来占位，在具体实现函数功能时再进行修改。请看以下示例：

```
def nop():
    pass
```

⚠ 注意：缺少 pass 语句会出错。

函数定义好之后并不立即执行，只有明确调用它的时候，它才会被执行。如果一个函数定义之后不被调用，则它将永远不会被执行。

2．函数调用

函数调用的语法格式如下：

```
函数名([实参表])
```

调用函数时，要遵循“先定义后使用”的原则。函数名后小括号中的参数称为实参。

3.示例

【例 6-1】无 return 语句的自定义函数。

```
def func1(n):
    s=n*n
n=4
print(func1(n))          #这里调用 func1(n)函数
print(type(func1(4))) #观察调用函数返回值的类型
```

程序运行结果如下：

```
None
<class 'NoneType'>
```

说明：自定义 func1(n)函数中无 return 语句，返回的是“None”；测试其类型，得知为空类型。

【例 6-2】有 return 语句，但 return 之后无表达式的自定义函数。

```
def func2(n):
    s=n*n
    return               #return 后无表达式，返回的是“None”
n=4
print(func2(n))          #这里调用 func2(n)函数
print(type(func2(4))) #观察调用函数返回值的类型
```

程序运行结果如下：

```
None
<class 'NoneType'>
```

说明：自定义 func2(n)函数中有 return 语句，但 return 之后无表达式，返回的是“None”；测试其类型，得知为空类型。

用三引号添加的函数功能说明文本字符串与用“#”添加的说明文本字符串，其作用是不一样的。请看以下示例：

【例 6-3】使用 help()函数查看自定义函数中用三引号注释的函数功能说明。

```
def func3():
    '''这是一个无参函数！'''
    print("func3")
help(func3)
```

程序运行结果如下：

```
Help on function say_hi in module __main__:

say_hi()
    这是一个无参函数！
```

调用 help(func3)，输出了函数功能说明。

【例 6-4】使用 help()函数不能查看自定义函数中用“#”注释的功能说明。

```
def func4():
    #这是一个无参函数！
    print("hi!")
help(func4)
```

程序运行结果如下：

```
Help on function say_hi in module __main__:

say_hi()
```

调用 help(func4)，没有输出函数功能说明。

6.2 调用函数的执行过程

程序调用一个函数时，需要执行以下 4 个步骤。

（1）程序执行到调用函数处，就暂停调用者的执行，将控制权交给所调用的函数。

（2）将实参传递给函数的形参。

（3）执行函数体语句。

（4）函数调用结束后，将结果返回给调用者，同时将控制权返回给调用者，程序回到暂停处继续执行程序的后续语句。

【例 6-5】分析以下程序的执行过程。

```
def func5(n):
    s=n*n
    return s
n=4
print(func5(n))          #这里调用 func5(n)函数之后，将返回的结果输出
```

程序运行结果如下：

```
16
```

前三行代码定义了一个 func5(n)函数，程序从第 4 行代码开始执行，将整数 4 赋予变量 *n*，之后执行 print()函数，在执行 print()函数时需要先调用 func5(n)函数，此时，程序暂停执行输出（print），将控制权交给调用 func5(4)函数，实参值 4 传递给形参 *n*，接着执行函数体内的语句 s=n*n，执行 return s 时将 s 的值返回给调用者，控制权交给调用者，程序回到暂停处继续执行，即执行 print 语句，最后输出所返回的值 16。

6.3 参数传递

1．位置参数

调用函数时，实参默认根据函数定义的形参位置来传递的参数称为位置参数。请看以下示例：

```
>>> def func6(x,y):          #计算 x 的 y 次幂
    return x**y
>>> print(func6(3,2))        #3 的平方
9
>>> print(func6(2,3))        #2 的 3 次方
8
```

函数 func6(x,y)的两个参数 *x* 和 *y* 都是位置参数。调用的时候，传入的两个值按照参数顺序依次赋予参数 *x* 和 *y*，因此，调用 func6(3,2)得到的是值 9，而调用 func6(2,3)得到的是 8。可见，所赋值的顺序不同，得到的函数值也不一样。

2．关键字参数

在调用函数时，通过“参数名=值”的形式给参数传值，这样的参数称为关键字参数，也称为按名称传递的参数。使用关键字参数传值可以使得函数调用更加清晰，关键字参数之间不存在先后顺序的约束，因为 Python 解释器能够用参数名匹配参数值。请看以下示例：

```
>>> def func6(x,y):
        return x**y
>>> print(func6(y=2,x=3))
9
>>> print(func6(x=3,y=2))
9
```

调用 func6(x,y)函数时，将实参值 2 传递给参数 *y*，实参值 3 传递给参数 *x*，此时参数 *x*、*y* 的先后顺序就没有那么重要了，最后输出的结果是 9。

调用一个函数时，如果只使用部分关键字参数来传值，我们仍然要注意参数的位置顺序。请看以下示例：

```
>>> def func1(x,y):
        return x-y
>>> print(func1(2,x=3))
Traceback (most recent call last):
  File "<pyshell#7>", line 1, in <module>
    print(func1(2,x=3))
TypeError: func1() got multiple values for argument 'x'
```

调用 func1(x,y)函数时，第一个是位置参数，值 2 被传递给了参数 *x*，但第二个关键字参数又将值 3 指明传递给 *x*，出现同时将多个值传递给同一个参数的情况，所以出现错误。错误类型为 TypeError，错误提示信息为 funcl()将多个值传递给了参数 *x*。如果像以下这样来调用函数：

```
>>> print(func1(y=2,3))
SyntaxError: positional argument follows keyword argument
```

仍然会出现错误，错误类型为 SyntaxError（语法错误），即语法上不允许在关键字参数的后面再出现位置参数。也就是说，如果有位置参数，位置参数必须出现在关键字参数的前面，关键字参数之间彼此不存在先后顺序关系。

3．默认参数

默认参数用于定义函数时为参数提供默认值。定义函数时，如果想要为参数指定默认值，我们可以在参数表中通过“参数名=值”的方式指定；在调用函数时，如果没有给这些指定了默认值的参数传值，则使用定义时所给出的默认值，这样可以简化函数的调用。

【例 6-6】默认参数的使用。

```
def repeat_str(s, n=1):
    repeat_strs=s * n
    return repeat_strs
repeat_strings=repeat_str("Happy Birthday!")
print(repeat_strings)
```

程序运行结果如下：

```
Happy Birthday!
```

前三行代码定义了 repeat_str(s,n=1)函数，参数 *n* 为默认参数。调用 repeat_str(s,n=1)函数时，只传递了一个实参"Happy Birthday!"，参数 *n* 使用默认值 1，输出结果为：Happy Birthday!。

【例 6-7】默认参数不起作用的示例。

```
def repeat_str(s, n=1):
    repeat_strs=s * n
    return repeat_strs
repeat_strings_2=repeat_str("Happy Birthday!", 3)
print(repeat_strings_2)
```

程序运行结果如下：

```
Happy Birthday!Happy Birthday!Happy Birthday!
```

调用 repeat_str(s,n=1)函数时，传递了两个实参，*n* 不再使用默认值 1，而是使用值 3，输出结果为：Happy Birthday! Happy Birthday! Happy Birthday!。

在使用默认参数时，开发者要注意所有默认参数必须放在非默认参数之后。请看以下示例：

```
>>> def func2(b=2,a):
        return b+a
SyntaxError: non-default argument follows default argument
```

定义 func(b=2, a)函数时，指定了参数 *b* 的值为 2，则参数 *b* 为默认参数。因此，在参数 b 后就不能再出现非默认参数。

默认参数是定义函数时出现在参数表中的参数（形参），它是以“参数名=值”的方式来指定默认值，而关键字参数则是在调用函数时明确指明其值的参数（实参），其是以“参数名=值”的方式传参。注意一个是在定义函数时使用，另一个是在调用函数时使用。请看以下示例：

```
>>> def func3(a, b=4, c=8):
        print("a is",a, ", b is", b, ", c is",c)
>>> func3(13,c=9)
```

13 传给参数 *a*，9 传给参数 *c*，未给参数 *b* 传值，*b* 使用默认值。因此，输出结果：

```
a is 13 , b is 4 , c is 9
```

4．可变参数

调用函数时，有时候不能确定会传入多少个参数，因此在定义函数时，我们可以将参数设置为可变参数。可变参数就是指传入的参数个数是可变的，参数可以是 0 个、1 个或任意多个。可变参数通过在参数前面加星号来实现，带有星号的可变参数只能出现在形参列表的最后，即通过在形参前增加一个星号（*）或两个星号（**）来指定函数可以接收任意数量的实参。

（1）带一个星号的可变形参

在定义函数时，如果定义了带一个星号的可变形参，则该形参可以接收任意数量的实参。调用函数时，传递的任意多个位置参数打包成一个元组传递给带星号的可变形参。请看以下示例：

```
>>> def sum(*x):
        s=0
        print(type(x))
        for i in x:
            s=s + i
        return s
>>> print(sum(1,2,3,4))
<class 'tuple'>
10
```

sum(*x)函数中定义了一个可变参数 *x*。调用该函数时，把 1、2、3、4 打包成一个元组传递给形参 *x*。测试 *x* 的类型，得知为元组类型。

（2）带两个星号的可变关键字形参

定义函数时，如果使用带两个星号的可变关键字形参，则该形参可以接收任意数量的关键字参数。调用函数时，关键字参数打包成字典传递给该形参。请看以下示例：

```
>>> def func(**args):
        print(type(args))
        print(args)
>>> func(a=1, b=2, c=3, d=4, e=5)
<class 'dict'>
{'a': 1, 'b': 2, 'c': 3, 'd': 4, 'e': 5}
```

关键字参数 a、b、c、d、e 打包成字典传递给形参 args。

再请看以下示例：

```
>>> def user(username, password, **kw):
        print('username:{}, password:{}, other:{}'.format(username,password,kw))
>>> user('Tom', '123@456')
username:Tom, password:123@456, other:{}
>>> user('Peter', '456#123', city='Chongqing')
username:Peter, password:456#123, other:{'city': 'Chongqing'}
>>> user('Adam', '789!456', gender='female', job='teacher')
username:Adam, password:789!456, other:{'gender': 'female', 'job': 'teacher'}
```

user (username, password, **kw) 函数除了位置参数 username 和 password 外，还接收关键字参数传值给形参 kw。

第 1 次调用函数时，未传入关键字参数，因此，形参 kw 接收一个空字典。

第 2 次调用函数时，传入一个关键字参数给形参 kw。

第 3 次调用函数时，传入两个关键字参数给形参 kw。

利用带**的可变关键字参数来定义函数，接收关键字参数传值可以扩展函数功能，即在 user(username, password, **kw)函数中能保证接收到 username 和 password 这两个参数的值，但是调用者如果愿意提供更多的信息，函数也能接收到。例如，大家非常熟悉的用户注册功能，除了用户名和密码是必填项外，其他都是可选项，利用双星号可变关键字形参来定义函数就能满足用户注册的需求。

5．组合参数

在 Python 中定义函数，可以单独使用位置参数、默认参数和可变参数，也可以组合使用。但在组合使用这些参数时，其顺序必须是：位置参数、默认参数和可变参数。对于可变参数，带一个*的参数在前，带两个**的参数在后。

【例 6-8】组合参数的使用。

```
def func(a, b, c=0, *args, **kw):
      print('a =', a, 'b =', b, 'c =', c, 'args =', args, 'kw =', kw)
func(1, 2)
func(1, 2, c=3)
func(1, 2, 3, 'a', 'b')
func(1, 2, 3, 'a', 'b', x=99)
```

func(a, b, c=0, *args, **kw)函数中包含了位置参数 *a*、*b*，默认参数 *c*，以及可变参数 args 和可变关键字参数 kw。其中，args 接收一个元组，kw 接收一个字典。

第 1 次调用函数时，只给 *a*、*b* 两个参数传入了值，因此，*c* 取默认值 0，args 为空元组，kw 为空字典。

第 2 次调用函数时，给参数 *a*、*b*、*c* 传入了值，因此，args 仍为空元组，kw 为空字典。

第 3 次调用函数时，1、2、3 分别传递给 *a*、*b*、*c*，字符串“a”和“b”打包成元组传递给 args，因此，kw 仍为空字典。

第 4 次调用函数时，1、2、3 分别传递给 *a*、*b*、*c*，字符串“a”和“b”打包成元组传递给 args，关键字参数 *x* 打包成字典传递给 kw。

程序运行结果如下：

```
a = 1 b = 2 c = 0 args = () kw = {}
a = 1 b = 2 c = 3 args = () kw = {}
a = 1 b = 2 c = 3 args = ('a', 'b') kw = {}
a = 1 b = 2 c = 3 args = ('a', 'b') kw = {'x': 99}
```

6.4 解包参数

1. 解包元组或列表

调用函数时，由于可以将任意多个位置参数打包成一个元组传递给带一个星号的可变参数，因此，如果已经存在一个元组或列表，则开发者可以通过获取元组或列表的每个元素，将它们传递给可变参数。

【例 6-9】传递元组中的元素给可变参数。

```
def sum(*x):
    s=0
    print(x)
    print(type(x))
    for i in x:
        s=s+i
    return s
tp=(1,2,3,4)
print(sum(tp[0],tp[1],tp[2],tp[3]))
```

程序运行结果如下：

```
(1, 2, 3, 4)
<class 'tuple'>
10
```

如果例 6-9 中的元组 tp 修改成列表 ls，也能得到同样的结果。

【例 6-10】传递列表中的元素给可变参数。

```
def sum(*x):
    s=0
    print(x)
    print(type(x))
    for i in x:
        s=s+i
    return s
ls=[1,2,3,4]
print(sum(ls[0],ls[1],ls[2],ls[3]))
```

程序运行结果如下：

```
(1, 2, 3, 4)
<class 'tuple'>
10
```

调用 sum(*x)函数时，虽然我们会将多个位置参数打包成一个元组传递给可变形参 x，但显然例 6-9 和例 6-10 中的调用方式太过烦琐。其实，只需在实参 tp 或实参 ls 前加一个星号来进行传参即可。传参时，tp 或 ls 前的星号起到解包元组或解包列表的作用。

【例 6-11】解包元组。

```
def sum(*x):
    s=0
    print(x)
    print(type(x))
    for i in x:
        s=s+i
    return s
tp=(1,2,3,4)
print(sum(*tp))
```

程序运行结果如下：

```
(1, 2, 3, 4)
<class 'tuple'>
10
```

解包列表的例子，请读者自行完成。

解包参数之解包字典

2．解包字典

调用函数时，由于可以将多个形如“参数名=值”的实参打包成一个字典传递给一个可变关键字参数，因此，如果已经存在一个字典，则开发者可以通过获得字典的每个元素，将它们传递给可变关键字参数。

【例 6-12】传递字典元素给可变关键字参数。

```
def user(username, password, **kw):
    print('username:{}, password:{}, other:{}'.format(username,password,kw))
dt={'gender':'female', 'job':'teacher'}
user('Peter', '456#123', gender=dt['gender'],job=dt['job'])
```

程序运行结果如下：

```
username:Peter, password:456#123, other:{'gender': 'female', 'job': 'teacher'}
```

调用 user(username, password, **kw)函数时，将字符串“Peter”和“456#123”分别传递给位置参数 username 和 password，将字典的两个元素 dt['gender']、dt['job']以“参数名=值”的形式传递给可变关键字参数 kw。在传递关键字参数给可变关键字参数 kw 时，会将多个关键字参数打包成一个字典进行传递，因此，最后输出 kw 的值为一个字典，显然例 6-12 中的调用方式太过烦琐。其实，只需在字典 dt 前加两个星号来进行传参即可。传参时，dt 前的两个星号起到解包参数的作用。

【例 6-13】传递字典给可变关键字参数。

```
def user(username, password, **kw):
      print('username:{}, password:{}, other:{}'.format(username,password,kw))
dt={'gender':'female', 'job':'teacher'}
user('Peter', '456#123', **dt)
```

程序运行结果如下：

```
username:Peter, password:456#123, other:{'gender': 'female', 'job': 'teacher'}
```

将字典作为实参进行传参时，不仅仅是可以把它们传递给可变关键字参数，也可以把字典的每一个元素对应一个位置参数来进行传递。

【例 6-14】传递字典的每一个元素给位置参数。

```
def user(username, password, **kw):
      print('username:{}, password:{}, other:{}'.format(username,password,kw))
dt={'username':'Tom', 'password':'123@456'}
user(**dt)
```

程序运行结果如下：

```
username:Tom, password:123@456
```

调用 user(username, password, **kw)函数时，在实参 dt 前增加两个星号，它实际上是将该字典的两个元素分别传递给了该函数的前两个位置参数。由于实参 dt 只有两个元素，没有多余的元素传递给可变关键字参数 kw，因此，kw 为空字典。

在将字典的每一个元素传递给位置参数时，开发者要保证字典的元素个数和位置参数的个数相等。如果作为实参的字典元素个数小于位置参数个数，则系统会引发“TypeError”异常。

【例 6-15】作为实参的字典元素个数小于位置参数个数。

```
def user(username, password):
      print('username:{}, password:{}'.format(username,password))
dt={'username':'Tom'}
user(**dt)
```

程序运行后产生如下异常。

```
Traceback (most recent call last):
  File "<pyshell#8>", line 1, in <module>
    user(**dt)
TypeError: user() missing 1 required positional argument: 'password'
```

调用 user(username, password)函数时，由于传入的字典元素个数为 1，它小于位置参数的个数 2，因此，产生异常。错误提示信息为 user()缺失了一个位置参数 password。

但如果作为实参的字典元素个数多于位置参数个数，则系统同样会引发“TypeError”异常。

【例 6-16】作为实参的字典元素个数多于位置参数个数。

```
def user(username, password):
     print('username:{}, password:{} '.format(username,password))
dt={'username':'Tom', 'password':'123@456','job':'teacher'}
user(**dt)
```

程序运行后产生如下异常。

```
Traceback (most recent call last):
  File "<pyshell#11>", line 1, in <module>
    user(**dt)
TypeError: user() got an unexpected keyword argument 'job'
```

调用 user(username, password)函数时，由于传入的字典元素个数为 3，它大于位置参数的个数 2，因此，产生异常。错误提示信息为 user()传入了一个不期望的关键字参数 job。

以字典作为实参进行传参时是让字典的每个“键值对”作为一个关键字参数进行传值，因此，我们还要注意：必须保证字典的键和形参的名称完全一致，否则也会发生异常。

【例 6-17】字典的键和形参的名称不一致。

```
def user(username, password):
     print('username:{}, password:{}'.format(username,password))
dt={'Username':'Tom', 'password':'123@456'}
user(**dt)
```

程序运行后产生如下异常。

```
Traceback (most recent call last):
  File "<pyshell#14>", line 1, in <module>
    user(**dt)
TypeError: user() got an unexpected keyword argument 'Username'
```

字典 dt 中键“Username”的第一个字母是大写的，与 user(username,password)函数中参数“username”的第一个字母小写不一致，因此，产生异常。

6.5 lambda()函数

lambda()函数

Python 中用户自定义函数有两种方法：第一种是用保留字 def 来定义，这种定义方式要明确指出函数的名称；第二种是通过保留字 lambda 来定义，这种定义方式可以不指定函数的名称，该函数称为匿名函数，也称为 lambda()函数。定义 lambda()函数的语法格式如下：

```
[<函数名>=]lambda <参数表>: <表达式>
```

冒号“:”前面是用逗号分隔的参数表，冒号“:”后面表达式的值就是所定义函数的返回值。由于 lambda()函数只能返回一个值，因此不用加 return 语句。

使用保留字 lambda 同样可以定义一个无参函数，此时，lambda 后面的参数表为空，但“:”是不能省略的。请看以下示例：

```
>>> f=lambda :1
>>> f()
1
```

这是一个不含参数的 lambda()函数，它的返回值为 1。

再看以下示例：

```
> f=lambda x : abs(x)
> f(-3)
3
```

这是一个含单个参数的 lambda()函数，返回 x 的绝对值。

继续看以下示例：

```
>>> f=lambda x,y : x % y
>>> f(4,2)
0
>>> f(3,2)
1
```

这是一个含两个参数的 lambda()函数，得到 x 与 y 的模。

lambda()函数主要适用于定义简单的、能够在一行内表示的函数，通常省略 lambda 前面的<函数名>和赋值号。这种书写形式主要是用在函数式编程中，即支持函数作为参数。请看以下示例：

```
>>> ls=[3,5,-4,-1,0,2,-6,8]
>>> sorted(ls)
[-6,-4,-1,0,2,3,5,8]
>>> sorted(ls,key=lambda x:abs(x))
[0,-1,2,3,-4,5,-6,8]
>>> ls
[3,5,-4,-1,0,2,-6,8]
```

第 2 行代码通过调用内置函数 sorted()得到排好序的列表，排序结果是按照列表中元素的值升序排列的。

第 3 行代码把 lambda()函数作为函数的参数传入，得到按列表中元素绝对值排序后的结果。

第 4 行代码的执行结果表明，sorted()函数并不作用在参数 ls 上。调用 sorted(ls)之后，函数返回排好序的列表，但 ls 的值并没有改变。

6.6 变量的作用域

变量的作用域

在 Python 程序中，创建、查找变量名是在一个变量名空间中进行的，该空间称为命名空间，也称为作用域。Python 变量的作用域是静态的，变量是在被赋值时创建的，变量被赋值的位置决定了该变量能被访问的范围。变量根据作用域分为 3 类：全局变量、局部变量和类成员变量。这里主要介绍前两类。

一般在函数体外定义的变量称为全局变量，全局变量可以在整个程序范围内被访问。局部变量是定义在函数内部的变量，只能在其被定义的函数内部访问。

【例 6-18】理解全局变量和局部变量。

```
def func(): #这里定义一个 func()函数
    x=20
    print("函数内变量 x 的值: {}".format(x))
x=50
print("调用函数前变量 x 的值: {}".format(x))
```

```
func()
print("调用函数后变量 x 的值：{}".format(x))
```

前三行代码定义了一个 func()函数，func()函数内有一个赋值语句和输出语句。

程序从第 4 行代码 “x=50” 开始执行，执行 print 语句输出 “调用函数前变量 x 的值：50”，接下来调用 func()函数，当执行 func()函数时，首先执行 “x=20”，相当于创建一个局部变量 *x* 指向值 20，此时，局部变量 *x* 屏蔽了外层作用域中的同名全局变量 *x*，即这里的赋值操作并不修改全局变量 *x* 的值，接下来 print 语句输出 “函数内变量 x 的值：20”。由于局部变量 *x* 的作用域只在 func()函数内有效，因此，退出 func()函数后，局部变量 *x* 被释放，全局变量 *x* 的值没有被改变。程序运行后的输出结果如下：

```
调用函数前变量 x 的值：50
函数内变量 x 的值：20
调用函数后变量 x 的值：50
```

函数内部定义的变量除非特别声明为全局变量，否则均默认为局部变量。在某些情况下，需要在函数内部使用全局变量，这时可以使用 global 关键字来进行声明。

【例 6-19】利用关键字 global 在函数内部声明全局变量。

```
def func():    #这里定义一个 func()函数
    global x   #通过保留字 global 定义 x 为全局变量
    x=20
    print("函数内变量 x 的值：{}".format(x))
x=50
print("调用函数前变量 x 的值：{}".format(x))
func()
print("调用函数后变量 x 的值：{}".format(x))
```

在 func()函数内通过关键字 global 声明全局变量 *x*，然后给 *x* 赋初值为 20，最后输出 “函数内变量 x 的值：20”。由于通过关键字 global 将变量 *x* 声明为全局变量，因此，函数内部对全局变量 *x* 的修改在退出函数后也是有效的。程序的运行结果如下：

```
调用函数前变量 x 的值：50
函数内变量 x 的值：20
调用函数后变量 x 的值：20
```

递归函数

6.7 递归函数

递归（recursion）是指在函数定义中又调用函数自身的一种程序设计方法。实际上，递归包含了 “递” 和 “归”，“递” 为对函数自身的反复调用，“归” 为调用函数结束后的返回。

递归程序设计解决问题的基本思路是把规模大的问题转换为规模较小的相似子问题来求解。具体在定义函数解决问题时，因为解决大问题的方法和解决小问题的方法往往是同一个方法，所以就产生了函数调用自身的情况。因此，一个直接或间接调用自身的函数称为递归函数。

【例 6-20】求 *n* 的阶乘。

$$n!=\begin{cases}1 & n=1\\ n(n-1)! & n>1\end{cases}$$

分析：由于 *n*!=*n**(*n*–1)!，因此，知道(*n*–1)!就可以得到 *n*!。而(*n*–1)!=(*n*–1)*(*n*–2)!，因此，只要知道(*n*–2)!就可以求得(*n*–1)!……而 2! =2*1!。由已知条件可知 1!=1，所以 2!= 2*1!=2*1=2，由此可求出 3! ……最后求出 *n*!。求 *n*!的程序代码如下：

```
def fact(n):
    if n<=1:
        return 1
    else:
        return n*fact(n-1)   #fact(n)是求 n 的阶乘，那么 fact(n-1)就可以求得(n-1)的阶乘
n=3
print(fact(n))
```

这里以求 3!为例来分析递归函数 fact(n)的执行过程。

前五行代码为递归函数 fact(n)的定义，程序从第 6 行开始执行。*n* 的值是 3，执行 print 语句时，先调用 fact(3)，由于条件“3<=1”不成立，执行“3*fact(2)”；调用 fact(2)时，由于条件“2<=1”不成立，执行“2*fact(1)”；调用 fact(1)时，由于条件“1<=1”成立，执行“return 1”，即返回值 1。fact(2)=2×fact(1)=2×1=2，所以调用 fact(2)返回的值是 2。而 fact(3)=3×fact(2)=3×2=6，即 fact(3)返回值是 6，所以 3 的阶乘为 6。

以上分析表明，条件“*n*<=1”不能缺少，否则会一直递归下去，故递归函数设计时必须要有一个明确的终止条件；以上分析还表明，求 fact(3)要借助于 fact(2)的求解，而求解 fact(2)又要借助于求解 fact(1)，而 fact(1)的值为 1，从而可以反向求得 fact(3)的值，故能用递归求解的问题，其规模要不断递减，一直递减到某个可直接求解的规模为止。所以递归必须满足：①要有一个明确的终止条件以及条件终止时问题可直接求解；②递归过程中，问题的规模要不断向终止条件靠近，直到满足终止条件。

6.8 实例

1. 实例 1：七段数码管的数字表示

七段数码管的数字表示

发光二极管常常在各种电子设备中来充当指示灯。除了发光二极管，常见的显示器件还有数码管，如电子时钟和万用表中均包含数码管。数码管的本质就是发光二极管的组合使用，我们最常见的是七段数码管和八段数码管。七段数码管由 7 个长条形的发光二极管组成，八段数码管比七段数码管多了一个点，如图 6-1 所示。其中，七段数码管最为常用。七段数码管是由 7 段数码管拼接而成的，每段有亮和不亮两种情况，它一共能形成 2^7=128 种状态，其中部分状态能够显示为易于人们理解的数字或字母。十六进制中 16 个字符的七段数码管表示如图 6-2 所示。

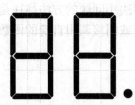

图 6-1　七段数码管和八段数码管

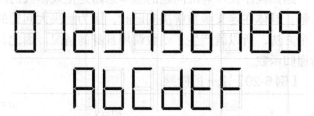

图 6-2　十六进制中 16 个字符的七段数码管表示

【例 6-21】根据用户输入的整数，利用 turtle 库绘制七段数码管表示的数值形式。

分析： 用数码管组成的数字由 7 段拼接而成，每段长度相同，根据每段亮或者不亮组成 0 ~ 9 的 10 个数字。线段使用 turtle 库的 fd()函数来绘制，亮的线段直接绘制，不亮的线段让画笔抬起来后绘制（实际上就是不绘制）。

绘制每一个数字时，从 7 段线条中任意一段开始进行绘制都是可以的。但为了减少画笔来回移动的次数，类似于写连笔字，我们希望从某处开始，一笔完成一个字的书写。0 ~ 9 的 10 个数字都是由图 6-3 所示的图案“8”的某些段发亮而得到的。

稍加分析我们便知道，可以从图 6-4 所示图案“8”左边的中间位置开始，按照“①→②→③→④→⑤→⑥→⑦”的绘制顺序来绘制相应的数字。

图 6-3　图案“8”

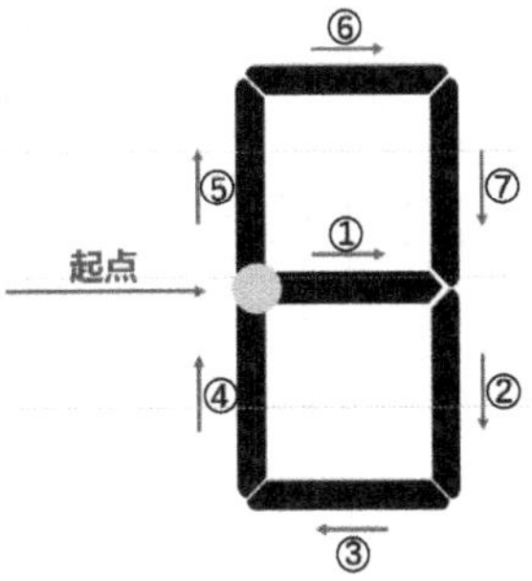

图 6-4　七段数码管的绘制顺序

首先看数字 8 的绘制过程。

（1）绘制第一条线段：向右前进如 50 像素，然后向右转 90°，为绘制下一条线段做好准备。

（2）绘制第二条线段：前进 50 像素，然后向右转 90°，为绘制下一条线段做好准备。

（3）绘制第三条线段：前进 50 像素，然后向右转 90°，为绘制下一条线段做好准备。

（4）绘制第四条线段：前进 50 像素，向右转 90°。注意，由于接下来绘制第五条线段和绘制第四条线段是在同一个方向，因此，如果第四条线段绘制后画笔右转了 90°，那此时需要将画笔再左转 90°，为绘制第五条线段做好准备。

（5）绘制第五条线段：前进 50 像素，然后右转 90°，为绘制下一条线段做好准备。

（6）绘制第六条线段：前进 50 像素，然后右转 90°，为绘制下一条线段做好准备。

（7）绘制第七条线段：根据线段绘制规律，第七条线段也前进 50 像素，右转 90°。

注意，由于第七条线段绘制后，画笔也右转了 90°，此时画笔朝向 x 轴的左方向，因此，绘制后面的数字时要注意到此时的画笔方向。

我们可以把每条线段的绘制以及右转 90° 操作定义成一个函数来完成，程序代码如下：

```
def drawLine():
    turtle.fd(50)
    turtle.right(90)
```

这样，每个数字的绘制就是调用该函数 7 次，但有以下两点要注意。

（1）第四条线段绘制后，即第四次调用绘制线段函数 drawLine()后，需要将画笔左转 90°。

（2）第七条线段绘制后，即整个数字绘制完成后，画笔笔尖是向左的，因此，要先将画笔左转或者右转 180°，然后将画笔抬起前进 20 像素，这 20 像素是两个数字之间的间距。

每个数字都要进行 7 条线段的绘制，也就是说都要执行图 6-5 所示的代码，区别仅在于绘制每条线段前是抬起或放下画笔。因此，我们也可以把图 6-5 所示的代码通过一个函数 drawDigit()来进行封装。

```
drawLine()
drawLine()
drawLine()
drawLine()
turtle.left(90)
drawLine()
drawLine()
drawLine()
turtle.left(180)
turtle.penup()
turtle.fd(20)
```

图 6-5　7 条线段的绘制代码

```
def drawDigit(d):
    drawLine()
    drawLine()
    drawLine()
    drawLine()
    turtle.left(90)
    drawLine()
    drawLine()
    drawLine()
    turtle.left(180)
    turtle.penup()
    turtle.fd(20)
```

在绘制每个数字时，由于每一条线段的绘制是抬起画笔绘制还是放下画笔绘制是不同的，因此，drawLine()函数必须通过参数来加以区分。

刚才在绘制每条线段时都没有抬起画笔，便绘制得到了数字 8。下面继续分析数字 0 和 1 的绘制。

（1）对于绘制数字 0，只需要抬起画笔绘制第一条线段即可。

（2）对于绘制数字 1，只有第二条和第七条线段需要落下画笔绘制。

类似地，读者可分析其余数字的绘制。

由以上分析发现，每条线段的绘制有两种情况，即抬起画笔绘制或放下画笔绘制。因此，这里需要修改 drawLine()函数，通过定义一个参数来控制线段绘制前是抬起画笔还是放下画笔。如果该参数为真，就放下画笔，否则就抬起画笔。

```
def drawLine(draw):
    if draw:
        turtle.pendown()
    else:
        turtle.penup()
    turtle.fd(50)
    turtle.right(90)
```

这里的条件语句可以用一种更为简洁的形式来表达：turtle.pendown() if draw else turtle.penup()。化简后的 drawLine()函数：

```
def drawLine(draw):
    turtle.pendown() if draw else turtle.penup()
    turtle.fd(50)
    turtle.right(90)
```

现在，只需找出哪些数字在绘制第一条线段时需要放下画笔、哪些数字在绘制第一条线段时需要抬起画笔，然后给参数 draw 传值 True 或 False 即可。

分析发现，绘制 2、3、4、5、6、8 和 9 的第一条线段需要放下画笔，绘制其余数字 0、1 和 7 的第一条线段需要抬起画笔，因此，第一条线段的绘制代码应该修改为：

```
drawLine(True) if d in [2,3,4,5,6,8,9] else drawLine(False)
```

继续分析发现，绘制 0、1、3、4、5、6、7、8 和 9 的第二条线段需要放下画笔，只有绘制数字 2 的第二条线段需要抬起画笔，因此，第二条线段的绘制代码应该修改为：

```
drawLine(True) if d in [0,1,3,4,5,6,7,8,9] else drawLine(False)
```

绘制每个数字的第三条到第七条线段的代码可进行类似分析。

清楚了绘制每个数字的代码后，只需获得用户输入的任意一个整数，然后针对每一位数字 d 通过调用 drawDigit(d)来完成对整个数值的绘制即可。

```
str_number=input("请输入任意一个整数：")
for d in str_number:
    drawDigit(eval(d))
```

为了让绘制结果尽可能位于屏幕中心，我们可以事先移动画笔到(−250,0)处开始进行绘制。因此，绘制一个整数的完整代码如下：

```
import turtle
def drawLine(draw):
    #每条线段的绘制
    turtle.pendown() if draw else turtle.penup()
    turtle.fd(50)
    turtle.right(90)
def drawDigit(d):
    #数字的绘制
    drawLine(True) if d in [2,3,4,5,6,8,9] else drawLine(False)
    drawLine(True) if d in [0,1,3,4,5,6,7,8,9] else drawLine(False)
    drawLine(True) if d in [0,2,3,5,6,8,9] else drawLine(False)
    drawLine(True) if d in [0,2,6,8] else drawLine(False)
    turtle.left(90)
    drawLine(True) if d in [0,4,5,6,8,9] else drawLine(False)
    drawLine(True) if d in [0,2,3,5,6,7,8,9] else drawLine(False)
    drawLine(True) if d in [0,1,2,3,4,7,8,9] else drawLine(False)
    turtle.left(180)
    turtle.penup()
    turtle.fd(20)
#获取用户输入
str_number=input("请输入任意一个整数：")
#移动画笔到指定位置
turtle.penup()
```

```
    turtle.goto(-250,0)
    turtle.pendown()
    #绘制输入整数的每一位数字
    for i in str_number:
        drawDigit(eval(i))
    #隐藏画笔
    turtle.hideturtle()
```

运行程序后，输入“5634365”并按 Enter 键，可以得到以下绘制效果。

观察程序运行结果会发现，所绘制的数值是从用户指定的位置开始进行绘制，线条较细。如果希望将绘制的结果放在其他位置以及用粗一点的画笔进行绘制，或者希望绘制彩色的数值等，请读者根据自己的喜好修改代码。

七段数码管-绘制日期数据

2. 实例 2：日期数据的七段数码管表示

例 6-21 介绍了绘制任意一个整数数据的七段数码管表示，那我们就能够绘制日期数据的七段数码管表示。

【例 6-22】 输入当前日期数据，绘制日期数据的七段数码管表示。

分析：日期数据的一般表示形式为“年-月-日”，为了便于操作，这里也按照这样的形式来输入日期数据，年用 4 位数字表示，月和日都用 2 位数字表示。绘制日期数据只需先把输入的形如“年-月-日”的日期通过字符串的切片操作，转变成一个没有短横线的只由数字构成的字符串，其余的绘制程序就与例 6-21 绘制整数七段数码管表示的程序完全相同。完整代码如下：

```
import turtle
def drawLine(draw):
    #每条线段的绘制
    turtle.pendown() if draw else turtle.penup()
    turtle.fd(50)
    turtle.right(90)
def drawDigit(d):
    #数字的绘制
    drawLine(True) if d in [2,3,4,5,6,8,9] else drawLine(False)
    drawLine(True) if d in [0,1,3,4,5,6,7,8,9] else drawLine(False)
    drawLine(True) if d in [0,2,3,5,6,8,9] else drawLine(False)
    drawLine(True) if d in [0,2,6,8] else drawLine(False)
    turtle.left(90)
    drawLine(True) if d in [0,4,5,6,8,9] else drawLine(False)
    drawLine(True) if d in [0,2,3,5,6,7,8,9] else drawLine(False)
    drawLine(True) if d in [0,1,2,3,4,7,8,9] else drawLine(False)
    turtle.left(180)
    turtle.penup()
```

```
        turtle.fd(20)

    #获取用户输入
    someday=input("请输入当前系统日期(****-**-**): ")
    #利用字符串的切片操作去除短横线
    str_date=someday[0:4] + someday[5:7] + someday[8:]
    #移动画笔到指定位置
    turtle.penup()
    turtle.goto(-250,0)
    turtle.pendown()
    #绘制日期数据的每一位数字
    for d in str_date:
        drawDigit(eval(d))
    #隐藏画笔
    turtle.hideturtle()
```

运行程序后，输入“2020-07-15”并按 Enter 键，可以得到以下绘制效果。

汉诺塔问题

3．实例 3：汉诺塔问题

汉诺塔（Hanoi）源自印度神话。据说在圣庙里有 3 根金刚石柱子，第一根柱子上面套着 64 个金环，最大的一个在底部，其余的一个比一个小，依次叠上去，如图 6-6 所示。庙里的众僧不倦地把它们一个个地从一根柱子搬到另一根柱子上，规定可利用中间的一根柱子作为辅助，但每次只能移动一个金环，而且大的不能放在小的上面。

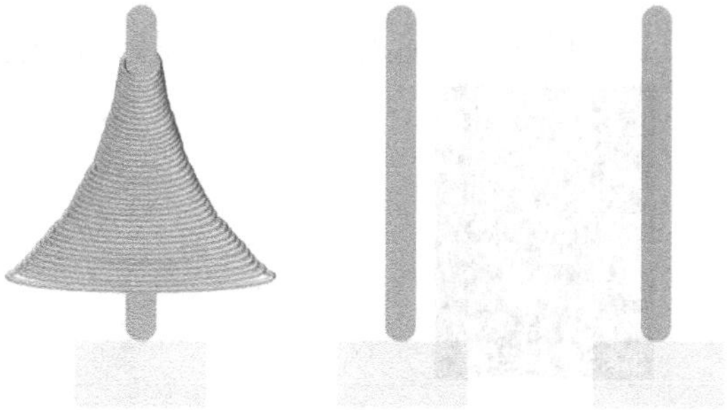

图 6-6　汉诺塔

【例 6-23】求解汉诺塔问题。

分析：汉诺塔问题转换成一个计算机解决的问题就是有 A、B、C 3 根柱子，如何把 A 上面的 n 个金环借助 B 移动到 C 上，并要求满足以下两个条件。

（1）一次只能移动一个金环。

（2）移动过程中，大金环永远不能放在小金环上面。

我们如果能将 A 上面的 n−1 个金环借助 C 移到 B，此时 A 上面只剩一个金环，就可以直接将其从 A 移到 C；既然有办法将 n−1 个金环从 A 移到 B，那用相同的办法就能把 B 上的 n−1 个金环借助 A 移到 C，这样，就达成了将 A 上的 n 个金环移到 C 的目的。因此，问题的关键是对规模为 n 问题的求解要借助规模为 $n-1$ 问题的求解，规模为 $n-1$ 问题的求解可以借助规模为 $n-2$ 问题的求解，如此等等，规模不断减小，当减小到 A 柱上只剩一个金环时，直接移动到 C 柱。而 $n-1$ 个金环的移动方法和 n 个金环的移动方法完全相同，所以递归调用求解 n 个金环移动的方法就能够求解原问题。解决该问题的算法思路如下。

（1）借助 C 移动 A 最上面的 $n-1$ 个金环到 B。

（2）将 A 上的最大那个金环直接移动到 C。

（3）借助 A 将 B 上的 $n-1$ 个金环移动到 C。

综合以上分析，得到解决汉诺塔问题的递归算法如下。

```
def hanoi(n,a,b,c):  #将 a 上的 n 个金环借助 b 移到 c
    if n==1:
        print("{}---->{}".format(n,a,c))
    else:
        hanoi(n-1,a,c,b)  #将 a 上的 n-1 个金环借助 c 移到 b
        print("{}---->{}".format(n,a,c))
        hanoi(n-1,b,a,c)  #将 b 上的 n-1 个金环借助 a 移到 c
```

如果 A 柱上的金环从上到下依次编号为 1 到 n，当我们输入一个金环数量后，程序运行并输出金环编号和金环移动的顺序。完整代码如下：

```
#hanoi(n,a,b,c)函数将 a 上的 n 个金环借助 b 移到 c
def hanoi(n,a,b,c):
    if n==1:
        print("编号{}: {}---->{}".format(n,a,c))
    else:
        #将 a 上的 n-1 个金环借助 c 移到 b
        hanoi(n-1,a,c,b)
        print("编号{}: {}---->{}".format(n,a,c))
        #将 b 上的 n-1 个金环借助 a 移到 c
        hanoi(n-1,b,a,c)
n=eval(input("请输入金环数量: "))
hanoi(n,'A','B','C')
```

运行程序后，输入“3”，则得到以下输出结果。

```
请输入金环数量：3
编号 1：A--->C
编号 2：A--->B
编号 1：C--->B
编号 3：A--->C
编号 1：B--->A
编号 2：B--->C
编号 1：A--->C
```

练习

一、单选题

1．下面代码的输出结果是（　　）。

```
>>>f=lambda x , y : y +x
>>>f(10,10)
```

A．10　　B．20　　C．10, 10　　D．100

2. 关于形参和实参的描述，下列选项中正确的是（　　）。

A. 函数定义时参数列表中的参数是实际参数，简称实参

B. 参数列表中给出要传入函数内部的参数，这类参数称为形式参数，简称形参

C. 程序在调用函数时，将实参赋予函数的形参

D. 程序在调用函数时，将形参赋予函数的实参

3. 关于参数传递，下列选项中描述正确的是（　　）。

A. 在 Python 中定义函数时，位置参数所在的位置顺序可以任意

B. 默认参数是调用函数时指明了值的参数

C. 关键字参数是指在调用函数时以“参数名=值”的形式进行传参的参数

D. 定义函数时，可变参数的位置可以任意指定

4. 有如下自定义函数 f1(a,b,c)：

```
def f1(a,b,c):
    print(a+b)
nums=(1,2,3)
f1(nums)
```

运行程序后的输出结果是（　　）。

A. 6　　B. 3　　C. 1　　D. 语法错误

5. 关于函数和变量，下列选项中描述错误的是（　　）。

A. 函数内部定义的变量除非特意声明为全局变量，否则均默认为局部变量

B. 使用关键字 global 声明的变量为全局变量

C. 递归函数必须要有明确的终止条件

D. lambda()函数中可以有 return 语句

二、请写出下列程序的运行结果

1. 程序代码如下：

```
def func1():
    n=6
    m=5
    print(m,n,end=' ')
n=5
t=8
func1()
print(n,t)
```

2. 程序代码如下：

```
def func2(message,n):
    for i in range(n):
        print(message,end=" ")
func2("a",3,)
func2(n=5,message="good")
```

3. 程序代码如下：

```
a=10
def func3():
    global a
    a=20
```

```
    print( a ,end=' ' )
func3()
print(a)
```

三、编程题

1. 获得当前系统的日期，按照“yyyy 年 mm 月 dd 日”的形式绘制当前日期的七段数码管表示。（把“年”“月”“日”这 3 个汉字也要绘制出来）

2. 判断任意输入的一个整数是否为回文数，请分别用循环和递归方法实现。（回文数是指其各位数字左右对称的整数，例如 1221、676 等）

3. 通过键盘输入 n，计算斐波那契数列的第 n 个数。（斐波那契数列又称黄金分割数列，是指类似以下这样的数列：0、1、1、2、3、5、8、13、21……）

4. 编写自定义函数 func4(m,n)，用于求两个正整数的最大公约数。

5. 用函数实现一元二次方程的求解，函数名为 root(a,b,c)，a、b 和 c 分别为一元二次方程的二次项、一次项和常数项。如果方程无解，返回“None”；如果方程有一个根，返回根；如果方程有两个根，返回两个根组成的元组。

四、思考题

1. 结合例 6-21 的七段数码管实例，你能完成在绘制一个整数后，在其右下方再绘制一个小数点吗？

2. 你能绘制任意一个浮点数吗？

3. 如果要求把例 6-22 中“年-月-日”中间的短横线也绘制出来，你能完成吗？

4. 例 6-22 的程序中没有处理非法数据，如月大于 12 或者日期大于 31，你能解决此问题吗？

5. 例 6-23 的汉诺塔问题中，如果 A 柱上金环的编号从下到上依次为 1 到 n，请修改例 6-23 的代码输出金环编号和移动顺序。

第7章 组合数据类型

本章重点知识：掌握元组、列表、集合、字典的声明及转换函数；掌握元组的常用操作；了解列表的特性，掌握列表的基本操作；掌握字符串常用方法；了解字典的特性，掌握字典的创建方法、字典元素的访问操作和字典常用方法；掌握列表推导式的两种语法格式；了解生成器的最简单生成方法及获取生成器每个元素的方法；掌握和熟悉英文词频统计的思路；了解和掌握 jieba 库常用分词函数，掌握和熟悉中文词频的统计思路；掌握和熟悉加/解密程序的编程思路。

本章知识框架如下：

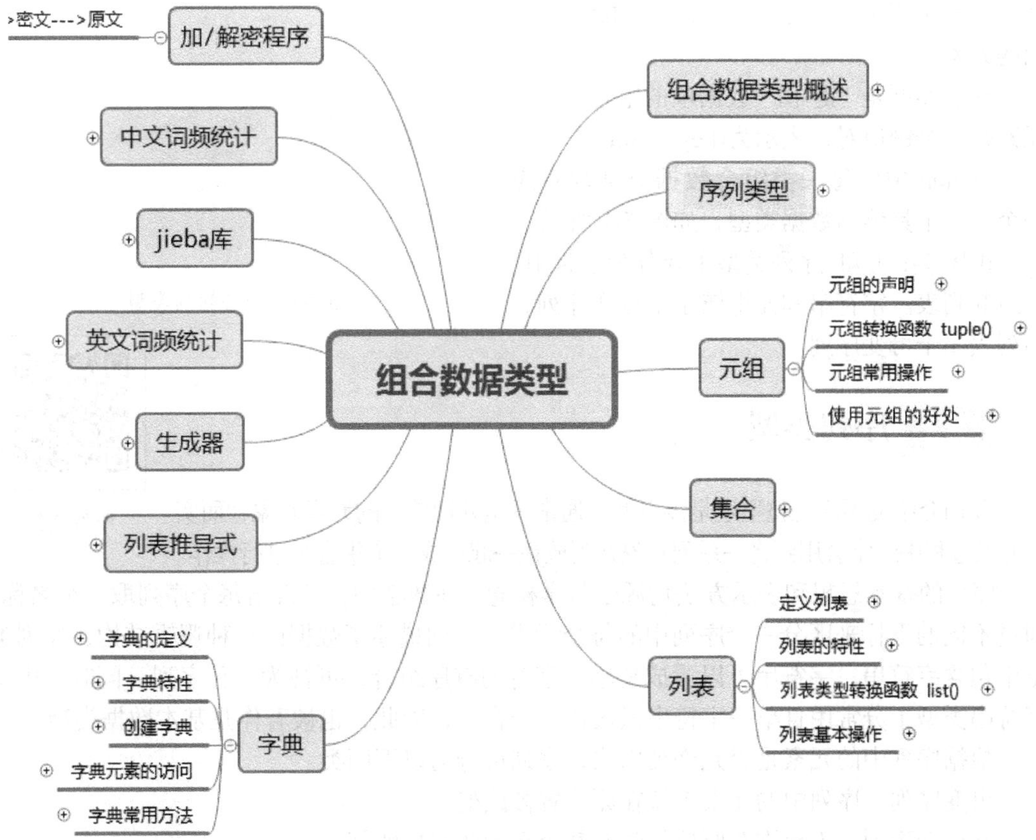

第 3 章中我们学习了数值类型，它包括整数类型、浮点数类型和复数类型。这些类型仅能表示一个数据，这种表示单一数据的类型称为基本数据类型。然而，实际计算中却存在大量需要同时处理多个数据的情况。例如：

（1）在一组单词中{Python, data, Java, student, function}进行单词长度计数并输出每个单词的长度。

（2）对一次实验中产生的多组数据进行分析。

（3）对一所学校学生成绩的处理。

这时就需要将多个或批量数据有效组织起来并统一表示，这种能够表示多个数据的类型称为组合数据类型。

本章主要介绍字符串、元组、列表、集合、字典等组合数据类型的相关知识。

组合数据类型概述

7.1 组合数据类型概述

组合数据类型能够将多个同类型或不同类型的数据组织起来，通过某种表示使得对数据的操作更为容易。根据数据之间的关系，组合数据类型分为以下 3 类。

序列类型是由若干元素组成的向量，元素之间存在先后关系，可通过序号（索引）进行访问。

集合类型是若干元素组成的集合，元素之间无先后顺序关系，同一个集合中不能存在相同的元素。

映射类型是“键-值”数据项的组合，每个元素是一个键值对，表示为(key : value)。

Python 中的每一类组合数据类型都对应一个或多个具体的数据类型，如图 7-1 所示。

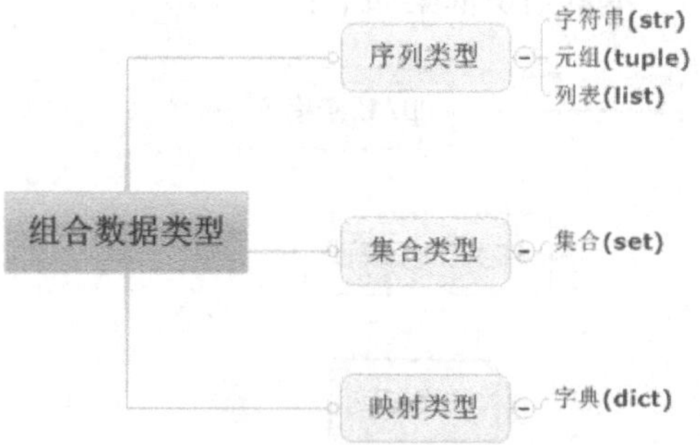

图 7-1 组合数据类型

由图 7-1 可知，序列类型主要分为字符串、元组和列表。字符串和元组属于不可变序列，而列表属于可变序列。

序列类型

7.2 序列类型

前面介绍的不论是整型还是浮点型，通常只是处理单个的元素对象，而实际开发过程中经常会用到将一系列对象并列放在一起形成一个集合来进行操作。

序列的基本思想和表示方法均源于数学概念。在数学中，经常给每个序列取一个名称，通过不同的下标来区分一个序列中的每个元素。序列描述了数据的一种逻辑结构，序列类型中包含字符串。字符串可以看成是单一字符的有序组合，可视为一种序列。同时，由于字符串类型十分常用且单一字符串只表达一个含义，因此，也被看作是基本数据类型。

根据序列中的元素是否允许被修改，序列可分为以下两类。

可变序列：序列中的元素支持在原位置被改变。

不可变序列：不允许在原位值改变某个元素或对象的值。

序列类型的元素之间存在先后顺序关系，元素可以通过序号（索引）的方式来进行访问。Python 中有两种序号体系：正向递增序号和反向递减序号（见图 7-2）。

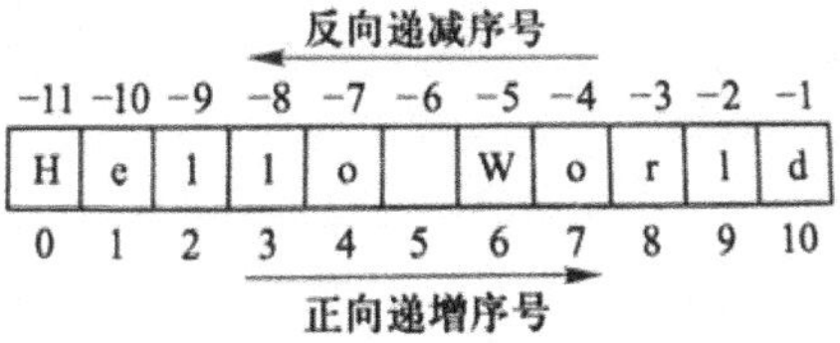

图 7-2 Python 中的序号体系

序列类型的通用操作包括判断元素是否在序列内、序列的连接、重复序列元素等，详细的操作符和函数如表 7-1 所示。

表 7-1 序列类型的通用操作符和函数

操作符或函数	描述
x in s	如果 x 是 s 的元素，则返回 True，否则返回 False
x not in s	如果 x 不是 s 的元素，则返回 True，否则返回 False
s1+s2	连接序列 s1 和 s2，"+"连接操作不改变两个操作对象 s1 和 s2 的值
s * n 或 n * s	重复序列 s 的元素 *n* 次形成一个新的序列，原序列 s 并没有改变
s[i]	通过下标索引的方式来获取序列元素 s[i]的值
s[i:j]	获取[*i*, *j*−1]范围的元素。s[:]获取所有元素；s[:j]获取[0, *j*−1]范围的元素；s[i:]获取从 i 开始的所有元素。注意获取序列元素的值时，下标不能越界
s[i:j:k]	按一定的步长来访问指定索引范围的元素，其中 i、j 分别是起始、终止位置，k 是步长
len(s)	获取序列长度，即序列中元素个数
min(s)	获取序列最小值，但要求序列 s 中的元素必须是可以比较大小的
max(s)	获取序列最大值，但要求序列 s 中的元素必须是可以比较大小的
s.index(x[,i[,j]])	返回元素 x 在序列 s 中[*i*, *j*−1]范围内第一次出现的下标索引值，如果 x 不在序列中，则出错
s.count(x)	统计元素 x 出现在序列 s 中的次数

在利用 Python 解决各种实际问题的过程中，经常会遇到从某个对象中抽取部分值的情况，切片操作可以解决该问题。对于切片操作 s[i:j]，获取的是序列 *s* 中从下标索引 *i* 开始到下标索引 *j*−1 的元素，不包括下标为 *j* 的元素。

s[:]获取序列所有元素，但通过切片操作 s[:]与直接通过 *s* 来得到序列所有元素的操作是不一样的，详见例 7-5 和例 7-6。

下面以字符串为例来简单说明表 7-1 所示的操作符或函数的具体使用方法。

【例 7-1】判定子串是否在主串中。

```
>>> s="book123student"
>>> "b" in s        #判断字符"b"是否在 s 串中
True
>>> "ok" in s       #判断字符串"ok"是否在 s 串中
True
>>> "bw" in s       #判断字符串"bw"是否在 s 串中
False
```

【例 7-2】字符串的连接操作、重复操作和切片操作。

假设这里有两个字符串 s1 和 s2，把这两个字符串通过"+"连接进行操作，结果显示这两个字符串首尾相连接。输出 s1 和 s2，它们的内容并没有发生改变。

```
>>> s1="Hello"
>>> s2="Python"
>>> s1+s2
'HelloPython'
>>> s1
'Hello'
>>> s2
'Python'
```

字符串的重复操作不改变原字符串的值。

```
>>> s1*2
'HelloHello'
>>> s1
'Hello'
```

接下来输出 s[2:7:2]。s[2:7:2]表示的是从索引 2 开始到索引 7，但是不包括索引 7（相当于是 2 到 6，指的是下标索引 2 到 6）；第三个数字 2 表示的是步长，取到下标 2、4、6 这 3 个位置上的字符，结果为“o13”。

```
>>> s="book123student"
>>> s[2:7:2]
'o13'
```

s[::-1]省略了两个冒号前的数字，表示从开始到结束；−1 为步长，步长是一个负数的时候，表示从后向前按步长的绝对值来取出元素，即将原来的字符串置逆。

```
>>> s[::-1]
'tneduts321koob'
```

下标索引也可以从后往前即从−1 开始，但当有两个下标索引时，最后一个下标对应的元素不包含在内。请看以下示例：

```
>>> s[-1]
't'
>>> s[-7:-3]
'stud'
>>> s[-7:-2:2]
'sue'
```

对于序列的切片操作 s[i:j:k]，步长 k 可以为正，也可以为负。k 为正表示从左到右切片，反之为从右到左切片，并且注意以下两点。

（1）k 为正，则从左到右切片。如果 $i>j$，则切片结果为空串。

（2）k 为负，则从右到左切片。如果 $i<j$，则切片结果为空串。

```
>>> s="book123student"
>>> s[7:2:2]
''
>>> s[-7:-2:-2]
''
```

切片操作 s[7:2:2]，由于步长 2 为正，i 为 7，j 为 2，满足 $i>j$，因此，切片的结果为空串。切片操作 s[-7:-2:-2]，由于步长−2 为负，i 为−7，j 为−2，满足 $i<j$，因此，切片的结果也为空串。请读者注意步长为负的情况。

实际上，切片操作 s[i:j:k]表示在区间[$i, j-1$]内按照步长 k 取出元素，当步长 k 为正时，此时区间的构成是从左到右的，如果 $i>j$，则说明从 i 到 $j-1$ 的区间不存在，自然取不到元素，因此，返回结果为空；当步长 k 为负时，区间的构成是从右到左的，如果 $i<j$，同样说明从 i 到 $j-1$ 的区间不存在，自然也取不到元素，因此，返回结果为空串。读者理解这一点很重要。

前面介绍的 range()函数也是一个序列类型，我们也可以通过下标索引的方式访问序列中的每个元素。

7.3 元组

元组

Python 中一个比较常用的数据结构称为元组，它是不可变序列。元组一旦创建就不能被修改，元组类型在表达固定数据项、函数的多个返回值、多变量同步赋值、循环遍历等情况下十分有用。

1. 元组的基本特性

元组具有以下特性。

（1）元组是包含任意对象的有序集合。

（2）通过下标索引访问元素。

（3）元组长度固定、元素类型可以不相同，元素还可以为其他序列，可任意嵌套。

2. 元组的声明

元组使用一个小括号将元素括起来，其中多个元素之间用逗号分隔。不包含任何元素的一个空括号表示空元组。

（1）空元组的声明

```
>>> tp=()             #空元组
>>> type(tp)          #测试 tp 的类型
<class 'tuple'>
>>> tp                #显示 tp 的值
()
```

（2）定义只含一个元素的元组

定义只含一个元素的元组时，必须在元素后加逗号“,”，以告诉系统定义的是元组。

```
>>> tp=(3, )
>>> tp
(3,)
```

⚠注意：以下形式得到的不是一个元组，而是整数。

```
>>> tp=(3)
>>> tp
3
```

```
>>> type(tp)
<class 'int'>
```

注意：定义只含一个元素的元组时，元素末尾的逗号“,”不能省略。

（3）定义元组时可以省略括号（不推荐）

```
>>> tp=1,2,3  #省略声明元组时的括号
>>> tp
(1, 2, 3)
>>> type(tp)
<class 'tuple'>
```

（4）定义元组的同时将其元素赋予相应的变量

```
>>> x,y=(3,4)
>>> x
3
>>> y
4
```

x 和 *y* 被赋值为由 3、4 构成的元组(3,4)，此时显示 *x* 和 *y* 的值分别得到 3 和 4。

赋值语句“x,y=(3,4)”的作用是首先定义一个元组(3,4)，然后将该元组的元素 3 和 4 分别赋予相应的变量 *x* 和 *y*。

3．元组转换函数 tuple()

第 3 章基本数据类型介绍了可以通过相应的转换函数来把特定的一个数据转换成指定的类型。因此，通过转换函数 tuple()可以将某个特定的可迭代序列转换为元组。假定由 range()函数生成了一个序列，这时我们可以通过 tuple()函数将其转换成一个元组。请看以下示例：

```
>>> tp=tuple(range(1,6))   #将序列转换为元组
>>> tp
(1, 2, 3, 4, 5)
```

range(1,6)函数产生的是一个可迭代序列，其值是 1,2,3,4,5，注意不包含值 6。

```
>>> tp=tuple("Python")      #将每个字符转换成元组中的元素
>>> tp
('P', 'y', 't', 'h', 'o', 'n')
```

4．元组常用操作

对元组元素的访问操作仍然是通过下标索引来进行访问，也支持切片操作。由于元组也是序列类型，因此，元组支持序列类型的通用操作，如判断元素是否在序列之内、连接序列、重复序列元素、通过下标索引获取元素、访问指定索引范围、按步长访问指定索引范围、获取序列长度、获取最小值、获取最大值、求和（对求和操作要求必须是数值型数据），所有这些有关序列的通用操作都可以应用到元组上。但是，元组是不可变类型，不能被修改。请看以下示例：

```
>>> tp=(1,2,(3,4,5))
>>> tp[0]=99
```

```
Traceback (most recent call last):
  File "<pyshell#26>", line 1, in <module>
    tp[0] = 99
TypeError: 'tuple' object does not support item assignment
```

定义一个元组之后，如果想把 99 赋予 tp[0]，相当于就是修改元组第一个位置上的元素，或者是修改元组下标为 0 的元素，将出现出错提示。

通过多级索引可获取数据。

```
>>> tp[2][0]
3
```

tp 为由 1、2 和元组(3,4,5)构成的元组，tp[2]可以获取元组(3,4,5)。由于 tp[2]为元组，因此 tp[2][0]将取到 tp[2]中的第一个元素 3。

元组常用于以下 3 种情况。

（1）用于函数返回多个值

```
>>> def func(x,y):
        return min(x,y),max(x,y)
>>> func(6,2)
(2, 6)
```

将 return 之后的表达式构成元组并返回。

（2）用于多变量同步赋值

```
>>> a, b=5, 10
>>> a, b=b, a
>>> print(a,b)
10 5
```

赋值操作“a, b=5, 10”中赋值号右边实际上是(5, 10)，这里省掉了括号，也就是说，定义的是一个元组，同时把这个元组的元素 5 和 10 分别赋予变量 *a* 和 *b*。第二个赋值语句可以进行类似的理解，所以最后达到了交换两个变量值的目的。

这里要正确理解语句“a, b=b, a”。Python 解释器实际上是把右边的两个变量当作一个元组(b,a)来进行赋值，具体来说就相当于执行了以下 3 步操作。

① temp=(b,a)：把元组(b, a)赋予一个中间变量 temp。

② a=temp[0]：把 temp 中第一个元素（即 b）的值取出来赋予变量 a。

③ b=temp[1]：把 temp 中第二个元素（即 a）的值取出来赋予变量 b。

（3）用于循环遍历

```
>>> for i in (1,2,3):
        print(i)

1
2
3
```

元组为序列，它可以使用 for-in 迭代处理，这里将元组放到 for-in 循环的 in 后面。

5．使用元组的好处

在实际开发过程中，如果确定不需要修改序列中的数据，使用元组比使用列表更为合适，它能够在一定程度上保证数据的安全。

元组比列表操作的速度更快。如果定义了一个值的常量集，并且唯一要进行的是不断遍历它，此时读者宜使用元组来代替列表。

利用元组存储数据可以对不需要修改的数据进行“写保护”，从而使代码更安全。

7.4 集合

集合类型与数学中集合的概念一致，即包含 0 个或多个数据项的无序组合。集合中的元素不可重复，集合中元素的类型只能是不可变数据类型，如整数、浮点数、字符串、元组等，而列表、字典和集合类型本身都是可变数据类型，所以它们不能作为集合的元素。

集合

界定一个数据类型是否可变主要是通过考察该类型数据是否能够进行散列运算。能够进行散列运算的类型认为是固定类型，其可以作为集合元素，否则认为是可变类型，不能作为集合元素。

1．散列运算

Python 提供了一个内置的散列运算函数 hash()，它可以对固定数据类型产生一个散列值（用整数表示其散列值）。整数、浮点数、字符串、元组等数据能够进行散列运算，称为是可散列的数据类型，但列表、字典和集合等类型的数据不能进行散列运算，称为是不可散列的数据类型。请看以下示例：

```
>>> hash("Python")
-1784054628617497504
>>> hash(34)
34
>>> hash((1,2,3))
2528502973977326415
```

输出由 1、2、3 所构成的列表的散列值，将产生一个 TypeError 异常。请看以下示例：

```
>>> hash([1,2,3])
Traceback (most recent call last):
File "<pyshell#0>", line 1, in <module>
  hash([1,2,3])
TypeError: unhashable type: 'list'
```

说明：每次启动 IDLE 调用 hash()函数，即使对同一个数据进行散列运算，其散列值也可能不同。

2．创建集合

（1）创建空集合

集合用大括号“{}”来表示，但空集合的创建只能利用 Python 中提供的内置函数 set()来完成，不能直接使用“{}”来实现，因为直接用“{}”得到的是空字典。请看以下示例：

```
>>> st=set()
>>> st
set()
```

```
>>> type(st)
<class 'set'>
```

第一个赋值语句右边的 set 是一个函数名称，表示调用内置 set()函数来得到一个空的集合；第 3 行输出的“set()”表示 st 为空集合；第 5 行输出的“<class 'set'>”表示变量 st 的类型为集合。

再看以下示例：

```
>>> st={}
>>> type(st)
<class 'dict'>
```

输出的“<class 'dict '>”表示变量 st 为字典。

（2）创建非空集合

对于一个由若干元素构成的非空集合，我们可以用“{}”将所有元素括起来，再将其赋予变量以创建集合。请看以下示例：

```
>>> st={123,"ok",(1,2,3)}
>>> st
{'ok', 123, (1, 2, 3)}
>>> type(st)
<class 'set'>
```

3．集合的作用

集合类型与其他序列类型最大的不同在于，它不包含重复元素。因此，当需要对一堆数据进行去重处理时，一般通过集合来完成。利用集合的这个特性，可以实现元素去重。

（1）使用赋值语句生成集合时去掉重复元素

例如，将 1、2、3、2、4、3、5 用“{}”括起来构成集合，赋予 st，输出 st 的结果，此时显示里面只含 1、2、3、4、5，相同的多余元素已经被去掉。

```
>>> st={1,2,3,2,4,3,5}
>>> st
{1, 2, 3, 4, 5}
```

（2）使用 set()函数生成集合时去掉重复元素

使用内置 set()函数可以生成一个集合。任何组合数据类型均可以作为该函数的参数，返回一个无重复且排序任意的集合。需要注意的是，集合中的元素没有先后顺序关系。请看以下示例：

```
>>> s1=set("apple")
>>> s1
{'a', 'p', 'l', 'e'}
>>> s2=set([1,3,2,4,2,3,5])
>>> s2
{1, 2, 3, 4, 5}
```

字符串“apple”传入 set()函数中，结果赋予 s1，显示 s1，结果为由字符'a' 'p' 'l' 'e'构成的集合。

将 1、3、2、4、2、3、5 构成的列表传入 set()函数中，结果赋予 s2，显示 s2，结果为 1、2、3、4、5 构成的集合，相同的多余元素已被去掉。

由于集合是无序的组合，它没有索引和位置的概念，因此，我们不能通过下标索引方式访问集合的元素；集合也不支持切片操作。

4．集合类型提供的操作符、函数或方法

集合类型提供的操作符、函数或方法如表 7-2 和表 7-3 所示。

表 7-2　集合类型的通用操作符

操作符	描述
S-T 或 S.difference(T)	返回一个新集合，它包括在集合 S 中但不在集合 T 中的元素
S -= T 或 S.difference_update(T)	更新集合 S，它包括在集合 S 中但不在集合 T 中的元素
S&T 或 S.intersection_update(T)	返回一个新集合，它包括同时在集合 S 和 T 中的元素
S &= T 或 S.intersection(T)	更新集合 S，它包括同时在集合 S 和 T 中的元素
S ^= T 或 S.symmetric_difference(T)	更新集合 S，它包括集合 S 和 T 中的元素，但不包括同时在其中的元素
S^T 或 S.symmetric_difference_update(T)	返回一个新集合，它包括集合 S 和 T 中的元素，但不包括同时在其中的元素
S|T 或 S.union(T)	返回一个新集合，它包括集合 S 和 T 中的所有元素
S |= T 或 S.update(T)	更新集合 S，它包括集合 S 和 T 中的所有元素
S <= T 或 S.issubset(T)	如果 S 与 T 相同或 S 是 T 的子集，返回 True，否则返回 False。我们可以用 S<T 判断 S 是否是 T 的真子集
S >= T 或 S.issuperset(T)	如果 S 与 T 相同或 S 是 T 的超集，返回 False，否则返回 True。我们可以用 S>T 判断 S 是否是 T 的真超集

注：如果 T 中的每个元素都在 S 中，且 S 中可能包含 T 中没有的元素，则称集合 S 为集合 T 的超集。

表 7-3　集合类型的操作符、函数或方法

操作符、函数或方法	描述
S.add(x)	如果元素 x 不在集合 S 中，将 x 增加到集合 S 中
S.clear()	移除 S 中的所有数据项
S.copy()	返回集合 S 的一个副本
S.pop()	随机返回集合 S 中的一个元素。如果 S 为空，产生 KeyError 异常
S.discard(x)	如果 x 在集合 S 中，移除该元素；如果 x 不在集合 S 中，不报错
S.remove(x)	如果 x 在集合 S 中，移除该元素；如果 x 不在集合 S 中，则产生 KeyError 异常
S.isdisjoint(T)	如果集合 S 与 T 没有相同元素，返回 True，否则返回 False
len(S)	返回集合 S 的元素个数
x in S	如果 x 是集合 S 的元素，返回 True，否则返回 False
x not in S	如果 x 不是集合 S 的元素，返回 False，否则返回 True

集合类型主要用于成员关系的测试、元素去重和删除数据项等 3 个场景。

列表的定义及特性

7.5 列表

列表是一种可变序列类型，也是 Python 中使用频率高、通用的数据类型。它没有长度限制，开发者可自由增删元素、修改元素，其使用起来相当灵活。

1．定义列表

列表使用一个方括号“[ ]”来定义，多个元素之间用英文逗号“,”分隔，其中的元素可以是同一种数据类型，也可以是不同的数据类型。如果一组数据在逻辑上有一定的关系，则最好将其用列表来表示。请看以下示例：

```
>>> scores=[80,90,88,90.3]        #定义一个列表来表示一名学生多门课程的成绩
>>> type(scores)                  #列表的类型是“list”
<class 'list'>
>>> print(scores)
[80, 90, 88, 90.3]
```

2．列表的特性

列表具有以下特性。

（1）可以包含任意类型对象的有序集合，如 x=[89, 90.3, 'tom']。

（2）可以通过下标索引来访问列表中的某个元素。下标索引可以从左边开始（从 0 开始计），也可以从右边开始（依次为−1、−2、……），如图 7-3 所示。

（3）列表长度可变（可任意增减），各元素类型可以不相同，还可以任意嵌套。可任意嵌套指的是列表的元素又可以是一个列表，也可以是其他组合类型数据。

（4）支持原位改变，如有 x=[89, 90.3, 'tom']，支持 x[0]=77 这样的操作。

图 7-3　序列类型的索引体系

请看以下示例：

```
>>> x=[188,90.3,'Tom',[56,89,89]]
>>> print(x)
[188, 90.3, 'Tom', [56, 89, 89]]
>>> x[0]=77
>>> x
[77, 90.3, 'Tom', [56, 89, 89]]
>>> x[3]   #元素 x[3]是一个列表
[56, 89, 89]
>>> x[3][0]
56
```

执行“x[0]=77”操作后再显示列表，发现下标为 0 元素的值已经被修改为 77。由于在列表 x 中，下标为 3 的元素 x[3]本身又是一个列表[56,89,89]，因此，如果希望获取列表[56,89,89]中的元素 56，此时可以通过多级索引 x[3][0]的方式来访问。

3．列表类型转换函数 list ()

使用类型转换函数 list()可以将某个特定的可迭代序列转换为列表。请看以下示例：

```
>>> ls=list(range(1,6))   #将该序列转换为列表
>>> ls
[1, 2, 3, 4, 5]
>>> lt=list("Python")
>>> lt
```

```
['p', 'y', 't', 'h', 'o', 'n']
>>> le=list()
>>> print(le)
[]
```

range(1,6)函数生成了[1,6]的整数序列，使用类型转换函数 list()将其转换成元素为整数的列表，使用类型转换函数 list()将字符串“Python”转换成元素为单个字符的列表。

列表基本操作 I　　列表基本操作 II

4. 列表基本操作

列表是可变序列类型。它除可以进行表 7-1 所示的通用操作外，还可以进行表 7-4 所示的操作。

表 7-4　列表基本操作

操作符、函数或方法	描述
ls[i]=x	原位修改。修改 ls 中指定下标索引 *i* 对应元素的值为 *x*
ls[i:j]=lt	用可迭代序列 lt 中的元素替换 ls 中[*i*, *j*−1]范围内的元素。lt 中元素个数可以多于，也可以少于 ls 中要被替换的元素个数，此时原列表的长度会发生变化
ls[i:j:k]=lt	将从下标 *i* 开始、步长为 *k* 且在范围[*i*, *j*−1]中的元素用可迭代序列 lt 中的元素替换。注意，这里要求 lt 的大小和 ls 中被置换的元素个数要保持一致。ls[i:j]=lt 和 ls[i:j:k]=lt 的操作是有差异的
del ls[i]	删除列表 ls 中指定的元素
del ls[i:j]	删除列表 ls 中[*i*, *j*−1]范围内的元素，等同于 ls[i:j]=[ ]
del ls[i:j:k]	按步长 *k* 来删除列表 ls 中[*i*, *j*−1]范围内的元素
ls += lt 或 ls.extend(lt)	将可迭代序列 lt 中的元素逐个追加到列表 ls 的末尾处
ls *= n	更新列表 ls，将列表 ls 中的元素重复 *n* 次
ls.remove(x)	移除列表中指定的元素。当列表中有多个值相同的元素时，remove()方法删除的是值相同的第一个元素。我们必须指明要移除的元素，该方法返回的值为“None”
ls.clear()	清空列表，即删除列表中所有的元素。实施该操作后，列表 ls 为空，等同于 ls=[]
ls.append(x)	在列表 ls 末尾追加一个元素 *x*（*x* 作为一个对象进行追加）。一次只能追加一个元素，哪怕 *x* 是一个列表，也只能作为一个整体进行追加
ls.insert(i, x)	在指定下标位置插入元素 *x*
ls.pop([i])	检索并删除特定元素，pop 操作会弹出一个值并删除该值。省略 i，返回并删除最后一个元素值
ls.reverse()	反转序列。反转操作修改序列 ls，该操作返回的值为“None”
ls.copy()	复制序列。复制序列将产生一个真实的复制
ls.sort(reverse=False)	排序操作。该方法返回的值为“None”。默认按照从小到大对 ls 中的元素进行排序，设置 reverse=True 进行降序排列。注意元素必须是可比较大小的
sorted(ls)	全局排序函数。默认返回升序序列，该函数不改变原序列 ls

列表是可迭代序列，可以直接用 for-in 循环输出列表中的元素。请看以下示例：

```
>>> ls=[1,2,3,4,5]
>>> for i in ls:
        print(i,end=" ")
1 2 3 4 5
```

列表长度可变，可以增删元素，但不建议在遍历列表时删除其中的元素，因为可能会产生不期望的结果。请看以下示例：

```
>>> ls=[1,2,3,4,5]
>>> for x in ls:
        ls.remove(x)
>>> print(ls)
[2, 4]
```

for-in 循环的执行流程是循环变量 *x* 依次获得列表 ls 中的元素，带入循环体进行移除操作。因为对列表的访问操作是根据其下标索引来获得值，所以在第一次循环获取列表中元素时，其索引为 0，得到的值为 1，执行循环体的移除操作，即将值 1 从列表 ls 中移除，移除元素值 1 之后，列表 ls 变成[2,3,4,5]。第二次循环时，索引为 1，因此，从列表 ls 中获取的元素值为 3，执行循环体的移除操作后，列表 ls 变成[2,4,5]。第三次循环时，索引为 2，因此，从列表 ls 中获取的元素值为 5，执行循环体的移除操作后，列表 ls 变成[2,4]。第四次循环时，索引为 3，超出了当前列表 ls 的下标范围，结束循环。因此，上述代码执行后的结果为[2,4]。

上述代码的输出结果表明，如果在遍历列表的过程中删除了列表元素，此时会导致遍历次数的减少。此外，操作过程也不是像我们直观理解的那样，每遍历一次执行一次移除操作，最后列表为空，实际上最终列表是不为空的。请读者注意尽量避免这类操作。

下面以实例分析使用表 7-4 所示的操作容易出错的情况，读者请加以注意。

【例 7-3】替换列表的前 3 个元素为 100。

```
>>> s=[1,2,3,4,5,6,7,8,9,10]
>>> s[:3]=[100,100,100]
>>> print(s)
[100, 100, 100, 4, 5, 6, 7, 8, 9, 10]
```

以上第 2 行代码实现了将列表 s 前 3 个元素替换为 100，但注意不能使用“s[:3]=100”完成替换。请看以下示例：

```
>>> s=[1,2,3,4,5,6,7,8,9,10]
>>> s[:3]=100
Traceback (most recent call last):
  File "<pyshell#110>", line 1, in <module>
    s[:3] = 100
TypeError: can only assign an iterable
```

“s[:3]=100”出错原因是操作有歧义，即究竟是希望把前 3 个元素值删除后插入 100，还是把前 3 个数每个都替换成 100，不确定。因此，Python 拒绝这样的操作。

【例 7-4】替换列表中下标为偶数的元素值为 99。

```
>>> s=[1,2,3,4,5,6,7,8,9,10]
>>> s[::2]=[99,99,99,99,99]
>>> print(s)
[99, 2, 99, 4, 99, 6, 99, 8, 99, 10]
```

以上代码实现用列表[99,99,99,99,99]去替换 s 中下标为偶数的元素，替换时需保证被替换的元素个数和用于替换的列表元素个数相同，因此，以下替换操作是错误的。

```
>>> s=[1,2,3,4,5,6,7,8,9,10]
>>> s[::2]=[99]
Traceback (most recent call last):
  File "<pyshell#113>", line 1, in <module>
    s[::2] = [99]
ValueError: attempt to assign sequence of size 1 to extended slice of size 5
```

替换列表中元素时，要求赋值语句的右边必须是可迭代序列，因此，以下这样的操作也是不被允许的。

```
>>> s=[1,2,3,4,5,6,7,8,9,10]
>>> s[::2]=99
Traceback (most recent call last):
  File "<pyshell#36>", line 1, in <module>
    s[::2] = 99
TypeError: must assign iterable to extended slice
```

由于 99 是一个整数，不是一个可迭代序列，因此，产生异常。

⚠ **注意：**"s[i:j:k]=lt"，当步长 *k* 为 1 时，对序列 lt 的大小没有限制；当步长 *k* 不为 1 时，必须保证 lt 的元素个数和 s[i:j:k]的元素个数一致。

将一个列表赋予另一个列表，不会产生新的列表对象。

【例 7-5】将一个列表赋予另一个列表并修改新列表的值。

```
s_old=[0,1,2,3,4,5,6,7,8,9,10]
s_new=s_old
s_new[0]=99
print("s_new的值为：",s_new)
print("s_old的值为：",s_old)
```

程序运行结果如下：

```
s_new 的值为：[99, 1, 2, 3, 4, 5, 6, 7, 8, 9, 10]
s_old 的值为：[99, 1, 2, 3, 4, 5, 6, 7, 8, 9, 10]
```

以上第 2 行代码将列表 s_old 赋予变量 s_new；第 3 行代码修改 s_new 中下标为 0 的元素值为 99。观察 s_old 的输出值，发现下标为 0 的元素值也被修改为 99 了。

当把列表 s_old 赋予一个新的变量 s_new 之后，改变 s_new 中元素的值，发现原列表 s_old 中对应位置上的值也发生了改变，说明 s_old 和 s_new 指向同一个对象（读者可利用 id()函数或者操作符 is 检测 s_old 和 s_new 是否指向同一个对象）。避免它们指向同一对象的方法有以下两种。

（1）s_new=s_old[:]。

（2）s_new=s_old.copy()。

第一种方法是利用切片操作取出列表中所有元素赋予新的变量。

【例 7-6】利用切片操作取出列表中所有元素进行赋值操作。

```
s_old=[0,1,2,3,4,5,6,7,8,9,10]
s_new=s_old[:]
s_new[0]=99
print("s_new的值为：",s_new)
print("s_old的值为：",s_old)
s_new 的值为：[99, 1, 2, 3, 4, 5, 6, 7, 8, 9, 10]
s_old 的值为：[0, 1, 2, 3, 4, 5, 6, 7, 8, 9, 10]
```

"s_new=s_old[:]"虽然使得 s_new 和 s_old 的值相同，但它们并没有指向同一个对象，因此，改变一个列表中某个元素的值时，另一个列表中对应位置上的元素值不会被改变。

第二种方法是利用列表的 copy()方法将列表的所有元素赋予新的变量。

【例 7-7】利用列表的 copy()方法复制列表元素。

```
s_old=[0,1,2,3,4,5,6,7,8,9,10]
s_new=s_old.copy()
s_new[-1]=900
print("s_new 的值为：",s_new)
print("s_old 的值为：",s_old)
```

```
s_new 的值为: [0, 1, 2, 3, 4, 5, 6, 7, 8, 9, 900]
s_old 的值为: [0, 1, 2, 3, 4, 5, 6, 7, 8, 9, 10]
```

对列表中的元素进行排序操作时，要求列表中的元素类型必须相同且是可比较大小的。若列表中元素类型不一致，则排序产生错误。请看以下示例：

```
ls=[1,3,'gh','66',8,9]
>>> ls.sort()      #必须是相同类型的数据才能进行排序
Traceback (most recent call last):
  File "<pyshell#7>", line 1, in <module>
    ls.sort()
TypeError: '<' not supported between instances of 'str' and 'int'
>>> sorted(ls)     #要求序列中的元素具有相同的数据类型才能排序
Traceback (most recent call last):
  File "<pyshell#7>", line 1, in <module>
    sorted(ls)
TypeError: '<' not supported between instances of 'str' and 'int'
```

若一个列表含有数值、字符串等混合类型，则不能进行排序操作。

sort()为列表方法，sorted()为全局函数，它们使用的方式不同，其返回的结果也不同。请看以下示例：

【例 7-8】列表方法 sort()和全局函数 sorted()的对比。

```
s=[11,3,18,6,9]
print("执行 s.sort()前 s 的值为：",s)
print("s.sort()的输出值为：",s.sort())
print("执行 s.sort()后 s 的值为：",s)
print()
t=[11,3,18,6,9]
print("执行 sorted(t)前 t 的值为：",t)
print("sorted(t)的输出值为：",sorted(t))
print("执行 sorted(t)前 t 的值为：",t)
```

程序运行结果如下：

```
执行 s.sort()前 s 的值为：  [11, 3, 18, 6, 9]
s.sort()的输出值为：  None
执行 s.sort()后 s 的值为：  [3, 6, 9, 11, 18]

执行 sorted(t)前 t 的值为：  [11, 3, 18, 6, 9]
sorted(t)的输出值为：  [3, 6, 9, 11, 18]
执行 sorted(t)前 t 的值为：  [11, 3, 18, 6, 9]
```

列表方法 sort()的返回值为“None”，但它改变了列表的值；全局函数 sorted()返回的是排序后的列表，但并不改变原列表的值。

将 sort()和 sorted()配合 lambda()函数可实现更灵活的排序操作。请看以下示例：

【例 7-9】配合 lambda()函数对列表进行排序。

```
people=['Mike','Tom','Peter','John','Jerry']
p=sorted(people, key=lambda n:n[1])       #按第二个字母进行排序
print("p 的值为: ",p)
people.sort(key=lambda x:x[0])            #按第一个字母进行排序
print("people 的值为: ",people)
```

程序运行结果如下：

```
p 的值为:    ['Peter', 'Jerry', 'Mike', 'Tom', 'John']
people 的值为:    ['John', 'Jerry', 'Mike', 'Peter', 'Tom']
```

以上第 2 行代码实现按字符串中第二个字母进行排序，排序操作未改变原列表 people 的值；第 4 行代码实现按字符串第一个字母排序，这次排序改变了列表 people 的值。

第 2 章介绍的序列赋值，赋值号“=”右边的多个表达式实际上是一个元组，将其赋予左边的变量时相当于是进行序列解包，通常要求左边的变量数量和右边的值解包后的数量保持一致。请看以下示例：

```
>>> a,b=3,4
>>> print(a,b)
3 4
>>> s1,s2,s3,s4="重庆师大"
>>> s1
'重'
>>> s2
'庆'
>>> s3
'师'
>>> s4
'大'
```

但如果赋值号左边的变量数量和右边的值解包后的数量不一致，此时会出现错误提示。请看以下示例：

```
>>> s1,s2,s3,s4="重庆师范大学"
Traceback (most recent call last):
  File "<pyshell#13>", line 1, in <module>
    s1,s2,s3,s4 = "重庆师范大学"
ValueError: too many values to unpack (expected 4)
```

此时可以通过扩展的序列解包来解决该问题。请看以下示例：

```
>>> s1,*s2="重庆师范大学"
>>> s1
'重'
>>> s2
['庆', '师', '范', '大', '学']
```

将右边字符串“重庆师范大学”的第一个字符“重”赋予左边的变量 s1，其余字符构成的子串“庆师范大学”解包后得到的每个字符再作为一个整体以列表形式赋予变量 s2。

再看以下示例：

```
>>> a,*b=1,2,3,4
>>> a
```

```
1
>>> b
[2, 3, 4]
>>> s1,*s2,s3="重庆师范大学"
>>> s1
'重'
>>> s2
['庆', '师', '范', '大']
>>> s3
'学'
```

与序列解包对应的是打包序列，第 6 章介绍的可变参数就属于打包序列。

7.6 内置字符串方法

字符串使用频率高，Python 中既把它看成是基本数据类型，也把它看成序列类型中的不可变序列。第 2 章介绍了字符串的定义方式以及字符串的格式化方法 format()，这里介绍它更多的内置方法。字符串序列属于序列中的不可变序列，所以它不支持类似列表的可变操作，但支持序列的通用操作。

序列的通用操作有连接序列（+）、成员关系的测试（in、not in）、重复序列元素（*）、索引序列（s[i]）以及切片操作（s[i:j]、s[i:j:k]），这些操作都可以用在字符串上。

连接字符串，实质为用加号来拼接字符串，相加的前提是两者都必须是字符串序列。请看以下示例：

```
>>> s1='Hello '
>>> s2='Python!'
>>> s=s1+s2
print(s)
Hello Python!
```

测试成员关系的运算符有 in 和 not in，测试结果为 True 或 False。请看以下示例：

```
>>> 'Hello' in s
True
>>> 'Python' in s
False
```

针对字符串 s 的重复运算、索引以及切片操作，请读者自行上机测试。

字符串虽然支持序列的通用操作，但因其具备不可变的特性，所以它是不支持原位改变，也不支持扩展操作的。请看以下示例：

```
>>> s='yython'
>>> s[0]='P'
Traceback (most recent call last):
  File "<pyshell#10>", line 1, in <module>
    s[0] = 'P'
TypeError: 'str' object does not support item assignment
```

原本我们希望将字符串 s 的第一个字符“y”替换成“P”，但字符串是不可变序列，所以不支持原位改变。报错信息也表明字符串不支持这样的操作。但我们可以通过一种变通的方式来达成目标，即通过字符串的切片操作和连接操作来得到想要的结果。请看代码：

```
>>> s='yython'
>>> s="P"+s[1:]
>>> s
'Python'
```

内置字符串方法 I

有关字符串除了第 2 章介绍的 format()方法外，Python 解释器还提供了与字符串相关的很多函数或方法。表 7-5 列出了字符串的部分常用函数。

表 7-5　字符串的部分常用函数

函数	描述
len(s)	求长度。返回字符串中字符个数，1 个英文字符和 1 个中文汉字都计数为 1
str(x)	类型转换函数。返回任意类型 *x* 对应的字符串形式
hex(x)	进制转换函数。返回整数 *x* 所对应十六进制数的小写形式字符串
oct(x)	返回整数 *x* 所对应八进制数的小写形式字符串
chr(n)	返回 Unicode 编码 *n* 对应的单字符
ord(ch)	返回单字符 ch 表示的 Unicode 编码。英文字符的 Unicode 编码就是其 ASCII 编码

通过进制转换函数 hex()可以将任意十进制的正整数、负整数转换为所对应十六进制数的小写形式字符串。

```
>>> hex(255)
'0xff'
>>> hex(-255)
'-0xff'
```

函数 chr()和 ord()用于单个字符与 Unicode 编码之间进行转换。chr(x)函数用来返回 Unicode 编码 *x* 对应的单个字符，ord(ch)函数用来获取字符 ch 的 Unicode 编码。此外，通过 chr()函数还可以得到一些外形有趣的字符。

【例 7-10】使用 chr()函数打印输出 26 个英文小写字母。

分析：要使用 chr()函数，我们需要知道 26 个英文小写字母对应的 Unicode 编码，英文字符的 Unicode 编码就是其 ASCII 编码。由于 26 个英文字母（a～z）对应的 Unicode 编码是从 97 开始，直到 122 的连续整数，因此，我们可以通过 chr()函数并结合使用 for-in 循环遍历输出 26 个英文小写字母。程序代码如下：

```
for i in range(26):
    print(chr(i+97), end=' ')
```

程序运行后的结果如下：

```
a b c d e f g h i j k l m n o p q r s t u v w x y z
```

通过设置 print()函数的参数 end=' '，26 个字母会以空格形式间隔输出在一行上。

【例 7-11】输出 Unicode 编码从 9801 开始的 10 个字符。

分析：本实例只需输出 10 个字符，所以我们将上述代码中的 range()函数的参数 26 改为 10；由于输出的第一个字符的 Unicode 编码为 9801，因此，上述代码中的 97 需要改为 9801。程序代码如下：

```
for i in range(10):
    print(chr(i+9801), end=' ')
```

程序运行后的结果如下：

♉♊♋♌♍♎♏♐♑♒

【例 7-12】输出 Unicode 编码从 10004 开始的 10 个字符。

```
for i in range(10):
    print(chr(i+10004), end=' ')
```

程序运行后的结果如下：

✔✕✖✗✘✙✚✛✜✝

读者可以进行更多尝试，以便得到自己感兴趣的字符。

ord()函数和 chr()函数实际上是一对互逆的函数，如果使用 ord()函数将例 7-12 中每个字符对应的 Unicode 编码输出来，得到的 Unicode 编码为 10004 ~ 10013。

```
ls=['✔','✕','✖','✗','✘','✙','✚','✛','✜','✝']
for i in ls:
    print(ord(i),end=' ')
```

程序运行后的结果如下：

10004 10005 10006 10007 10008 10009 10010 10011 10012 10013

字符串属于不可变序列，不支持删除、修改等操作。但在处理实际问题时，我们经常会碰到需要反复修改字符串中字符的情况。由于字符串的使用频率非常高，因此，字符串的很多操作都已经被封装好了，以供开发者直接调用来实现一些多元化的操作。

内置字符串方法Ⅱ

表 7-6 列出了字符串常用的内置方法。

表 7-6 字符串常用的内置方法

方法	描述
s.upper()	将字符串 s 中所有字母都转换成大写字母
s.lower()	将字符串 s 中所有字母都转换成小写字母
s.capitalize()	将字符串 s 中首字母转换为大写字母，其余字母均转换为小写
s.swapcase()	将字符串 s 中的大小写字母进行互换
s.replace(oldch,newch[,n])	字符串替换操作。用新字符 newch 替换掉字符串 s 中 *n* 个旧字符 oldch，如果省略参数 *n*，则替换掉所有的旧字符 oldch
s.split(sep=None, maxsplit=-1)	返回一个列表。按照指定的分隔符 sep 将 s 分割成多个子字符串作为列表中的元素返回，参数 maxsplit 指定分割的次数，省略该参数或将其设置为-1 时不限制分割的次数
ch. join(iterable)	返回一个新的字符串。将由字符串作为元素构成的可迭代序列的每个元素通过连接符 ch 进行连接，形成一个新的字符串返回。“ch” 也可以是字符串，但参数 iterable 中的元素一定要是字符串。s.split()和 ch.join()是一对互逆的方法
s.center(width[, fillchar])	返回一个新字符串。新字符串由原字符串 s 居中，使用填充字符 fillchar 填充至长度 width
s.count(sub[,start[,end]])	若 sub 是 s 的子字符串，则返回子字符串 sub 在主字符串 s 的[start,end)范围内出现的次数，否则返回值 0
s.find(sub[,start [,end]])	在主字符串 s 的[start,end)范围内检查是否包含子字符串 sub。如果包含子字符串 sub，则返回子字符串第一个字符在主字符串 s 中的索引值，否则返回-1。如果子字符串 sub 在主字符串中出现多次，则返回的是第一次匹配的子字符串的位置值
s.index(sub[,start [,end]])	返回子字符串 sub 在主字符串 s 中的位置值，返回的是子字符串第一个字符在主字符串中的索引值。如果 sub 不在字符串 s 中会报一个异常
s.isalnum()	如果字符串 s 中所有字符都是字母或数字字符，则返回 True，否则返回 False；空字符串 s 也返回 False

续表

方法	描述
s.isalpha()	如果字符串 s 中所有字符都是字母字符，则返回 True，否则返回 False；空字符串 s 也返回 False
s.isdecimal()	如果字符串 s 中只包含十进制数字字符则返回 True，否则返回 False；空字符串 s 也返回 False
s.isdigit()	如果字符串 s 中只包含数字字符，则返回 True，否则返回 False；空字符串 s 也返回 False
s.islower()	如果字符串 s 中所有字母都是小写，则返回 True，否则返 False；空字符串 s 也返回 False
s.isnumeric()	如果字符串 s 所有字符都是数字字符，则返回 True，否则返回 False；空字符串 s 也返回 False
s.isspace()	如果字符串 s 中所有字符都是空格，则返回 True，否则返回 False；空字符串 s 也返回 False
s.istitle()	如果字符串 s 中所有的单词拼写首字母为大写，且其他字母为小写，则返回 True，否则返回 False；空字符串 s 也返回 False
s.isupper()	如果字符串 s 中所有字母都是大写，则返回 True，否则返回 False；空字符串 s 也返回 False
s.rfind(sub[,start [,end]])	在主字符串 s 的[start,end)范围内检查是否包含子字符串 sub。如果包含子字符串 sub，则返回的是最后一次匹配的子字符串的位置值，否则返回-1
s.rindex(sub[,start [,end]])	返回子字符串 sub 在字符串中最后出现的位置。如果没有匹配的子字符串会报异常
s.strip([chars])	返回删除字符串头尾指定的字符或字符序列后的字符串，默认删除的字符为空格或换行符，注意中间部分的相同字符不会被删除

下面以实例分析字符串中最常用的 3 个方法——replace()、split()和 join()的使用情况。其余方法的使用，读者可以自行测试理解。

【例 7-13】假设 s='www.cqnx.edx.cn'，要求使用 replace——方法将 s 字符串中所有的字符'x'用字符'u'来代替。

```
>>> s='www.cqnx.edx.cn'
>>> new_s=s.replace('x','u')
>>> new_s

'www.cqnu.edu.cn'
>>> s
'www.cqnx.edx.cn'
```

输出结果表明，虽然是将字符串 s 中的“x”已替换为“u”，但字符串 s 并未改变（原因是字符串是不可变序列，它是不能改变的）。我们可以通过把改变后的字符串重新赋予字符串变量 s 来达成改变 s 的目的，即让 s 重新指向一个新的对象。

```
>>> s='www.cqnx.edx.cn'
>>> s=s.replace('x','u')
>>> s
'www.cqnu.edu.cn'
```

【例 7-14】将给定字符串按照指定字符拆分成若干子字符串。

```
>>> s='Hello Python String'
>>> ls=s.split()  #以空格为分隔符拆分字符串 s
>>> ls
['Hello', 'Python', 'String']
>>> s
'Hello Python String'
```

```
>>> lp=s.split('o')
>>> lp
['Hell', ' Pyth', 'n String']
>>> s.split('o',maxsplit=-1)
['Hell', ' Pyth', 'n String']
>>> s.split('o',maxsplit=1)
['Hell', ' Python String']
>>> s.split('Python',maxsplit=2)
['Hello ', ' String']
>>> s.split('Python')
['Hello Python String']
```

第 5 行和第 7 行代码的输出结果表明，省略 maxsplit 参数和设置 maxsplit= –1 都是不限制拆分次数。倒数第 3 行代码的输出结果表明，如果设置参数 maxsplit 的值，则只进行指定次数的分割。倒数第 2 行代码将“Python”作为分隔符，设置最大分隔次数为 2，因为字符串中只有一个子字符串“Python”，所以分割一次，得到两个子字符串。最后一行代码将“Python”作为分隔符，注意第一个字符是小写的“p”，因为找不到设置的分割字符串，即设置的分割字符串不是待拆分字符串 s 的子字符串时，不进行拆分，所以返回的列表大小为 1，列表元素是原字符串 s。

【例 7-15】将给定元组或列表通过连接符连接成一个长字符串。

```
>>> tp=('10','0','251','18')    #元组的元素是字符串，它们可以进行拼接
>>> stp='.'.join(tp)
>>> stp
'10.0.251.18'
>>> ls=['1', '2', '3', '4']
>>> sls='+'.join(ls)
>>> sls
'1+2+3+4'
>>> print("{}={}".format(sls,eval(sls)))
1+2+3+4 = 10
```

最后一行代码利用字符串的格式化方法 format()将字符串变量 sls 的值按照指定格式输出，eval()函数的作用是将字符串 sls 当成有效表达式求值并返回计算结果。这里也可以理解为是将字符串的界定符去掉后计算其值，所以最终将字符串“1+2+3+4”去掉界定符后的表达式 1+2+3+4 求值，并将返回的计算结果输出到第二个槽。

说明：要求传入 join()方法的可迭代序列中的元素必须是字符类型数据，否则会产生异常，异常类型为“TypeError”。请看以下示例：

```
>>> tp=(1,2,3)    #元组的元素是整数，它们不能进行拼接
>>> '*'.join(tp)
Traceback (most recent call last):
  File "<pyshell#16>", line 1, in <module>
    '*'.join(tp)
TypeError: sequence item 0: expected str instance, int found
```

其实传入 join()方法的参数只要是元素为字符类型的可迭代序列即可。请看以下示例：

【例 7-16】将生成器中的元素拼接成字符串。

```
>>> ls=["www","baidu","com"]
>>> gen=(ch for ch in ls)
```

```
>>> s=".".join(gen)
>>> s
'www.baidu.com'
```

第 2 行代码得到由列表 ls 中的元素构成的生成器（生成器将在 7.9 节介绍），第 3 行代码调用 join()方法将生成器中的元素通过字符“.”拼接成一个长字符串，得到结果“www.baidu.com”。

说明：用于拼接的字符可以是任何合法的字符（包括字符串）。请看以下示例：

```
>>> ls=["1","2","3"]
>>> "!%*^".join(ls)
'1!%*^2!%*^3'
```

字典的定义及特性

7.7 字典

列表用于存储有序序列，它通过下标索引来访问序列中的元素。然而，很多应用程序需要更为灵活的数据访问方式，例如根据姓名获取电话号码、根据用户名获取密码、由国家名称获取首都名等。在编程术语中，这种通过一个信息获取与之对应的相关信息的数据访问方式称为“键值对”。它表示作为索引的键和对应的值构成的成对关系，“键值对”在 Python 中使用字典表示。

1．字典的定义

字典用一个大括号“{}”来定义，其中的每个元素是一个“键值对”，键和值之间用英文冒号“:”分隔，多个元素之间用英文逗号“,”分隔。例如，字典{'张倩':13526984571, '李丽':15867942356, '王韬':17785423691}存储了姓名和电话号码的信息。

2．字典特性

（1）字典是通过键访问对应的值。
（2）字典是“键值对”的无序集合。
（3）字典长度可变。

3．创建字典

（1）创建空字典

```
>>> d={}
>>> d
{}
>>> type(d)
<class 'dict'>
```

（2）创建包含若干元素的字典

```
>>> dt={'张倩':13526984571, '李丽':15867942356, '王韬':17785423691}
```

使用列表可以存储一系列的信息，例如学生的姓名、学号、年龄和籍贯等，但是其他程序员可能不知道列表中各元素的含义，因此，用列表存储这类带标签的信息并不恰当。

如果能将数据标签及对应的值一并存储则便于对数据的理解和操作，字典就非常适合存储这类带标签的数据。请看以下示例：

```
>>> std={"姓名":"张丽","学号":"20150516021","年龄":19,"籍贯":"重庆"}
>>> type(std)
<class 'dict'>
>>> std
{'姓名': '张丽', '学号': '20150516021', '年龄': 19, '籍贯': '重庆'}
```

创建字典时，“键”必须是不可变类型的数据（即字典的键是可散列的），如字符串、整型数值、浮点型数值或元组可以作为“键”。编程时，“键”一般是具有实际意义的能够代表数据对象的关键信息。开发时不能用列表作为“键”，因为它是不可散列的数据类型。请看以下示例：

```
>>> dct={"教室":"12301", 100:"宏德楼"} #为整数也是可以的，但一般要有实际含义
>>> dct
dct = {"教室":"12301", 100:"宏德楼"}
>>> dct3={"name":"Tom", ["num",3]:"20150516021"}  #字典的键不能是列表
Traceback (most recent call last):
  File "<pyshell#45>", line 1, in <module>
    dct3 = {"name":"Tom", ["num",3]:"20150516021"}
TypeError: unhashable type: 'list'
```

从语法上来说，虽然整数、小数、元组只要是不可变类型数据都是可以作为键的，但实际开发的时候，键是有实际意义的，其代表具体要存储的信息。

（3）使用类型转换函数 dict()创建字典

使用类型转换函数 int()、float()、str()、list()、tuple()能将其他类型数据转换成指定类型。同样地，使用 dict()函数也能将其他类型数据转换为字典，但要注意函数调用的语法格式。

dict()函数调用格式如下：

```
dict(key=value)
```

该函数参数按关键字参数进行传递，即以“参数名=值”的形式传参，多个参数之间用英文逗号“,”分隔。请看以下示例：

```
>>> book=dict(title="Python 程序设计基础", author="以梦为码", price=59.9)
>>> book
{'title': 'Python 程序设计基础', 'author': '以梦为码', 'price': 59.9}
```

使用 dict()函数创建字典时只能使用字符串作为“键”，并且传参时作为“键”的字符串不能加引号（因为是参数名），但输出时“键”是加引号的。使用这种方式创建字典时，不能用整数、浮点数和元组作为“键”。请看以下示例：

```
>>> book=dict(100="Python 程序设计基础")
SyntaxError: keyword can't be an expression
```

以上报错信息表明，当使用 dict()函数创建字典时，不能用整数作为“键”；类似地，也不能使用浮点数和元组作为“键”（请读者自行测试）。出错原因是要求传入的是关键字参数，参数也是变量，变量必须遵循标识符的命名规则，而 100 显然不是合法的变量名。

dict()函数还可以将元素为二元组的列表或元组转换成字典，其调用格式如下：

```
dict([(key,value),(key,value)])
```

将由元组构成的列表、由列表构成的列表、由列表构成的元组和由元组构成的元组转换为字典。请看以下示例：

```
>>> x=dict([("name", "Tom"), ("age", 20)])        #列表中的每个元素是一个元组
>>> x
{'name': 'Tom', 'age': 20}
>>> y=dict([["name", "Tom"], ["age", 20]])
>>> y
{'name': 'Tom', 'age': 20}
>>> w=dict((["name", "Tom"], ["age", 20]))        #元组中的每个元素是一个列表
>>> w
{'name': 'Tom', 'age': 20}
>>> s=dict((("name", "Tom"), ("age", 20)))
>>> s
{'name': 'Tom', 'age': 20}
```

说明：使用 dict([(key,value),(key,value)])形式创建字典时，整数、浮点数和元组可以作为“键”，且键应有实际意义。请看以下示例：

```
>>> v=dict(([(1,2), "Tom"], [200, 20]))
>>> v
{(1, 2): 'Tom', 200: 20}
```

这里的元组(1,2)和整数 200 可以作为键，但这种不能表明存储信息实际含义的键尽量不要使用。我们不要单纯从语法方面去学习和了解一个知识点，而要侧重用所学知识解决实际问题。

（4）使用字典方法 fromkeys()创建字典

如果字典的键已经存储在一个列表中，则开发者可以使用字典的 fromkeys()方法创建字典，此时，生成字典中的每个键对应的值均为“None”。请看以下示例：

```
>>> keys=['name', 'age', 'job']     #此处是一个列表，如果是元组、字符串和集合也可以
>>> emp=dict.fromkeys(keys)         #调用字典的 fromkeys(keys)方法来声明一个字典
>>> emp
{'name': None, 'age': None, 'job': None}
```

第 1 行代码定义了由 3 个字符串构成的列表；第 2 行代码是调用字典的 fromkeys(keys)方法来创建字典，注意“dict.fromkeys(keys)”中点前面的是保留字“dict”；最后显示的字典表明每个键对应的值均为“None”。

实际编程时，开发者可根据实际情况灵活选择创建字典的方式。但在实际开发过程中，创建字典的两种常用方法是使用大括号声明键值对且用冒号隔开的形式（{key:value}）和使用 dict()函数的形式（dict(key=value)）。后一种为关键字传参（按名称传参），代码的可读性强。

字典元素的访问

4．字典元素的访问

字典是一个无序的结构，字典中的元素是通过键来存取的，对字典元素的修改、增加

或者删除都是通过键来完成的。可见，字典的键是非常关键的。程序需要通过键来访问对应的值，所以字典中的键不允许重复。上述通过 fromkeys()方法创建字典的过程实际上也能达到将列表中重复的多余元素去掉的目的。假设定义了字典 dt，字典元素的访问操作如表 7-7 所示。

表 7-7　字典元素的访问操作

操作符或函数	描述
dt[k]	访问，返回字典的键 k 对应的值；如果键不存在，则产生 KeyError 异常
dt[k]=new_v	修改字典的键 k 对应的值为 new_v；如果键不存在，则增加一个键值对<k: new_v>
del dt[k]	删除键值对<k:dt[k]>；如果键不存在，则产生 KeyError 异常
del dt	删除字典。字典 dt 删除之后，若再次输出字典元素会产生 NameError 异常
len(dt)	求字典中元素个数。注意是键值对个数
k in dt	如果键 k 在字典 dt 中，则返回 True，否则返回 False
k not in dt	如果键 k 不在字典 dt 中，则返回 True，否则返回 False

5．字典常用方法

字典是 Python 提供的一种常用数据结构，它用于存放具有映射关系的数据（也可以理解为是存储带有标签信息的数据）。字典由 dict 类代表，因此，我们可以使用 dir(dict)来查看该类所包含的方法。

字典常用方法

```
>>> dir(dict)
['__class__', '__contains__', '__delattr__', '__delitem__', '__dir__', '__doc__', '__eq__', '__format__', '__ge__',
'__getattribute__','__getitem__','__gt__','__hash__','__init__','__init_subclass__','__iter__','__le__','__len__',
'__lt__', '__ne__', '__new__', '__reduce__', '__reduce_ex__', '__repr__', '__setattr__', '__setitem__', '__sizeof__',
'__str__', '__subclasshook__', 'clear', 'copy', 'fromkeys', 'get', 'items', 'keys', 'pop', 'popitem', 'setdefault', 'update',
'values']
```

灵活使用字典的方法可以提高编写代码的效率，字典的常用方法如表 7-8 所示。

表 7-8　字典的常用方法

方法	描述
dt.clear()	清空字典。谨慎使用该方法
dt.get(k[,d])	根据键 k 来获取值。当键 k 在字典中时，返回该键所对应的值 dt[k]。如果键不存在，则返回 d；如果省略 d，则返回 None。与直接访问 dt[k]的区别是，即使键不存在，也不抛出异常
dt.keys()	获取所有键。注意返回的类型是一个视图，它跟列表很像，但不是列表。我们可以将获得的视图转换成列表
dt.values()	获取所有值。得到字典的所有值构成的视图，我们可以将获得的视图转换成列表
dt.items()	获取所有键值对。得到字典所有键值对（每一个键值对是以元组的形式呈现）构成的视图，我们可以将获得的视图转换成列表，列表中每个元素是一个由键和对应值构成的元组
dt.copy()	复制字典。copy()方法产生一个真实的副本，copy()方法产生的新字典和原字典不属于共享引用
dt1.update(dt2)	更新或合并字典。用字典 dt2 中的元素来更新字典 dt1 中的相同元素，不同的元素添加到字典 dt1 中。该方法既可以实现更新，也可以实现合并，因此，其也可称为合并更新
dt.pop(k[,d])	弹出键 k 所对应的值，同时删除该键值对<k:v>。如果键不存在，则返回 d；如果省略 d，则会抛出 KeyError 异常
dt.popitem ()	随机弹出键值对。popitem()方法是不带参数的，它一次弹出一个键值对(k,v)，并且键值对是以元组的形式呈现的，多次调用该方法后字典变成了空字典

下面以实例分析使用表 7-8 所示的方法容易出错的情况，请读者加以注意。

【例 7-17】get()方法访问不存在的键。

字典常用方法使用注意事项

```
>>> dt={'开发者':'以梦为码','美工':'雨薇'}
>>> dt.get('网址','网页正在建设中......')
```

get(k[,d])()方法是根据键来获取对应的值。当键 k 存在于字典中的时候，返回该键所对应的值 dt[k]；如果键不存在，则返回参数 d 的值。第 2 行代码中传入 get()方法的键“网址”并不在字典 dt 中，而第二个参数 d 为“网页正在建设中......”，因此，第 2 行代码执行后将返回如下结果。

```
'网页正在建设中......'
```

【例 7-18】使用方括号语法访问不存在的键。

```
>>> dt={'开发者':'以梦为码','美工':'雨薇'}
>>> dt['网址']
```

当使用方括号语法访问并不存在的键时，会引发 KeyError 错误。第 2 行代码中方括号的键“网址”并不在字典 dt 中，因此，第 2 行代码执行时报如下错误提示信息。

```
Traceback (most recent call last):
  File "<pyshell#6>", line 1, in <module>
    dt['网址']
KeyError: '网址'
```

【例 7-19】输出字典的所有键构成的列表。

调用字典的 keys()方法后返回由字典的所有键构成的一个视图。我们可以利用转换函数 list()将其转换成列表后输出。程序代码如下：

```
>>> dt={'开发者':'以梦为码','美工':'雨薇'}
>>> ks=dt.keys()
>>> ks
dict_keys(['开发者','美工'])
>>> type(ks)
<class 'dict_keys'>
>>> ls=list(dt.keys())
>>> print(ls)
['开发者','美工']
```

类型“dict_keys”的本质是一个视图。但是在实际开发的过程中，如果希望像列表一样对它进行操作，就把它转换成列表。如果只是希望循环输出它的结果，我们直接使用 for-in 循环就能达成目标。请看以下示例：

```
>>> for key in dt.keys():    #如果只是遍历就不需要转换成列表
        print(key)
开发者
美工
```

【例 7-20】输出由字典中所有值构成的元组。

调用字典的 values()方法，得到字典的所有值构成的视图，将获得的视图转换成元组即可。程序代码如下：

```
>>> dt={'开发者':'以梦为码','美工':'雨薇'}
```

```
>>> tp=tuple(dt.values())
>>> print(tp)
('以梦为码', '雨薇')
```

【例 7-21】输出由字典中所有键值对构成的列表。

调用字典的 items()方法，得到字典的所有键值对构成的视图，视图中每一个键值对是以元组形式呈现的，将获得的视图转换成列表后输出。程序代码如下：

```
>>> dt={'开发者':'以梦为码','美工':'雨薇'}
>>> lt=list(dt.items())
>>> print(lt)
[('开发者', '以梦为码'), ('美工', '雨薇')]
```

此外，也可以通过 for-in 循环直接输出每一个键值对信息。

```
>>> for (k,v) in dt.items():  #遍历字典 dt 得到所有的键值对
        print("{0}: {1}".format(k,v))
开发者: 以梦为码
美工: 雨薇
```

【例 7-22】检测字典的 copy()方法产生的字典与原字典是否属于共享引用。

判断两个变量是否属于共享引用有两种方法：①使用 is 操作符；②利用 id()函数检测它们的地址是否相等。程序代码如下：

```
>>> dt={'开发者':'以梦为码','美工':'雨薇'}
>>> dp=dt.copy()
>>> print(dt is dp)
False
>>> print(id(dt)==id(dp))
False
>>> id(dt)
49439432
>>> id(dp)
49761400
```

以上输出结果表明字典的 copy()方法产生了一个真实的副本，其副本与原字典不属于共享引用。

【例 7-23】更新字典方法。

表 7-8 中 dt1.update(dt2)方法是用字典 dt2 中的元素来更新字典 dt1 中的相同元素，不同的元素添加到字典 dt1 中。所以当两个字典中没有相同元素时，该操作就相当于是合并操作。程序代码如下：

```
>>> book={'title':'零基础学 Python ', 'author':'以梦为码', 'price':59.90}
>>> c1={'price':88}
>>> book.update(c1)   #更新字典
>>> book
{'title': '零基础学 Python ', 'author': '以梦为码', 'price': 88}
```

⚠ 注意：字典中信息的存储都是按“键值对”的形式存储的，存储的值都是普通的字段或者是一个嵌套的字典，对嵌套字典元素的访问仍然使用多级方括号语法格式。请看以下示例：

```
>>> book={'书名':'零基础学 Python ', '作者':'以梦为码', '出版信息':{'出版社':'人民邮电出版社','地址':'北京'}}
>>> book['出版信息']
{'出版社': '人民邮电出版社', '地址': '北京'}
>>> book['出版信息']['出版社']
'人民邮电出版社'
```

这里只介绍了字典的一些常用方法。更多内容，读者可以通过 help(dict)进行查阅学习。

6．函数名作为字典键对应的值

在实际项目开发中，字典的值不仅仅局限于某一个常规类型的字典值，它也可以是一个行为方法——函数。我们可以将一个函数作为字典键对应的值来处理，这样就扩展了字典的功能。

例如，已知自定义了 introduce()函数，声明字典时如果希望把 introduce()函数作为字典中一个键的值，则只需要在写值的地方写上函数名“introduce”。请注意，此时函数名“introduce”后千万不要写小括号“()”，因为写上小括号“()”表示在此处会立马执行 introduce()函数，并且将执行该函数返回的值放在此处。但我们希望是在今后访问字典的键时才调用该函数，所以在声明字典时键对应的值位置上只能写上函数名，函数名后的小括号“()”不能写。读者可以仔细理解下面代码的含义。

```
>>> def introduce():
        print("大家好！'以梦为码'是一个公益教育团队！")
>>> introduce()
大家好！'以梦为码'是一个公益教育团队！
>>> dt={'name':'以梦为码','intr':introduce}
>>> dt['name']
'以梦为码'
>>> dt['intr']          #在访问键“intr”时后面没有小括号，因此并不执行此函数
<function introduce at 0x0000000002F3C288>
>>> dt['intr']()        #访问键“intr”，注意后面加了一个小括号
大家好！'以梦为码'是一个公益教育团队！
```

前两行代码定义了一个无参函数 introduce()，函数功能是输出提示信息“大家好！'以梦为码'是一个公益教育团队！”。

第 3 行代码调用无参函数 introduce()，输出信息"大家好！'以梦为码'是一个公益教育团队！"。

第 4 行代码定义了一个字典 dt，其中键“intr”的值是一个自定义函数的函数名。注意，此处函数名后没有小括号“()”。

第 6 行代码在访问键“intr”时，后面没有加一个小括号，只能说明键“intr”对应的值“introduce”是一个函数而已，但并不执行此函数。

第 7 行代码在访问键“intr”时，后面加了一个小括号，就相当于调用函数“introduce()”，因此，得到“大家好！'以梦为码'是一个公益教育团队！”的显示结果。

【例 7-24】 假设用户定义了两个数的加、乘、除和幂次方运算的 4 个自定义函数，要求根据用户输入的操作数以及用户输入的调用函数的 key(f1 ~ f4)值来输出运算后的结果。

分析：

（1）定义 4 个自定义函数，分别实现两个数的加、乘、除和幂次方运算。

（2）为了方便根据用户输入的调用函数的 key（f1 ~ f4）值来调用对应的函数，我们可以选择将函数名和调用函数的 key（f1 ~ f4）值绑定，即将“f1” ~ “f4”定义为字典的键，对应的值为要调用函数的函数名。程序代码如下：

```
#例 7-24-函数名作为字典键对应的值.py
def func1(x,y):
    return x+y
def func2(x,y):
    return x*y
def func4(x,y):
    return x/y
def func3(x,y):
    return x**y

dt={"f1":func1,"f2":func2,"f3":func3,"f4":func4}
x=eval(input("请输入第一操作数: "))
y=eval(input("请输入第二操作数: "))
fname=input("请输入要调用函数的 key(f1~f4): ")
print("你调用的函数是{}，操作后的结果: {}".format(fname,dt[fname](x,y)))
```

以下是运行程序后根据用户输入不同得到的不同结果。

```
请输入第一操作数：3
请输入第二操作数：6
请输入要调用函数的 key(f1~f4)：f1
你调用的函数是 f1，操作后的结果为：9
```

```
请输入第一操作数：3
请输入第二操作数：6
请输入要调用函数的 key(f1~f4)：f2
你调用的函数是 f2，操作后的结果：18
```

将字典键对应的值设置为函数，实际上是扩展了字典的功能，这一点非常灵活。今后，在实际项目开发中可用它实现很多有效或有趣的功能。字典可以理解成封装好的 hash 表，可以非常方便地处理树状结构，它是<key, value>形式的键值对。

第 2 章介绍了字符串的 format()方法来进行格式化输出，如果要输出字典的相关键对应的值，我们也可以使用 format()进行格式化输出。请看以下示例：

```
>>> book={'书名':'零基础学 Python ', '作者':'以梦为码', 'price':59.90}
>>> print("书名: {0}\n 作者: {1}\n 价格: {2}".format(book['书名'],book['作者'],book
['price']))
书名：零基础学 Python
作者：以梦为码
价格：59.9
>>> print("书名: {bk[书名]}\n 作者: {bk[作者]}\n 价格: {bk[price]}".format(bk=book))
书名：零基础学 Python
作者：以梦为码
价格：59.9
```

第 1 行代码定义了一个字典 book，第 2 行代码利用字符串的 format()方法输出 book 的每个键对应的值到指定位置，第 3 行代码使用的是“参数名=值”的关键字传参方式，即把真实的字典 book 传递给参数 bk。注意在槽内使用“参数名[键]”，即“bk[书名]”来访问键“书名”对应的值时，键不能加引号，否则系统产生 KeyError 异常。请看以下代码：

```
>>> print("书名：{bk['书名']}\n作者：{bk['作者']}\n价格：{bk['price']}".format(bk=book))
Traceback (most recent call last):
  File "<pyshell#39>", line 1, in <module>
    print("书名：{bk['书名']}\n作者：{bk['作者']}\n价格：{bk['price']}".format(bk=book))
KeyError: "'书名'"
```

对于字典信息的输出，除了可以使用 format()格式化输出外，还可以调用字符串的 format_map()方法来实现。调用 format_map()时不需要使用“参数名=字典”的形式传参，而是直接传入真实的字典即可。请看以下示例：

```
>>> book={'书名':'零基础学 Python ', '作者':'以梦为码', 'price':59.90}
>>> print("书名：{书名}\n作者：{作者}\n价格：{price}".format_map(book))
书名：零基础学 Python
作者：以梦为码
价格：59.9
```

第 2 行代码表明调用 format_map()进行格式化输出时，直接将键写到槽对应的位置上，并且不能加引号，否则系统产生 KeyError 异常。请看以下示例：

```
>>> print("书名：{'书名'}\n作者：{'作者'}\n价格：{'price'}".format_map(book))
Traceback (most recent call last):
  File "<pyshell#42>", line 1, in <module>
    print("书名：{'书名'}\n作者：{'作者'}\n价格：{'price'}".format_map(book))
KeyError: "'书名'"
```

format_map()方法的调用格式如下：

```
str. format_map(map)
```

其中 map 为字典等映射类型数据。

列表推导式

7.8 列表推导式

列表推导式（List Comprehensions）是 Python 内置的非常简单且功能强大的用来创建列表的生成式。它是利用其他可迭代序列来创建新列表的一种方法，它的工作方式类似 for-in 遍历循环的工作方式。其语法格式如下：

```
[表达式 for 变量 in 可迭代序列]
```

或

```
[表达式 for 变量 in 可迭代序列 if 条件]
```

方括号中的第一项“表达式”可以是有返回值的函数，“表达式”中的变量来自 for-in 循环中的变量。随着变量在可迭代序列中的遍历，将遍历得到的值代入“表达式”，“表达式”的值将作为列表中元素的值。列表推导式在方括号中给出的实际上是代码。

列表推导式的本质是从可迭代序列中选出一部分或者全部元素进行运算后作为一个新列表的元素，从而生成一个新的列表。注意生成的是另一个新列表，原迭代序列保持不变，利用列表推导式能非常简洁地构造一个新列表。

【例 7-25】利用 range()函数生成 10 以内自然数的平方构成的列表。

程序代码如下：

```
>>> [x*x for x in range(10)]
[0, 1, 4, 9, 16, 25, 36, 49, 64, 81]
```

表达式“x*x”中的 *x* 来自 for-in 循环中的变量，而该变量 *x* 在“range(10)”产生的序列 0、1……9 中依次取值，将每次遍历的值代入表达式“x*x”进行计算，“x*x”的值作为最后得到的列表中的元素。第一次循环时，变量 *x* 为 0，代入表达式“x*x”计算得到值 0，作为列表的第一个元素；第二次循环时，变量 *x* 为 1，代入表达式“x*x”计算得到值 1，作为列表的第二个元素；……；最后一次循环时，变量 *x* 为 9，代入表达式“x*x”计算得到值 81；因此，最后得到的列表：[0, 1, 4, 9, 16, 25, 36, 49, 64, 81]。

【例 7-26】利用 range()函数生成 10 以内且能被 3 整除的数的平方构成的列表。

分析：根据题目要求，首先要选出 10 以内且能被 3 整除的数，所以利用列表推导式的第二种语法格式来完成。

程序代码如下：

```
>>> [x*x for x in range(10) if x%3==0]
[0, 9, 36, 81]
```

第一次循环时，变量 *x* 的值为 0，此时条件 0%3==0 成立，因此，将此 *x* 的值 0 代入表达式“x*x”计算得到值 0，作为列表的第一个元素；第二次循环时，变量 *x* 的值为 1，但此时条件 1%3==0 不成立，因此，不代入表达式“x*x”进行计算；第三次循环时，变量 *x* 的值为 2，此时，条件 2%3==0 仍然不成立，因此，也不代入表达式“x*x”进行计算；第四次循环时，变量 *x* 的值为 3，条件 3%3==0 成立，因此，将此 *x* 的值 3 代入表达式“x*x”计算得到值 9，作为列表的第二个元素；……故最后得到的列表：[0, 9, 36, 81]。

另外，还可以增加更多嵌套的 for-in 语句来实现更为复杂的功能。

【例 7-27】利用 range()函数生成由数字 0 和 1 两两组合形成的列表作为元素构成的列表。

分析：题目要求生成的列表中的元素也是列表，它是由数字 0 和 1 两两组合形成的列表，如[0,0]、[0,1]、[1,0]、[1,1]，因此，我们可以用二重循环来获得两两组合的结果，将其组合的结果作为最终列表的元素。这里列表推导式中表达式就是由 *x* 和 *y* 构成的列表，而 *x* 和 *y* 分别来自嵌套循环 for x in range(2)和 for y in range(2)。

程序代码如下：

```
>>> [[x,y] for x in range(2) for y in range(2)]
[[0, 0], [0, 1], [1, 0], [1, 1]]
```

当 *x* 取 0 时，*y* 要遍历 0 和 1，从而得到[0,0]和[0,1]；同样地，当 *x* 取 1 时，*y* 又要从 0 遍历到 1，从而得到[1,0]和[1,1]。

【例 7-28】利用 range()函数生成由数字 0、1、2 两两组合形成的元组作为元素构成的列表。

分析：与例 7-27 分析类似，只是嵌套循环的循环变量取值范围发生改变而已。

程序代码如下：

```
>>> [(x,y) for x in range(3) for y in range(3)]
[(0, 0), (0, 1), (0, 2), (1, 0), (1, 1), (1, 2), (2, 0), (2, 1), (2, 2)]
```

说明：列表推导式总是返回一个列表。

【例 7-29】遍历元组（或者列表）的每个元素，得到由元组（或者列表）的每个元素平方构成的列表。

程序代码如下：

```
>>> tp=(0,1,2,3)
>>> [x*x for x in tp]
[0, 1, 4, 9]
>>> ls=[1,2,3,4]
>>> [x*x for x in ls]
[1, 4, 9, 16]
```

【例 7-30】列表推导式中的表达式是有返回值的函数。

程序代码如下：

```
>>> def fun(x):
        return x*x
>>> ls=[fun(i) for i in range(20) if i%3==0]
>>> ls
[0, 9, 36, 81, 144, 225, 324]
```

前两行代码定义了一个 fun(x)函数计算参数 x 的平方，第 3 行代码赋值语句的右边是列表推导式，表达式部分是调用 fun(i)函数，当循环变量 i 依次取得[0,19]中那些能够被 3 整除的数 0、3、6、9、12、15、18 时，代入表达式 fun(i)，即调用 fun(i)函数并将其返回值作为列表的元素。

请看下面用列表推导式解决实际问题的示例。

【例 7-31】假设存在一个元素为人名的列表，要求将列表中每个元素在末尾添加一个换行符。

分析：求解此问题的方法并不唯一，这里我们使用列表推导式来完成。新列表的元素等于之前列表中的元素加上一个换行符“\n”，因此，只需要遍历原列表的每个元素并添加换行符即可。

程序代码如下：

```
>>> names=['Tom', 'Jerry', 'Mike', 'Peter']
>>> new_names=[ name+'\n' for name in names]
>>> new_names
['Tom\n', 'Jerry\n', 'Mike\n', 'Peter\n']
```

表达式为“name+'\n'”，表达式中的变量 name 来自 for-in 循环中的变量 name，而变量 name 在循环过程中会遍历列表 names 中所有的元素，每遍历出单个元素都把它当作临时变量“name”代入表达式“name+'\n'”进行计算，得到的结果作为最终列表中的一个元素，因此，最终返回的新列表“new_names”符合题目的要求。

生成器

7.9 生成器

通过列表推导式，我们可以直接创建一个列表。但是，受到内存容量的限制，列表大小肯定是有限的，并且创建一个规模很大的列表时，不仅占用的存储空间多，而且如果我们仅仅需要访问列表的前几个元素，那后面绝大多数元素占用的空间都白白浪费了。所以如果列表元素可以按照某种算法推算出来，在循环的过程中不断推算出后续的元素，这样就不必创建完整的列表，从而节省大量的空间。在 Python 中，这种一边循环一边计算的机制称为生成器（Generator）。

1．创建生成器

创建生成器的方法并不唯一，这里介绍一种简单创建生成器的方法，就是把列表推导式的方括号[]改成小括号()。请看以下示例：

```
>>> ls=[x*x for x in range(10)]
>>> ls
[0, 1, 4, 9, 16, 25, 36, 49, 64, 81]
```

当我们把创建列表推导式的方括号改成小括号后，得到的便是一个生成器。

程序代码如下：

```
>>> gen=(x*x for x in range(10))
>>> gen
<generator object <genexpr> at 0x0000000002E5BD00>
>>> type(gen)
<class 'generator'>
```

读者注意创建生成器是通过把创建列表推导式的方括号[]改成小括号()得到的，而不是把创建列表的方括号[]改成小括号()，这样得到的是一个元组。所以读者要区分列表的创建和列表推导式的创建是不同的，虽然它们最后的结果都是一个列表。

2．获取生成器的每个元素

由于列表推导式最终的结果仍然是一个列表，因此，对列表中的元素可以通过下标索引方式进行访问和切片操作。对于生成器，我们可以通过全局函数 next()来获得生成器的每个元素，直到计算到最后一个元素为止。此时再次调用函数 next()时，系统会抛出 StopIteration 异常。StopIteration 异常用于标识迭代的完成，防止出现无限循环的情况。

读者仔细理解以下代码的输出结果。

```
>>> ls=[1,2,3]
>>> gen=(x*x for x in ls)
>>> next(gen)
1
>>> next(gen)
4
>>> next(gen)
9
>>> next(gen)
Traceback(most recent call last):
  File "<pyshell#38>", line 1, in <module>
    next(gen)
StopIteration
```

第 1 行代码创建了列表 ls；第 2 行代码是用列表 ls 来创建生成器 gen，生成器的元素为列表中每个元素的平方；第 3 行代码通过调用全局函数 next(gen)来获取生成器 gen 的第一个元素；第 4 行代码再次调用 next(gen)函数，获取生成器 gen 的第二个元素；第 5 行代码继续调用 next(gen)函数，获取生成器 gen 的第三个元素。此时，生成器中的元素已经获取完了，如果我们再次调用 next(gen)，则产生异常。所以第 6 行代码调用 next(gen)后，系统产生 StopIteration 异常。

有关 next()函数的更多使用方法，读者可以通过 help(next)来了解。

通过使用 for-in 循环来输出生成器的元素，可以避免系统抛出异常。请看以下示例：

```
>>> ls=[1,2,3]
>>> gen=(x*x for x in ls)
>>> for i in gen:
        print(i)

1
4
9
```

但要注意的是，生成器的元素只能使用一次。请看以下示例：

```
>>> ls=[1,2,3]
>>> gen=(x*x for x in ls)
>>> for i in gen:
        print(i)

1
4
9
>>> for i in gen:
        print(i)
```

再次执行 for-in 循环试图输出生成器 gen 中元素的值，发现没有结果输出。原因就是生成器的元素只能使用一次。

生成器非常强大，用类似列表推导式的 for-in 遍历循环无法实现的时候，还可以使用函数来实现。更多有关生成器的内容，读者可以查阅相关网站或者查看 Python 的官方文档进行学习。

jieba 库

7.10 jieba 库

jieba 库是一款 Python 支持的第三方中文分词库。jieba 库的分词原理是利用一个中文词库，将待分词的内容与分词词库进行比对，找到最大概率的词组。除了分词，jieba 库还提供了增加自定义中文词组的功能。

第三方库在使用之前需要先安装，我们可以在联网状态下按照如下方式安装第三方库 jieba。

```
:\>pip install jieba
```

jieba 分词有以下 3 种模式。

精确模式：把文本精确地分开，不存在冗余单词。

全模式：把文本中所有可能的词语都扫描出来，有冗余，但速度非常快。

搜索引擎模式：在精确模式基础上，对长词再次切分，提高召回率，该模式适用于搜索引擎分词。

在机器学习（ML）、自然语言处理（NLP）、信息检索（IR）和统计学等领域，评估（Evaluation）是一个必要的工作，而召回率（Recall Rate）和准确率（Accuracy Rate）是广泛用于评价的两个度量值，它们可以用来评价结果的质量。

召回率：也叫查全率，是检索出的相关文档数和文档库中所有相关文档数的比率。它衡量的是检索系统的查全率。

准确率：是检索出的相关文档数与检索出的包括相关和不相关文档总数的比率。它衡量的是检索系统的查准率。

简单来说，召回率指的是正确的结果有多少被检索出来了，准确率指的是检索出的结果有多少是正确的。

举例说明：

假设一个数据库有 500 个文档，其中有 50 个文档符合定义要求。系统检索到 75 个文档，但是实际只有 45 个符合定义要求。由于符合定义要求的只有 50 个，而用户检索出了 45 个，因此召回率就等于 45 除以 50，结果为 90%。而准确率指的是在被检索出的文档中有多少个是符合定义要求的，这里系统检索到了 75 个，但只有 45 个符合定义要求，所以准确率就等于 45 除以 75，结果为 60%。更多相关内容，读者可以查阅相关资料进行学习。

常用的 jieba 库分词函数如表 7-9 所示。函数中的参数 s 为待分词处理的中文字符串。

表 7-9　常用的 jieba 库分词函数

函数	描述
jieba.cut(s)	精确模式。返回一个可迭代的数据类型
jieba.cut(s,cut_all=True)	全模式。输出文本 s 中所有可能的词
jieba.cut_for_search(s)	搜索引擎模式。适合搜索引擎建立索引的分词结果
jieba.lcut(s)	精确模式。返回值为列表，列表中元素为字符串 s 分成的一个一个的中文词
jieba.lcut(s, cut_all=True)	全模式。返回值为列表
jieba.lcut_for_search(s)	搜索引擎模式。返回值为列表
jieba.add_word(w)	向分词词典中增加新词 w，注意一次只能添加一个新词

jieba.lcut(s)函数返回的分词能够完整且不多余地组成原始文本，属于精确模式。

jieba.lcut(s, cut_all=True)函数返回原始文本中可能产生的所有分词结果，冗余性最大，属于全模式。

jieba.lcut_for_search(s)函数首先按照精确模式进行分词，然后对其中的长词再切分，获得分词结果。

以上 3 个函数返回的都是列表类型，由于列表类型通用且灵活，建议读者使用上述 3 个能够返回列表类型的分词函数。

请看以下示例：

```
>>> import jieba
>>> jieba.lcut("青年一代有理想、有本领、有担当，国家就有前途，民族就有希望")
['青年一代', '有', '理想', '、', '有', '本领', '、', '有', '担当', '，', '国家', '就', '有', '前途', '，',
'民族', '就', '有', '希望']
>>> jieba.lcut("青年一代有理想、有本领、有担当，国家就有前途，民族就有希望",True)
['青年', '青年一代', '一代', '有理', '理想', '、', '有', '本领', '、', '有', '担当', '，', '国家', '就',
'有', '前途', '，', '民族', '就', '有', '希望']
>>> jieba.lcut_for_search("青年一代有理想、有本领、有担当，国家就有前途，民族就有希望")
['青年', '一代', '青年一代', '有', '理想', '、', '有', '本领', '、', '有', '担当', '，', '国家', '就',
'有', '前途', '，', '民族', '就', '有', '希望']
```

对比以上代码的输出结果便能直观地理解这 3 种分词模式的不同之处。

jieba 库还能向分词词典增加新词，请看以下示例：

```
>>> jieba.lcut("大国工匠精神")
['大国', '工匠', '精神']
```

通过精确模式对文本分词后发现，词库中不存在词“工匠精神”，接下来使用以下代码将“工匠精神”加入词库。

```
>>> jieba.add_word("工匠精神")
>>> jieba.lcut("大国工匠精神")
['大国', '工匠精神']
```

最后使用精确模式对原文本进行分词，发现“工匠精神”已被加入词库。

这里介绍的 7 个函数能够处理绝大部分与中文文本相关的分词问题。当然，jieba 库还有更丰富的分词功能，感兴趣的读者可以通过执行 help(jieba)命令进行学习。

7.11 实例

1．实例 1：英文词频统计

实例 1-英文词频统计

词频统计是一个常见的问题，例如，在对网络信息进行检索和归档时便会遇到词频统计的问题。本节就来讨论如何实现英文词频的统计。

【例 7-32】假设有一篇英文文章，要求统计出文章中每个单词出现的频率，以便快速了解文章主旨。

分析：词频统计其实就是累加问题。对文章中的每个单词设计一个计数器，单词每出现一次，相关计数器加 1。如果以单词为键、以单词出现的次数为值构成<单词>:<出现次数>的键值对，将能很好地解决该问题。因此，我们可以利用字典来解决词频统计问题。显然，需要提供一篇待统计分析的英文文章（输入，Input）；然后统计出文章中每个单词出现的次数（处理，Process），可用字典的每一个键值对记下每个单词及出现的次数；最后输出每个单词及出现的次数（输出，Output）。目前我们还没有学习文件相关的操作，因此，这里假定事先将需要进行词频统计的文章以文本字符串的形式存储在变量 txt 中。由于英文文本是以空格或者标点符号来分隔每个单词的，因此，获得每个单词并统计单词出现的次数相对比较容易。求解该问题的算法思路如下。

（1）将字母变成小写。将文本中所有大写字母转换成小写字母。考虑到文本字符串中同一个单词可能会存在大小写的不同形式，如果不加处理，计数时会将同一个单词根据其是否大小写而计数为不同的单词，因此，首先我们将文本中所有的大写字母变成小写字母。

（2）替换特定的字符。用空格替换掉文本中特殊的分隔符。排除原文本中大小写差异对词频统计的干扰后，我们又要考虑英文文本中单词的分隔符有空格、标点符号或者一些特殊符号（如单引号、双引号、破折号等）。为了统一分隔方式，我们可以将各种特殊字符和标点符号都替换成空格进行分隔。

（3）分割字符串得到列表。以空格为分隔符分割字符串得到列表。接下来需要把文本字符串中的每个单词变成一个一个的元素加以存储，很自然我们会想到使用字符串的 split()

方法，以空格作为分隔符对文本字符串进行分割处理，得到一个列表，列表中的每个元素是由一个一个的单词构成的。

（4）列表→字典，字典的键值对为(单词,0)。由于我们要对文本字符串中的单词进行计数统计，统计出每个单词出现的次数，所以此时可以利用字典的 dict.fromkeys()将列表中的单词作为键得到对应的字典，其中每个键所对应的值均初始化为 0，相当于是初始化所有计数器的初值为 0。

（5）扫描列表，计数单词到字典中。由于字典键的排他性，列表中相同的单词在字典中只出现一次。因此，我们扫描列表中的每个元素，即扫描每个单词，将所扫描到的每个单词计数到字典中相应键所对应的 value 中。

（6）字典→列表，获取字典的 items()信息，存储到列表中。为了从输出信息中快速获取文章大意，这里我们将按照单词出现的次数从高到低进行输出，需要将每个单词计数的结果排序后再输出。由于字典是无序序列，无法进行排序操作，因此，我们必须将字典的键值对即<单词:出现次数>信息提取出来存储到其他可进行排序操作的数据结构中，这里我们将字典的键值对信息提取出来存储到列表中，然后按照出现次数进行降序排列。

（7）利用 lambda()函数排序由(单词,出现次数)构成的列表。接下来针对第（6）步操作得到的列表进行排序，注意列表中的每个元素又是一个由(单词,出现次数)构成的元组，而排序操作是要按照出现次数来进行，这些操作可以通过 lambda()函数来实现。

（8）输出。最后根据需要输出文本字符串中所有的单词及出现的次数或者输出出现频率靠前的若干个单词及出现的次数。

假设文本字符串事先存储在变量 txt 中，下面我们来写出以上每步操作的代码。

（1）字母变成小写。通过 txt.lower()函数将字符串 txt 中的字母变成小写。需要注意的是，由于字符串是不可变序列，txt.lower()函数的作用是将 txt 字符串中所有大写字母变成小写字母，并返回改变后的整个字符串，但该操作并不作用到 txt 字符串本身，即 txt 本身的内容并未改变，因此，这里需要将改变后的结果重新赋予变量 txt 才能达到目的。程序代码如下：

```
txt=txt.lower()
```

（2）替换特定的字符。通过 txt.replace(旧字符,新字符)方法将字符串中指定字符替换为空格字符，同样需要将替换后的字符串重新赋予变量 txt。由于该方法每次只能替换一个字符，因此我们假设列出了需要替换的字符为 old_s='!"#$%&()*+,-./:;<=>?@[\\]^_{|}~'。显然，我们需要逐一替换所列出的每个特殊字符，这里可以使用 for-in 循环来完成。程序代码如下：

```
old_s='!"#$%&()*+,-./:;<=>?@[\\]^_{|}~'
for ch in old_s:
      txt=txt.replace(ch,' ')    #将 txt 中特殊字符替换为空格
```

（3）分割字符串得到列表。将经过第（1）步和第（2）步预处理后的字符串 txt 使用 split( ) 方法进行分割，返回由每个单词为元素构成的列表。假设用 ls_words 来表示由文本中的每个单词构成的列表，程序代码如下：

```
ls_words=txt.split()
```

（4）列表→字典，字典的键值对初始化为<单词:0>。将第（3）步操作得到的列表 ls_words 和值 0 作为参数传入字典的 fromkeys()方法中，得到字典 dt_words，该字典的键为列

表中的元素，即文本中的单词，此时每个键即每个单词所对应的值均初始化为 0。程序代码如下：

```
dt_words=dict.fromkeys(ls_words,0)
```

（5）扫描列表，计数单词出现的次数到字典中。由于相同的单词在字典中只出现一次，因此对单词的计数操作必须是遍历列表 ls_words 进行计数才能得到正确的计数结果。程序代码如下：

```
for ch in ls_words:
    dt_words[ch] += 1
```

（6）字典→列表，获取字典的 items()信息，存储到列表中。第（5）步操作完成后，即完成了文本中单词的计数，其计数结果在字典 dt_words 中。通过获取字典的键值对信息，将其转换成列表 ls_items，此时列表 ls_items 中每个元素记录了单词和单词出现的次数。程序代码如下：

```
ls_items=list(dt_words.items())
```

（7）利用 lambda()函数排序由(单词,出现次数)构成的列表。由于列表 ls_items 中每个元素是一个元组：(单词,单词出现次数)，现要按照元组的第二项进行降序排列，因此，我们可以使用 lambda()函数来完成排序操作。程序代码如下：

```
ls_items.sort(key=lambda x:x[1], reverse=True)
```

（8）输出。假设这里输出出现次数排在前五位的 5 个单词和出现次数，利用字符串的格式化方法 format()按照单词左对齐、出现次数右对齐形式进行输出，程序代码如下：

```
for i in range(5):
    print("{0:<10}{1:>5}".format(ls_items[i][0], ls_items[i][1]))
```

英文词频统计的完整程序代码如下：

```
def preprocessText():
    txt='''I told your mom I'm writing this letter, and asked what she wanted me
to say. She thought and said: "just ask her to take care of herself." Simple but deeply
caring - that is how your mother is, and that is why you love her so much. In this simple
sentence is her hope that you will become independent in the way you take care of yourself
- that you will remember to take your medicine, that you will get enough sleep, that you
will have a balanced diet, that you will get some exercise, and that you will go see a
doctor whenever you don't feel good. An ancient Chinese proverb says that the most important
thing to be nice to your parents is to take care of yourself. This is because your parents
love you so much, and that if you are well, they will have comfort. You will understand
this one day when you become a mother. But in the meantime, please listen to your mother
and take care of yourself. '''  #用三引号表示文本字符串
    txt=txt.lower()
    old_s="!'#$%&()*+,-./:;<=>?@[\\]^_`{|}~"
    for ch in old_s:
        txt=txt.replace(ch,' ')    #将 txt 中特殊字符替换为空格
    return txt

#调用预处理函数得到处理后的文本字符串
txt=preprocessText()
#以空格为分隔符划分 txt 字符串，得到每个单词构成的列表 ls_words
ls_words=txt.split()
#以列表 ls_words 中的每个单词为键，将对应值初始化为 0，构成字典 dt_words
```

```
dt_words=dict.fromkeys(ls_words,0)
#扫描列表 ls_words 计数每个单词到字典 dt_words 中
for ch in ls_words:
    dt_words[ch] += 1
#获取字典 dt_words 键值对信息，并转换为列表 ls_items
ls_items=list(dt_words.items())
#按照列表 ls_items 中每个元素的第二项，即单词出现次数降序排列
ls_items.sort(key=lambda x:x[1], reverse=True)
#输出出现次数前五位的 5 个单词
for i in range(5):
    print("{0:<10}{1:>5}".format(ls_items[i][0], ls_items[i][1]))
```

程序运行结果如下：

```
you        13
that       10
will        8
to          7
your        6
```

观察输出结果，发现输出的单词大多数是冠词、代词、连接词等语法型词汇，并不能表明文章的含义。因此，我们需要进一步把这些不能反映文章大意的单词从计数后的字典中排除。

假设使用集合类型构建一个排除词汇库 excludes，则可以利用 for-in 循环遍历排除词汇库 excludes 中的每个单词，从字典 dt_words 中删除该单词对应的元素。程序代码如下：

```
excludes={"the","and","of","you","a","is","that","will","in","i","your","to",
"take","this","her"}
for k in excludes:
    del dt_words[k]  #删除键值对
```

修改后的完整程序代码如下：

```
def preprocessText():
    txt='''I told your mom I'm writing this letter, and asked what she wanted me
to say. She thought and said: "just ask her to take care of herself." Simple but deeply
caring - that is how your mother is, and that is why you love her so much. In this simple
sentence is her hope that you will become independent in the way you take care of yourself
- that you will remember to take your medicine, that you will get enough sleep, that you
will have a balanced diet, that you will get some exercise, and that you will go see a
doctor whenever you don't feel good. An ancient Chinese proverb says that the most important
thing to be nice to your parents is to take care of yourself. This is because your parents
love you so much, and that if you are well, they will have comfort. You will understand
this one day when you become a mother. But in the meantime, please listen to your mother
and take care of yourself. '''  #用三引号表示文本字符串
    txt=txt.lower()
    old_s="!'#$%&()*+,-./:;<=>?@[\\]^_`{|}~"
    for ch in old_s:
        txt=txt.replace(ch,' ')  #将 txt 中特殊字符替换为空格
    return txt

#调用预处理函数得到处理后的文本字符串
txt=preprocessText()
#以空格为分隔符划分 txt 字符串，得到每个单词构成的列表 ls_words
ls_words=txt.split( )
#以列表 ls_words 中的每个单词为键，将对应值初始化为 0，构成字典 dt_words
```

```
    dt_words=dict.fromkeys(ls_words,0)
    #扫描列表 ls_words 计数每个单词到字典 dt_words 中
    for ch in ls_words:
         dt_words[ch] += 1
    #定义排除词汇库
    excludes={"the","and","of","you","a","is","that","will","in","i","your","to",
"take","this","her"}
    #从字典中删除 excludes 中元素对应的键值对
    for k in excludes:
        del dt_words[k]
    #获取字典 dt_words 键值对信息，并转换为列表 ls_items
    ls_items=list(dt_words.items())
    #按照列表 ls_items 中每个元素的第二项，即单词出现次数降序排列
    ls_items.sort(key=lambda x:x[1], reverse=True)
    #输出出现次数前五位的 5 个单词
    for i in range(5):
         print("{0:<10}{1:>5}".format(ls_items[i][0], ls_items[i][1]))
```

程序运行结果如下：

```
care         4
mother       3
yourself     3
she          2
simple       2
```

如果希望排除更多的单词，开发者可以继续增加排除词汇库 excludes 中的内容。读者可以继续根据不同要求来完善代码。

实例 2-中文词频统计

2．实例 2：中文词频统计

【例 7-33】假设有一篇中文文章，要求统计出文章中每个词出现的频率，以便快速了解文章主旨。

分析：对于一段英文文本，只需要使用字符串的方法 split()就能得到其中的每个单词。但是，对于一段中文文本，要想直接获得其中的每个词则十分困难。因为英文文本是通过空格或者标点符号来分隔每个单词的，而中文词之间缺少分隔符，这是中文及类似语言独有的“分词”问题。这里我们使用第三方库 jieba 库来完成对中文文本的分词。有了 jieba 库的分词函数，就可以方便地解决中文词频统计问题。显然，中文词频统计问题的输入是待统计分析的中文文本；处理过程采用字典数据结构统计中文文本中词出现的次数；最后输出每个词以及词出现的次数。求解该问题的算法思路如下。

（1）对中文文本进行分词处理

假设待统计分析的中文文本存储在一个字符串变量 txt 中，首先利用 jieba 库的 lcut()函数对 txt 进行分词处理，返回的列表存储在变量 ls_words 中。程序代码如下：

```
    ls_words=jieba.lcut(txt)
```

（2）扫描中文词列表，统计每个词出现的次数并存储到字典中

这里我们用另外一种思路来统计每个词出现的次数到字典中。为了将统计的每个词出现次数按照<词>:<出现次数>键值对存储到字典中，首先初始化一个空字典 dt_words={}，然后扫描词列表 ls_words 获得每一个词（word），如果该词已经存在于字典 dt_words 中，

则执行将词作为键所对应的值加 1 的操作，即将该词出现的次数加 1，否则说明该词是第一次出现，因此，将其对应的出现次数置初值为 1，即将词作为键所对应的值置为 1。程序代码如下：

```
dt_words={}
for word in ls_words:
    if word in dt_words:
        dt_words[word]=dt_words[word]+1
    else:
        dt_words[word]=1
```

判断一个词是否在字典中并进行相应操作的处理逻辑也可以利用字典的 get()方法简洁地表示为如下形式。

```
dt_words[word]=dt_words.get(word, 0)+1
```

由于单个词如“的”“是”等，它的统计结果对了解文章主旨没有任何意义，因此，这里增加一个判断排除单个词的统计。程序代码如下：

```
dt_words={}
for word in ls_words:
    if len(word)==1:  #排除单个词的分词结果
        continue
    else:
        dt_words[word]=dt_words.get(word, 0)+1
```

（3）获取字典的 items()信息，存储到列表中

为了按照词的出现次数进行排序操作，我们需要将字典的键值对信息提取出来存储到一个便于排序操作的列表中。这里可以通过字典的 items()方法获取字典的键值对信息，将其转换成列表，然后存在变量 ls_items 中。程序代码如下：

```
ls_items=list(dt_words.items())
```

（4）利用 lambda()函数排序由(词,出现次数)构成的列表

由于列表 ls_items 中每个元素又是一个元组，现要按照元组的第二项进行降序排列，因此，我们可以使用 lambda()函数来完成排序操作。程序代码如下：

```
ls_items.sort(key=lambda x:x[1], reverse=True)
```

（5）输出

利用字符串的格式化方法 format()按照词左对齐、词出现次数右对齐形式输出排序位于前 20 的词。程序代码如下：

```
for i in range(20):
    print("{0:<10}{1:>5}".format(ls_items[i][0], ls_items[i][1]))
```

综合以上每步操作，中文词频统计的完整程序代码如下：

```
import jieba
#西游记第一回
txt = '''这是一个神话故事。在很久以前，天下分为东胜神洲、西牛贺洲、南赡部洲、北俱芦洲。在东胜神洲傲来国，有一座花果山，山上有一块仙石。一天仙石崩裂，从石头中滚出一个卵，这个卵一见风就变成一个石猴，猴眼射出一道道金光，向四方朝拜。
```

那猴能走、能跑，渴了就喝些山涧中的泉水，饿了就吃些山上的果子。

整天和山中的动物一起玩乐，过得十分快活。一天，天气特别热，猴子们为了躲避炎热的天气，跑到山涧里洗澡。它们看见这泉水哗哗地流，就顺着涧往前走，去寻找它的源头。

猴子们爬呀、爬呀，走到了尽头，却看见一股瀑布，像是从天而降一样。猴子们觉得惊奇，商量说："哪个敢钻进瀑布，把泉水的源头找出来，又不伤身体，就拜他为王。"连喊了三遍，那石猴呼地跳了出来，高声喊道："我进去，我进去！"

那石猴闭眼纵身跳入瀑布，觉得不像是在水中，这才睁开眼，四处打量，发现自己站在一座铁板桥上，桥下的水冲贯于石窍之间，倒挂着流出来，将桥门遮住，使外面的人看不到里面。石猴走过桥，发现这真是个好地方，石椅、石床、石盆、石碗，样样都有。

这里就像不久以前有人住过一样，天然的房子，安静整洁，锅、碗、瓢、盆，整齐地放在炉灶上。正当中有一块石碑，上面刻着：花果山福地，水帘洞洞天。石猴高兴得不得了，忙转身向外走去，嗖地一下跳出了洞。

猴子们见石猴出来了，身上又一点伤也没有，又惊又喜，把他团团围住，争着问他里面的情况。石猴抓抓腮，挠挠痒，笑嘻嘻地对大家说："里面没有水，是一个安身的好地方，刮大风我们有地方躲，下大雨我们也不怕淋。"猴子们一听，一个个高兴得又蹦又跳。

猴子们随着石猴穿过了瀑布，进入水帘洞中，看见了这么多的好东西，一个个你争我夺，拿盆的拿盆，拿碗的拿碗，占灶的占灶，争床的争床，搬过来，移过去，直到精疲力尽为止。猴子们都遵照诺言，拜石猴为王，石猴从此登上王位，将石字省去，自称"美猴王"。

美猴王每天带着猴子们游山玩水，很快三五百年过去了。一天正在玩乐时，美猴王想到自己将来难免一死，不由悲伤得掉下眼泪来，这时猴群中跳出个通背猿猴来，说："大王想要长生不老，只有去学佛、学仙、学神之术。"

美猴王决定走遍天涯海角，也要找到神仙，学那长生不老的本领。第二天，猴子们为他做了一个木筏，又准备了一些野果，于是美猴王告别了群猴们，一个人撑着木筏，奔向汪洋大海。

大概是美猴王的运气好，连日的东南风，将他送到西北岸边。他下了木筏，登上了岸，看见岸边有许多人都在干活，有的捉鱼，有的打天上的大雁，有的挖蛤蜊，有的淘盐，他悄悄地走过去，没想到，吓得那些人将东西一扔，四处逃命。

这一天，他来到一座高山前，突然从半山腰的树林里传出一阵美妙的歌声，唱的是一些关于成仙的话。猴王想：这个唱歌的人一定是神仙，就顺着歌声找去。

唱歌的是一个正在树林里砍柴的青年人，猴王从这青年人的口中了解到，这座山叫灵台方寸山，离这儿七八里路，有个斜月三星洞，洞中住着一个称为菩提祖师的神仙。

美猴王告别打柴的青年人，出了树林，走过山坡，果然远远地看见一座洞府，只见洞门紧紧地闭着，洞门对面的山岗上立着一块石碑，有三丈多高，八尺多宽，上面写着十个大字："灵台方寸山斜月三星洞"。正在看时，门却忽然打开了，走出来一个仙童。

美猴王赶快走上前，深深地鞠了一个躬，说明来意，那仙童说："我师父刚才正要讲道，忽然叫我出来开门，说外面来了个拜师学艺的，原来就是你呀！跟我来吧！"美猴王赶紧整整衣服，恭恭敬敬地跟着仙童进到洞内，来到祖师讲道的法台跟前。

猴王看见菩提祖师端端正正地坐在台上，台下两边站着三十多个仙童，就赶紧跪下叩头。祖师问清楚他的来意，很高兴，见他没有姓名，便说："你就叫悟空吧！"

祖师叫孙悟空又拜见了各位师兄，并给悟空找了间空房住下。从此悟空跟着师兄学习生活常识，讲究经典，写字烧香，空时做些扫地挑水的活。

很快七年过去了。一天，祖师讲道结束后，问悟空想学什么本领。孙悟空不管祖师讲什么求神拜佛、打坐修行，只要一听不能长生不老，就不愿意学。菩提祖师对此非常生气。

祖师从高台上跳了下来，手里拿着戒尺指着孙悟空说："你这猴子，这也不学，那也不学，你要学些什么？"说完走过去在悟空头上打了三下，倒背着手走到里间，关上了门。师兄们看到师父生气了，感到很害怕，纷纷责怪孙悟空。

孙悟空既不怕，又不生气，心里反而十分高兴。当天晚上，悟空假装睡着了，可是一到半夜，就悄悄起来，从前门出去，等到三更，绕到后门口，看见门半开半闭，高兴得不得了，心想："哈哈，我没有猜错师父的意思。"

孙悟空走了进去，看见祖师面朝里睡着，就跪在床前说："师父，我跪在这里等着您呢！"祖师听见声音就起来了，盘着腿坐好后，严厉地问孙悟空来做什么，悟空说："师父白天当着大家的面不是答应我，让我三更时从后门进来，教我长生不老的法术吗？"

菩提祖师听到这话心里很高兴，心想："这个猴子果然是天地生成的，不然，怎么能猜透我的暗谜。"于是，让

```
孙悟空跪在床前，教给他长生不老的法术。孙悟空洗耳恭听，用心理解，牢牢记住口诀，并叩头拜谢了祖师的恩情。
    很快三年又过去了，祖师又教了孙悟空七十二般变化的法术和驾筋斗云的本领，学会了这个本领，一个筋斗便能翻出十万八千里路程。孙悟空是个猴子，本来就喜欢蹦蹦跳跳的，所以学起筋斗云来很容易。
    有一个夏天，孙悟空和师兄们在洞门前玩耍，大家要孙悟空变个东西看看，孙悟空心里感到很高兴，得意地念起咒语，摇身一变变成了一棵大树。
    师兄们见了，鼓着掌称赞他。
    大家的吵闹声，让菩提祖师听到了。他拄着拐杖出来，问："是谁在吵闹？你们这样大吵大叫的，哪里像个出家修行的人呢？"大家都赶紧停住了笑，孙悟空也恢复了原样，给师父解释，请求原谅。
    菩提祖师看见孙悟空刚刚学会了一些本领就卖弄起来，十分生气。祖师叫其他人离开，把悟空狠狠地教训了一顿，并且要把孙悟空赶走。孙悟空着急了，哀求祖师不要赶他走，祖师却不肯留下他，并要他立下誓言：任何时候都不能说孙悟空是菩提祖师的徒弟。'''
#调用 jieba 库的分词函数 lcut()，得到以词语为元素的列表
ls_words=jieba.lcut(txt)
#初始化空字典
dt_words={}
#扫描列表词语 ls_words，统计每个词语出现的次数并存储到字典中
for word in ls_words:
    if len(word)==1:  #排除单个词的分词结果
        continue
    else:
        dt_words[word]=dt_words.get(word, 0)+1
#获取字典的每个键值对，并转换成列表 ls_items
ls_items=list(dt_words.items())
#按照列表 ls_items 中元素的第二项，即词语出现的次数进行降序排列
ls_items.sort(key=lambda x:x[1], reverse=True)
#输出出现频率最高的 20 个词语
for i in range(20):
    word,count=ls_items[i]
    print("{0:<10}{1:>5}".format(word, count))
```

程序运行结果如下：

```
祖师        20
孙悟空      19
一个        12
猴子        12
看见         9
美猴王       9
悟空         8
石猴         7
出来         7
菩提         7
高兴         6
师父         6
一天         5
大家         5
过去         5
长生不老     5
本领         5
师兄         5
一座         4
这个         4
```

由于"菩提祖师"这个词语肯定不在当前词库里，因此，修改代码，将"菩提祖师"

这个词语添加进词库。这里只需要在上述程序的第 3 行代码前添加以下代码即可。

```
#添加新词语
new_words={"菩提祖师"}
for word in new_words:
      jieba.add_word(word)
```

运行修改后的程序，其结果如下：

```
孙悟空        19
祖师          13
一个          12
猴子          12
看见           9
美猴王         9
悟空           8
石猴           7
出来           7
菩提祖师         7
高兴           6
师父           6
一天           5
大家           5
过去           5
长生不老         5
本领           5
师兄           5
一座           4
这个           4
```

观察输出结果，“菩提祖师”已经出现在输出结果中了。

如果希望将如“一个”“这个”等对文章分析不太相关的词语去除，我们可以在统计之前先将它们从文本中排除，也可以用类似“英文词频统计”的方法在统计之后将其从字典中删除。前一种方法，读者可以自行修改完成。

细心的读者可能已经发现，输出的统计次数并未满足右对齐的要求。利用字符串的format()格式化方法就是为了使输出的结果看起来整齐、美观，但现在发现并未达成目的。原因是在使用 format()格式化方法输出中文字符时，若长度没有达到指定的输出长度，则默认采用英文空格进行填充，而英文空格和中文空格的长度是不一样的，这样就导致中英文混输时对不齐的问题。解决的办法是用字符 chr(12288)来进行填充，其中字符 chr(12288)表示的是中文空格。程序代码如下：

```
#解决输出不对齐问题，注意冒号“:”后面跟填充字符，只能是一个字符；若不指定填充字符，则默认用空格进行填充，并且是用英文空格字符进行填充
for i in range(20):
      word,count=ls_items[i]
      print("{0:{2}<10}{1:>5}".format(word, count, chr(12288)))
```

解决输出不对齐问题及删除词语如“一个”“这个”等的程序代码如下：

```
import jieba
#添加新词语
new_words={"菩提祖师"}
for word in new_words:
```

```python
        jieba.add_word(word)
    #西游记第一回
    txt = '''这是一个神话故事。传说在很久很久以前，天下分为东胜神洲、西牛贺洲、南赡部洲、北俱芦洲。在东胜神洲傲来国，有一座花果山，山上有一块仙石。一天仙石崩裂，从石头中滚出一个卵，这个卵一见风就变成一个石猴，猴眼射出一道道金光，向四方朝拜。
```

那猴能走、能跑，渴了就喝些山涧中的泉水，饿了就吃些山上的果子。

整天和山中的动物一起玩乐，过得十分快活。一天，天气特别热，猴子们为了躲避炎热的天气，跑到山涧里洗澡。它们看见这泉水哗哗地流，就顺着涧往前走，去寻找它的源头。

猴子们爬呀、爬呀，走到了尽头，却看见一股瀑布，像是从天而降一样。猴子们觉得惊奇，商量说："哪个敢钻进瀑布，把泉水的源头找出来，又不伤身体，就拜他为王。"连喊了三遍，那石猴呼地跳了出来，高声喊道："我进去，我进去！"

那石猴闭眼纵身跳入瀑布，觉得不像是在水中，这才睁开眼，四处打量，发现自己站在一座铁板桥上，桥下的水冲贯于石窍之间，倒挂着流出来，将桥门遮住，使外面的人看不到里面。石猴走过桥，发现这真是个好地方，石椅、石床、石盆、石碗，样样都有。

这里就像不久以前有人住过一样，天然的房子，安静整洁，锅、碗、瓢、盆，整齐地放在炉灶上。正当中有一块石碑，上面刻着：花果山福地，水帘洞洞天。石猴高兴得不得了，忙转身向外走去，嗖地一下跳出了洞。

猴子们见石猴出来了，身上又一点伤也没有，又惊又喜，把他团团围住，争着问他里面的情况。石猴抓抓腮，挠挠痒，笑嘻嘻地对大家说："里面没有水，是一个安身的好地方，刮大风我们有地方躲，下大雨我们也不怕淋。"猴子们一听，一个个高兴得又蹦又跳。

猴子们随着石猴穿过了瀑布，进入水帘洞中，看见了这么多的好东西，一个个你争我夺，拿盆的拿盆，拿碗的拿碗，占灶的占灶，争床的争床，搬过来，移过去，直到精疲力尽为止。猴子们都遵照诺言，拜石猴为王，石猴从此登上王位，将石字省去，自称"美猴王"。

美猴王每天带着猴子们游山玩水，很快三五百年过去了。一天正在玩乐时，美猴王想到自己将来难免一死，不由悲伤得掉下眼泪来，这时猴群中跳出个通背猿猴来，说："大王想要长生不老，只有去学佛、学仙、学神之术。"

美猴王决定走遍天涯海角，也要找到神仙，学那长生不老的本领。第二天，猴子们为他做了一个木筏，又准备了一些野果，于是美猴王告别了群猴们，一个人撑着木筏，奔向汪洋大海。

大概是美猴王的运气好，连日的东南风，将他送到西北岸边。他下了木筏，登上了岸，看见岸边有许多人都在干活，有的捉鱼，有的打天上的大雁，有的挖蛤蜊，有的淘盐，他悄悄地走过去，没想到，吓得那些人将东西一扔，四处逃命。

这一天，他来到一座高山前，突然从半山腰的树林里传出一阵美妙的歌声，唱的是一些关于成仙的话。猴王想：这个唱歌的人一定是神仙，就顺着歌声找去。

唱歌的是一个正在树林里砍柴的青年人，猴王从这青年人的口中了解到，这座山叫灵台方寸山，离这儿七八里路，有个斜月三星洞，洞中住着一个称为菩提祖师的神仙。

美猴王告别打柴的青年人，出了树林，走过山坡，果然远远地看见一座洞府，只见洞门紧紧地闭着，洞门对面的山岗上立着一块石碑，有三丈多高，八尺多宽，上面写着十个大字："灵台方寸山斜月三星洞"。正在看时，门却忽然打开了，走出来一个仙童。

美猴王赶快走上前，深深地鞠了一个躬，说明来意，那仙童说："我师父刚才正要讲道，忽然叫我出来开门，说外面来了个拜师学艺的，原来就是你呀！跟我来吧！"美猴王赶紧整整衣服，恭恭敬敬地跟着仙童进到洞内，来到祖师讲道的法台跟前。

猴王看见菩提祖师端端正正地坐在台上，台下两边站着三十多个仙童，就赶紧跪下叩头。祖师问清楚他的来意，很高兴，见他没有姓名，便说："你就叫悟空吧！"

祖师叫孙悟空又拜见了各位师兄，并给悟空找了间空房住下。从此悟空跟着师兄学习生活常识，讲究经典，写字烧香，空时做些扫地挑水的活。

很快七年过去了。一天，祖师讲道结束后，问悟空想学什么本领。孙悟空不管祖师讲什么求神拜佛、打坐修行，只要一听不能长生不老，就不愿意学。菩提祖师对此非常生气。

祖师从高台上跳了下来，手里拿着戒尺指着孙悟空说："你这猴子，这也不学，那也不学，你要学些什么？"说完走过去在悟空头上打了三下，倒背着手走到里间，关上了门。师兄们看到师父生气了，感到很害怕，纷纷责怪孙悟空。

孙悟空既不怕，又不生气，心里反而十分高兴。当天晚上，悟空假装睡着了，可是一到半夜，就悄悄起来，从前门出去，等到三更，绕到后门口，看见门半开半闭，高兴得不得了，心想："哈哈，我没有猜错师父的意思。"

```
孙悟空走了进去，看见祖师面朝里睡着，就跪在床前说：“师父，我跪在这里等着您呢！”祖师听见声音就起来了，盘着腿坐好后，严厉地问孙悟空来做什么，悟空说：“师父白天当着大家的面不是答应我，让我三更时从后门进来，教我长生不老的法术吗？”
菩提祖师听到这话心里很高兴，心想：“这个猴子果然是天地生成的，不然，怎么能猜透我的暗谜。”于是，让孙悟空跪在床前，教给他长生不老的法术。孙悟空洗耳恭听，用心理解，牢牢记住口诀，并叩头拜谢了祖师的恩情。
很快三年又过去了，祖师又教了孙悟空七十二般变化的法术和驾筋斗云的本领，学会了这个本领，一个筋斗便能翻出十万八千里路程。孙悟空是个猴子，本来就喜欢蹦蹦跳跳的，所以学起筋斗云来很容易。
有一个夏天，孙悟空和师兄们在洞门前玩耍，大家要孙悟空变个东西看看，孙悟空心里感到很高兴，得意地念起咒语，摇身一变变成了一棵大树。
师兄们见了，鼓着掌称赞他。
大家的吵闹声，让菩提祖师听到了。他拄着拐杖出来，问：“是谁在吵闹？你们这样大吵大叫的，哪里像个出家修行的人呢？”大家都赶紧停住了笑，孙悟空也恢复了原样，给师父解释，请求原谅。
菩提祖师看见孙悟空刚刚学会了一些本领就卖弄起来，十分生气。祖师叫其他人离开，把悟空狠狠地教训了一顿，并且要把孙悟空赶走。孙悟空着急了，哀求祖师不要赶他走，祖师却不肯留下他，并要他立下誓言：任何时候都不能说孙悟空是菩提祖师的徒弟。'''
#调用 jieba 库的分词函数 lcut()，得到以词语为元素的列表
ls_words=jieba.lcut(txt)
#初始化空字典
dt_words={}
#扫描列表词语 ls_words，统计每个词语出现的次数并存储到字典中
for word in ls_words:
        if len(word)==1:  #排除单个词的分词结果
                continue
        else:
                dt_words[word]=dt_words.get(word, 0)+1
excludes={"一个","这个"}
#从字典中删除 excludes 中元素对应的键值对
for k in excludes:
        del dt_words[k]
#获取字典的每个键值对，并转换成列表 ls_items
ls_items=list(dt_words.items())
#按照列表 ls_items 中元素的第二项，即词语出现的次数进行降序排列
ls_items.sort(key=lambda x:x[1], reverse=True)
#输出出现频率最高的 20 个词语
#解决输出不对齐问题，注意冒号“:”后面跟填充字符，只能是一个字符；若不指定填充字符，则默认用空格进行填充，并且是用英文空格字符进行填充
for i in range(20):
        word,count=ls_items[i]
        print("{0:{2}<10}{1:>5}".format(word, count, chr(12288)))
```

程序运行结果如下：

```
孙悟空          19
祖师            13
猴子            12
看见             9
美猴王           9
悟空             8
石猴             7
出来             7
菩提祖师         7
高兴             6
```

```
师父        6
一天        5
大家        5
过去        5
长生不老    5
本领        5
师兄        5
一座        4
瀑布        4
没有        4
```

对于复杂问题的求解，一定是先找到解决问题的思路（算法），然后代码化每一步操作，自然完整代码就写出来了。读者一定要掌握程序设计的 IPO 模式。

3．实例 3：恺撒密码

实例 3-凯撒密码

在密码学中，恺撒密码（Caesar cipher）是一种简单且广为人知的加密技术。它是一种替换加密法，明文中的所有字母都在字母表上向后（或向前）按照一个固定数量进行偏移后被替换成密文。例如，当偏移量是 3 的时候，所有的字母 A 会被替换成 D，B 变成 E，依此类推。这个加密方法是以罗马共和时期恺撒的名字命名的，当年恺撒曾用此方法与其将军们进行联系。

【例 7-34】恺撒加密。将原文中所有字母字符的 Unicode 编码加 3，其余字符的编码不变，要求密文字符也要落在字母字符集内，输出加密后的密文。

分析：该问题的输入是明文字符串，处理过程是对字符串中的英文字符加密后替换原字符，最后输出加密后的密文。

求解该问题的方法并不唯一，下面给出两种求解方法。

方法一：利用列表以及求字符编码的 ord()函数和求编码对应字符的 chr()函数来实现。对输入的原文字符串 s 需要对 s 中的每个字符 ch 逐一检查判断，如果 ch 是字母字符，则将其编码加 3 后再转换成新字符 new_ch 替换原字符 ch，否则不做处理。详细步骤如下。

（1）输入明文字符串 s：s=input("请输入明文：")。

（2）将字符串 s 转换成列表 ls：ls=list(s)。

（3）扫描列表 ls，将英文字符进行替换加密处理。

因为要对所有的英文字符进行加密处理，所以我们可以利用 string 模块的“string.ascii_letters”获得所有大小写的英文字符集。题目要求密文字符也要落在字母字符集内，即字符“x”对应的密文字符应该为“a”，字符“y”变成字符“b”，字符“z”变成字符“c”；而字符“x”与字符“a”、字符“y”与字符“b”和字符“z”与字符“c”之间的 Unicode 编码相差了 23，大写字母也类似，因此，如果明文字符属于集合{"x","y","z","X","Y","Z"}中的元素，则将其对应编码减去 23 后再利用 chr()函数得到对应的密文字符。程序代码如下：

```
import string
for i in range(len(ls)):
      if ls[i] in string.ascii_letters:
            if ls[i] in {"x","y","z","X","Y","Z"}:
                  ls[i]=chr(ord(ls[i])-23)
            else:
                  ls[i]=chr(ord(ls[i])+3)
```

（4）使用字符串的 join()方法拼接列表 ls 中的元素。

使用 join()方法以空字符串为连接符将列表 ls 中的元素拼接得到加密后的密文。程序代码如下：

```
passpwrd_s="".join(ls)
```

（5）输出密文。

恺撒加密的完整程序代码如下：

```
#恺撒加密.py
import string
s=input("请输入原文: ")
ls=list(s)
for i in range(len(ls)):
    if ls[i] in string.ascii_letters:
        if ls[i] in {"x","y","z","X","Y","Z"}:
            ls[i]=chr(ord(ls[i])-23)
        else:
            ls[i]=chr(ord(ls[i])+3)


ms="".join(ls)
print("密文为: ", ms)
```

方法二：事先建立明文字符和密文字符的密码本，然后通过查询密码本就能快速实现原文字符串的加密处理。用字典来存储密码本，字典元素的键是原文字符，对应的值就是密文字符，因此，通过字典的键（明文）得到对应的值（密文），从而实现加密操作。详细步骤如下。

（1）输入明文字符串 s：s=input("请输入明文：")。

（2）创建用于存储密码本的空字典 dt：dt={}。

（3）建立<明文字符>:<密文字符>的键值对信息，添加到字典 dt 中。

对于 26 个小写字母中“a”到“w”的字符，只需要将原字符的编码值加 3 后再求编码对应的字符即得到密文，但对于字符“x”“y”和“z”，对应编码值加 3 后超出了英文字符集对应的编码范围，所以要让其仍然落在英文字符集对应的编码范围，可以通过与 26 做模运算来实现。因此，构造<明文字符>:<密文字符>的键值对信息如下。

```
for i in range(26):
    dt[chr(i+97)]=chr((i+3)%26 + 97)
```

同样，对于 26 个大写字母，只需要修改 97 为 65 即可。

```
for i in range(26):
    dt[chr(i+65)]=chr((i+3)%26+65)
```

综合以上两个 for-in 循环，建立密码本的代码如下：

```
for k in (65,97):
    for i in range(26):
        dt[chr(i+k)]=chr((i+3)%26+k)
```

（4）通过字典 dt，由明文字符 ch 得到密文字符 dt.get(ch,ch)。

字典 dt 存储了加密用的密码本，即键是明文字符，对应的值 dt[ch]是密文字符。但由于只需要对原文字符串中的英文字符进行加密，其他字符保持不变，因此使用字典的 get()方法来获取字典键对应的值；对于不在密码本中的字符 ch，说明它是不需要加密的非字母字符，在密文中保持原字符 ch 不变。明文字符 ch 对应的密文字符：dt.get(ch,ch)。

（5）使用 join()方法将每一个密文字符连接成一个密文字符串 ms。

首先使用列表推导式得到由密文字符构成的列表，然后使用 join()方法将由密文字符构成的列表中的元素拼接成一个长的字符串，即密文字符串 ms。程序代码如下：

```
ms="".join([dt.get(ch,ch) for ch in s])
```

（6）输出密文 ms。

恺撒加密的完整程序代码如下：

```
#恺撒加密-字典存储密码本.py
s=input("请输入明文：")
#初始化用于存储密码本的空字典
dt={}
#对每一个英文字符后移 3 位实现加密，将键值对<明文字符>:<密文字符>添加到字典 dt 中
for k in (65,97):
        for i in range(26):
                dt[chr(i+k)]=chr((i+3)%26+k)
#利用列表推导式得到密文字符构成的列表；join()方法将列表中的密文字符拼接成密文字符串
ms="".join([dt.get(ch,ch) for ch in s])
print("密文为：",ms)
```

【例 7-35】恺撒解密。

分析：该问题的输入是密文字符串，处理过程是对密文字符串中的英文字符解密后替换明文字符，最后输出解密后的明文。

解密是加密的逆过程。其类似加密的第二种方法，利用字典存储解密密码本，得到解密的完整程序代码如下：

```
#恺撒密码-解密-字典存储解密密码本.py
ms=input("请输入密文：")
#初始化用于存储解密用的密码本的空字典
dt={}
#对每一个英文字符前移 3 位实现解密，将键值对<密文字符>:<明文字符>添加到字典 dt 中
for k in (65,97):
        for i in range(26):
                dt[chr(k+i)]=chr((i-3+26)%26+k)
#利用列表推导式得到密文字符构成的列表；join()方法将列表中的密文字符拼接成密文字符串
s="".join([dt.get(ch,ch) for ch in ms])
print("明文为：",s)
```

读者仔细理解程序中的第 5 行代码，并思考为什么在做模运算前加了一个数 26。

4．实例 4：加/解密程序

近十年来，我国基础研究和原始创新不断加强，在载人航天、卫星导航、新能源技术等领域都取得了突破性进展。针对我国关键核心技术领域，必须要构建起以密码技术为核心、多种技术交叉融合的新安全体制。下面我们一起来学习如何编写程序实现加密解密功能。

【例 7-36】加/解密程序。编写一段程序，如果输入原文，要求得到密文；如果输入密文，要求得到原文。说明：加密的过程只需要对英文字符进行加密即可，标点符号和一些特殊的符号不需要进行加密处理。

实例 4-加/解密程序

例 7-34 和例 7-35 分别介绍了恺撒密码的加密算法和解密算法以及实现代码，分别写了加密和解密两段程序来完成对原文的加密和对密文的解密。本例题要求只写一段程序来完成对原文的加密操作，执行同样的这段程序又能完成对密文的解密操作。

```
原文→密文→原文
```

由于只需要对英文字符进行加密处理，原文中的英文字符可能有大写字母也可能有小写字母，但处理是类似的，因此，我们不妨先分析对小写字母的加/解密处理方法。

我们仍然使用建立密码本的思路来设计加/解密程序。一旦我们建立好了密码本，当输入原文时，通过查阅密码本，就能很方便地得到密文，反之亦然。所以问题的关键是，我们要选择一种恰当的数据结构来存储密码本的信息。密码本存储的信息应该是一个原文字符对应一个密文字符（<原文字符:密文字符>），即输入一个原文字符要能立即得到密文字符，或者说是根据原文字符来查找密文字符。我们很自然想到用字典来存储密码本，字典元素的键是原文字符，对应的值就是密文字符，反之亦然。

接下来，我们要解决的就是如果原文字符为 ch，那么密文字符应该为什么。如果用一段程序来进行加密，用另外一段程序来进行解密，那我们对原文字符的密文可以自行设定，如之前介绍的恺撒密码，就是将原文字符后移 3 位对应的字符作为密文字符。但是，这里我们讨论的是加密和解密是同一段程序，即输入原文，执行该加/解密程序得到密文；反之，若输入的是密文，执行该加/解密程序应该得到原文。

假设我们将 26 个小写字母分别编号为 0 ~ 25，如果输入的原文字符是 a，那么应该后移多少位得到密文字符，而该密文字符同样后移那么多位又回到字符 a？注意无论是原文字符还是密文字符，后移若干位之后都必须仍然落在 0 ~ 25 范围内，这可以通过后移若干位之后与 26 做模运算来实现。因此，对于字符 a，应该后移的位数显然是 13，即字符 a 后移 13 位得到字符 n，这样，字符 n 后移 13 位之后与 26 模运算的值为 0，即又回到了字符 a。

经过上面的分析，得到求解该问题的思路如下。

（1）创建用于存储密码本的空字典 dt。

```
dt={}
```

（2）建立<原文字符>:<密文字符>的键值对信息，添加到字典 dt 中。

对于 26 个小写字母，构造<原文字符>:<密文字符>的键值对信息如下：

```
for i in range(26):
        dt[chr(i+97)]=chr((i+13)%26+97)
```

同样，对于 26 个大写字母，只需要修改 65 为 97 即可。

```
for i in range(26):
        dt[chr(i+65)]=chr((i+13)%26+65)
```

综合以上两个 for-in 循环，建立密码本的代码如下：

```
for k in (65,97):
        for i in range(26):
                dt[chr(i+k)]=chr((i+13)%26+k)
```

（3）输入原文字符串 s，得到加密后的密文，反之依然。

对于字符串 s 的每个字符 ch，如果 ch 是字母字符，则通过查阅字典 dt 得到对应的密文字符 dt[ch]；如果 ch 是非字母字符，则保持不变。综合两种情况，我们可以使用字典的 get()方法来实现。

```
原文字符 ch→密文字符 dt.get(ch,ch)
```

清楚了对每个字符的处理，使用 for 循环就能完成对整个字符串 s 的处理，但对得到的每个密文字符还需要连接成一个密文字符串。这里可以首先使用列表推导式得到由密文字符构成的列表，然后使用 join()方法将由密文字符构成的列表中的元素拼接成一个长的字符串，即密文字符串 ms。

```
ms="".join([dt.get(ch,ch) for ch in s])
```

加/解密程序的完整程序代码如下：

```
s=input("请输入要加/解密的字符串：")
dt={}
for ch in (65,97):
    for i in range(26):
        dt[chr(i+ch)]=chr((i+13)%26+ch)
ms="".join([dt.get(ch,ch) for ch in s])
print(ms)
```

恺撒密码的加密和解密是两个不同的程序，本例中使用循环移动 13 个位置的好处是原文与密文之间的相互转换可以使用同一个程序。

练习

一、单选题

1. (1,2)*2 的结果是（　　）。
   A. (1, 2, 1, 2)　　B. (1, 1, 2, 2)　　C. ((1, 2), (1, 2))　　D. 异常
2. 执行赋值操作 s1=set("apple")的结果是（　　）。
   A. {"a","p","p","l","e"}　　B. {"apple"}
   C. {"a","l","p","p","e"}　　D. {"a","p","l","e"}
3. ls=[1,2,3]，lt=(4,5)，执行 ls.append(lt)后 ls 为（　　）。
   A. [1, 2, 3, 4, 5]　　B. [1, 2, 3, (4, 5)]
   C. 不确定　　D. 异常
4. ls=[1,2,3]，执行 ls.remove(3)后 ls 为（　　）。
   A. [1, 2]　　B. [1, 2, 3]　　C. 3　　D. [2,3]
5. 执行 dt={"a":11,"b":22,"c":33,"b":55}后 dt 的结果为（　　）。
   A. {'a': 11, 'b': 22, 'c': 33}　　B. {'a': 11, 'b': 22, 'c': 33,"b": 55}
   C. {'a': 11, 'b': 55, 'c': 33}　　D. 异常

二、判断题

1. 声明含单个元素的元组与声明含多个元素的元组的方法相同。（　　）
2. 有 s="ewrw345"，可以执行 s[2]="e"来修改字符串 s 中指定位置元素的值。（　　）
3. [2,4] in [1,2,3,4,5]的结果为 False。（　　）
4. 字典的键必须是可散列的数据类型。（　　）
5. 可以通过赋值方式 st={}来定义空集合。（　　）

三、读程序写结果

分析以下列表推导式的结果。

1. [(x,y) for x in range(5) if x%2==0 for y in range(5) if y%2==1]

2. [i for i in range(1,10) for j in range(2,i) if i%j==0]

四、编程题

1. 编写代码完成 range(10)中每个元素的输出，但要求通过下标索引的方式来访问其中的每个元素。

2. 编写一个加/解密程序完成对中文文本的加/解密，要求原文与密文之间的相互转换使用同一个程序来完成。只要求对中文汉字加密，非中文字符保持不变，即要求只针对 20902 个“基本汉字”和 38 个“基本汉字补充”进行加密处理，其余不常见汉字不处理，即保持不变。

第8章 常用全局内置函数

本章重点知识：掌握查看内置常量和查看内置函数的方法；掌握 Python 中常用内置函数 filter()、map()、reversed()、sorted()、zip()和 enumerate()，掌握调用它们的语法格式和使用这些函数解决具体问题，特别注意函数 reversed()和 sorted()并不改变传入的参数值。

本章知识框架如下：

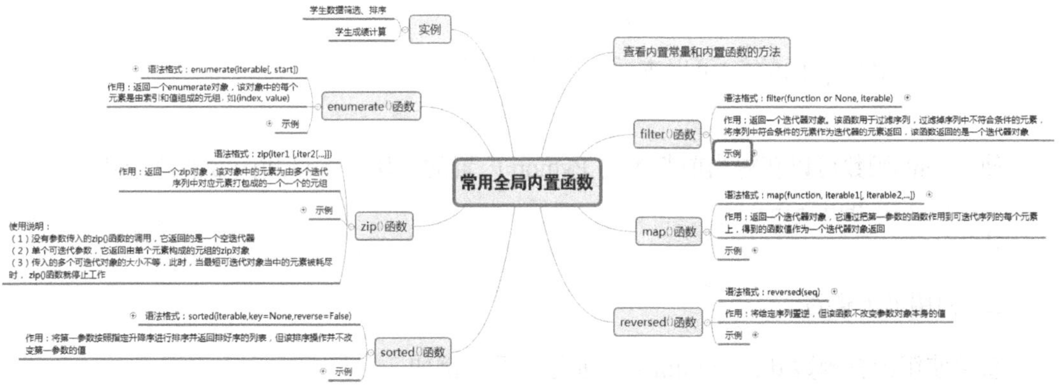

Python 解释器内置了一些常量和函数，它们被称为内置常量（Built-in Constants）和内置函数（Built-in Functions）。例如常量 True、False、None 等是 Python 的内置常量，input()、print()、abs()、pow()等函数都是 Python 的内置函数。本章主要介绍内置函数的查看和常用高阶函数的使用。

8.1 查看内置常量和内置函数的方法

为方便用户操作，Python 将一些常用的功能封装成了函数。通常，有两种方式可以查看 Python 内置的所有常量和函数。

1．使用 builtins 模块查看

通过导入 builtins 模块能够查看 Python 内置的所有模块、常量和函数。

```
>>> import builtins
>>> dir(builtins)
```

```
['ArithmeticError', 'AssertionError', 'AttributeError', 'BaseException', 'BlockingIOError', 'BrokenPipeError', 'BufferError', 'BytesWarning', 'ChildProcessError', 'ConnectionAbortedError', 'ConnectionError', 'ConnectionRefusedError', 'ConnectionResetError', 'DeprecationWarning', 'EOFError', 'Ellipsis', 'EnvironmentError', 'Exception', 'False', 'FileExistsError', 'FileNotFoundError', 'FloatingPointError', 'FutureWarning', 'GeneratorExit', 'IOError', 'ImportError', 'ImportWarning', 'IndentationError', 'IndexError', 'InterruptedError', 'IsADirectoryError', 'KeyError', 'KeyboardInterrupt', 'LookupError', 'MemoryError', 'ModuleNotFoundError', 'NameError', 'None', 'NotADirectoryError', 'NotImplemented', 'NotImplementedError', 'OSError', 'OverflowError', 'PendingDeprecationWarning', 'PermissionError', 'ProcessLookupError', 'RecursionError', 'ReferenceError', 'ResourceWarning', 'RuntimeError', 'RuntimeWarning', 'StopAsyncIteration', 'StopIteration', 'SyntaxError', 'SyntaxWarning', 'SystemError', 'SystemExit', 'TabError', 'TimeoutError', 'True', 'TypeError', 'UnboundLocalError', 'UnicodeDecodeError', 'UnicodeEncodeError', 'UnicodeError', 'UnicodeTranslateError', 'UnicodeWarning', 'UserWarning', 'ValueError', 'Warning', 'WindowsError', 'ZeroDivisionError', '_', '__build_class__', '__debug__', '__doc__', '__import__', '__loader__', '__name__', '__package__', '__spec__', 'abs', 'all', 'any', 'ascii', 'bin', 'bool', 'breakpoint', 'bytearray', 'bytes', 'callable', 'chr', 'classmethod', 'compile', 'complex', 'copyright', 'credits', 'delattr', 'dict', 'dir', 'divmod', 'enumerate', 'eval', 'exec', 'exit', 'filter', 'float', 'format', 'frozenset', 'getattr', 'globals', 'hasattr', 'hash', 'help', 'hex', 'id', 'input', 'int', 'isinstance', 'issubclass', 'iter', 'len', 'license', 'list', 'locals', 'map', 'max', 'memoryview', 'min', 'next', 'object', 'oct', 'open', 'ord', 'pow', 'print', 'property', 'quit', 'range', 'repr', 'reversed', 'round', 'set', 'setattr', 'slice', 'sorted', 'staticmethod', 'str', 'sum', 'super', 'tuple', 'type', 'vars', 'zip']
```

其中，以大写字母开头的是常量；以小写字母开头的是函数；以双下画线开头和结尾的是模块，注意是双下画线而不是单下画线。

dir(builtins)返回的是列表。我们也可以使用 for-in 循环输出它们，程序代码如下：

```
>>> for item in dir(builtins):
        print(item, end=" " )
```

进一步使用 help(函数名)可以查看指定函数的用法。例如：

```
>>> help(print)
```

使用 len()函数可以获得当前版本的 Python 内置的模块、常量和函数的总个数。

```
>>> len(dir(builtins))
154
```

2．使用 dir 查看

直接使用内置函数 dir(__builtins__)进行查看。例如：

```
>>> dir(__builtins__)
```

注意，传入的参数是“__builtins__”，其前后是双下画线而不是单下画线。

8.2 filter()函数

filter()函数

【例 8-1】假设已经有一个列表存储了 0～10 范围的数，要求求出该列表中的所有偶数。

求解该问题的方法很多，我们可以自定义一个函数，也可以利用 for-in 循环直接求解。这里我们通过列表推导式来求解该问题，程序代码如下：

```
#例 8-1-列表推导式求偶数.py
ls=list(range(11))
new_ls=[i for i in ls if i%2==0]
for i in new_ls:
    print(i,end=" ")
```

程序运行结果如下：

```
0 2 4 6 8 10
```

例 8-1 其实是一个筛选问题，即从指定列表中筛选出其中的偶数，只不过这里的筛选条件比较简单。如果筛选条件足够复杂，我们可以使用 Python 提供的高阶函数 filter()来实现条件的筛选，找出序列中符合某种条件的元素。如果一个函数可以接收另一个函数作为参数，则称该函数为高阶函数。如果一个函数接收的参数就是该函数本身，则称这样的函数为递归函数。

调用 filter()函数的语法格式如下：

```
filter(function or None, iterable)
```

该函数返回一个迭代器对象。filter()函数的作用是过滤序列，过滤掉序列中不符合条件的元素，将序列中符合条件的元素作为迭代器的元素返回。

filter()函数的第一个参数为判断函数或者为保留字 None；第二个参数为可迭代序列，它是需要进行过滤的序列。该函数将可迭代序列的每个元素作为参数传递给第一个参数的判断函数进行判断，判断的结果为 True 或 False，最后将序列中那些使第一个参数为 True 的元素返回形成迭代器中的元素。如果第一个参数为 None，则直接返回第二个参数中那些为 True 的元素构成迭代器中的元素。

（1）第一个参数是判断函数

【例 8-2】利用 filter()函数过滤掉序列中的奇数。

程序代码如下：

```
#例 8-2-filter 过滤序列中的奇数.py
def f(x):
    if x%2==0:
        return True
    else:
        return False
ls=[0,1,2,3,4,5]
fl=filter(f, ls)
print(fl)
print(type(fl))
fl_ls=list(fl)
print(fl_ls)
```

程序运行结果如下：

```
<filter object at 0x0000000002ECC088>
<class 'filter'>
[0, 2, 4]
```

输出结果表明 fliter()函数将列表 ls 中那些使函数 f(x)为 True 的值保留下来，即将偶数留下来，过滤掉奇数。自定义函数 f(x)的作用是如果 x 为偶数，则函数返回 True，否则返回 False。列表 ls 存储了 0～5 的元素，将自定义函数 f 和列表 ls 作为参数传递给 filter()函数，filter()函数返回的是一个 filter 对象。为了使该对象中的元素可见，把它转换成列表后输出。

我们也可以使用 for-in 循环直接输出 filter 对象中的每个元素。例如：

```
>>> for i in filter(f,ls):
print(i,end=" ")
0 2 4
```

此外，还可以通过使用 lambda()函数创建匿名函数，得到更为简洁的表达方法。例如：

```
r=range(5)
fl_lr=list(filter(lambda x:x%2==0,r))
print(fl_lr)
```

```
[0, 2, 4]
```

lambda()函数的作用是如果 x 能被 2 整除，则返回 True，否则返回 False。fliter()函数的作用是将序列 r 中那些使 lambda()函数返回 True 的元素留下来构成迭代器中的元素，即留下序列 r 中的偶数构成迭代器中的元素，所以最后的输出结果为[0, 2, 4]。

（2）第一个参数是 None

如果第一个参数是 None，则直接返回第二个参数中那些为 True 的元素构成的迭代器。

我们知道，True 作为表达式的一项参与运算时被当作 1 处理，False 被当作 0 处理。请看以下示例：

```
>>> True+1
2
>>> False+1
1
```

但是，在作为条件判断时，非 0 即为真，0 为假。请看以下示例：

```
ls=[0,1,2,3,4,5]
fl2_ls=list(filter(None,ls))
print(fl2_ls)
```

程序运行结果如下：

```
[1, 2, 3, 4, 5]
```

列表 ls 中第一个元素的值为 0，当其为条件进行判断时，0 为假，其余元素均为非 0，非 0 为真，因此，列表 ls 过滤后的结果为 1、2、3、4、5 构成的迭代器，最后转换为列表输出。再看以下示例：

```
gen=(x for x in range(5))
ls=list(filter(lambda x:x%2==1,gen))
print(ls)
```

程序运行结果如下：

```
[1, 3]
```

这里的 gen 是由 0 ~ 4 的元素构成的生成器，可以直接把生成器传递给 fliter()函数，查找出该生成器中的奇数。

当我们要找出符合某种条件的部分元素时，就可以使用 filter()函数。这种查找操作应该是最经常进行的操作，所以读者应掌握该函数的使用。

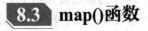

8.3 map()函数

map()函数

filter()函数用于过滤序列，即使用判断函数将序列中不符合条件的元素过滤掉，将符合条件的元素留下，或者使用保留字 None 过滤掉序列中为 False 的元素。它返回的是一个迭代器对象，迭代器中的元素为过滤序列时留下的元素。

如果需要将一个或多个可迭代序列中的每个元素都带入某个函数，执行某种相同的操作，将操作的结果保留下来，此时可以考虑使用 map()函数。调用 map()函数的语法格式如下：

```
map(function, iterable1[, iterable2,···])
```

map()函数是 Python 内置的高阶函数，它接收一个函数和一个（或多个）可迭代序列作为参数，并把函数参数 function 依次作用在可迭代序列的每个元素上，得到的函数值作为一个迭代器对象返回。

使用 map()函数时需注意以下几点。

（1）参数表中只有一个可迭代序列

如果参数表中只有一个可迭代序列 iterable，则将该序列中的每个元素作为参数依次带入第一个参数 function()函数，并将其函数值作为迭代器中的元素返回。返回的迭代器对象中的每个元素是 map()函数的第一个参数（function）作用到第二个参数的每个元素上得到的函数值。请看以下示例：

```
mp=map(lambda x:x**2,range(4))
print(mp)
print(type(mp))
mp_ls=list(mp)
print(mp_ls)
```

程序运行结果如下：

```
<map object at 0x0000000002EA8348>
<class 'map'>
[0, 1, 4, 9]
```

map()函数的第一个参数是通过 lambda()函数定义的匿名函数，该 lambda()函数的作用是求变量 x 的平方，第二个参数是由 0、1、2、3 构成的迭代序列。map()函数的作用是将 0、1、2、3 依次代入第一个参数 lambda()函数，得到的函数值分别为 0、1、4、9，因此，最后返回的迭代器中的元素是 0,1,4,9，通过转换为列表输出来查看其中的元素。我们也可以直接通过 for-in 循环输出迭代器中的元素。请看以下示例：

```
mp=map(lambda x:x**2,range(4))
for i in mp:
    print(i,end=' ')    #以空格作为分隔符，默认是换行符
```

程序运行结果如下：

```
0 1 4 9
```

（2）参数表中有多个可迭代序列

如果 map()函数的参数表中有多个可迭代序列，则第一个参数（function）必须是可以接收多个参数的函数。这些可迭代序列中相同索引下标的元素将并行作为 function 的参数。请看以下示例：

```
mp2=map(lambda x,y : x+y, range(4), (3,4,5,6))
mp2_ls=list(mp2)
print(mp2_ls)
```

```
[3, 5, 7, 9]
```

map()函数中的第一个参数是 lambda()函数，该 lambda()函数接收两个参数 x 和 y，返回二者之和。此时，map()函数的作用是将范围 range(4)和元组(3,4,5,6)相同索引下标的值(0,3)、(1,4)、(2,5)和(3,6)传递给 lambda()函数，lambda()函数的返回值分别为 3、5、7 和 9，因此，map()函数的返回值为由 3、5、7、9 构成的迭代器对象，最后将迭代器转换成列表

输出，输出结果为[3,5,7,9]。

（3）参数表中多个可迭代序列的大小不等

如果 map()函数的参数表中有多个可迭代序列，并且这些可迭代序列的大小不相同，则 map()函数将在使用完最短的那个迭代序列中的元素时停止，最后返回的迭代器对象中元素个数为最短的迭代序列的长度。请看以下示例：

```
mp3_ls=list(map(lambda x,y : x+y, range(4), (3,4,5)))
mp3_ls
```

```
[3, 5, 7]
```

map()函数中的第一个参数是 lambda()函数，该 lambda()函数可以接收两个参数 x 和 y，返回二者之和；lambda()函数接收的第一个参数是 range(4)范围，其大小为 4，lambda()函数接收的第二个参数是一个元组，其大小为 3。map()函数的作用是将范围 range(4)和元组(3,4,5)相同索引下标的值 (0,3)、(1,4)、(2,5) 作为参数传递给 lambda()函数，得到的函数值分别为 3、5、7。此时，由于元组中的元素已经使用完了，因此，map()函数停止操作，map()函数返回的是由值 3、5、7 构成的迭代器对象。

假设在某个实际应用场景中，要求用户输入的英文名称必须符合首字母大写，后续字母小写。现有用户输入的若干英文名称存放在一个列表中，但不规范，即没有按照首字母大写、后续字母小写的规则书写，要求利用 map()函数把包含若干不规范英文名称的列表变成一个包含规范英文名称的新列表。

【例 8-3】假设有包含若干英文名称的列表，要求编程实现将列表中的英文名称变成首字母大写、后续字母小写的形式。如

输入：ls=['adam', 'LISA', 'barT']

输出：['Adam', 'Lisa', 'Bart']

分析：对于一个由字母构成的字符串 s，我们可以通过字符串的切片操作 s[0:1]来获得字符串的第一个字母，通过 s[1:]获得后续的子串，然后利用字符串方法 s[0].upper()将其首字母变成大写，利用 s[1:].lower()将后续字母变成小写。但由于字符串是不可变序列，因此原字符串 s 的值并未改变。如果想让 s 符合首字母大写、后续字母小写的规则，则我们必须将转换大小写之后的结果赋予 s，即执行语句 s=s[0].upper()+s[1:].lower()。

自定义一个函数 format_name()来规范英文名称，使其符合首字母大写、后续字母小写的规则，然后将该函数和列表作为参数传入 map()函数中，最后 map()函数返回的迭代器中的元素便是符合要求的英文名称。程序代码如下：

```
#例 8-3-map-将列表中的英文名称变成首字母大写.py
def format_name(s):
    s=s[0:1].upper()+s[1:].lower()
return s
ls=['adam', 'LISA', 'barT']
print(list(map(format_name, ls)))
```

程序运行结果如下：

```
['Adam', 'Lisa', 'Bart']
```

读者注意区分 filter()函数和 map()函数的不同使用场景。

8.4 reversed()函数

reversed()函数

在实际应用中，经常会遇到将给定序列置逆的问题。读者应该还记得前面做过的一个习题——判断任意输入的一个数是否是回文数。由于通过 input()函数接收的都是字符串，因此，我们可以把输入的数当作一个字符串来处理。这样，解决该问题的一种办法就是将置逆后的字符串与原字符串进行比较，如果相等，则说明由 input()函数输入的数是一个回文数，否则说明不是回文数。

置逆操作也可以使用 Python 提供的一个内置函数 reversed()来完成。

调用 reversed()函数的语法格式如下：

```
reversed(sequence)
```

其返回一个反转的迭代器对象。参数 sequence 可以是列表、元组、字符串或函数 range()，reversed()函数不改变参数对象本身的值，函数的返回值为序列置逆后的迭代器对象。请看以下示例：

```
ls=[1,2,3,4]
rs=reversed(ls)
print(rs)
print(type(rs))
print("置逆后的结果为：",list(rs))
print("原列表为：",ls)
```

程序运行结果如下：

```
<list_reverseiterator object at 0x0000000002F5DF88>
<class 'list_reverseiterator'>
置逆后的结果为：  [4, 3, 2, 1]
原列表为：  [1, 2, 3, 4]
```

将列表 ls 传入 reversed()函数，得到的结果保存在变量 rs 中。查看 rs 以及它的类型，说明 reversed()函数返回的是一个迭代器对象，并且该函数未改变参数对象 ls 本身的值。

传入 reversed()函数的参数是一个元组序列的示例如下。

```
tp=(1,2,3)
print(list(reversed(tp)))
print(tuple(reversed(tp)))
```

程序运行结果如下：

```
[3, 2, 1]
(3, 2, 1)
```

传入 reversed()函数的参数是一个字符串序列的示例如下。

```
>>> print(''.join(list(reversed("abcdef"))))
fedcba
```

首先调用 reversed()函数得到字符串“abcdef”的逆序构成的迭代器对象，然后使用转换函数 list()将其转换成一个列表，此时，列表中的每个元素都是单个的字符['f', 'e', 'd', 'c', 'b', 'a']，接着使用字符串的 join()方法以空字符串作为连接符将列表中的元素连接成一个字符串，最终得到一个逆序字符串“fedcba”输出。

虽然我们不能直接查看迭代器对象的结果，但字符串的 join()方法可以直接接收迭代器对象作为参数传入，因此，上述第 2 行代码中可以直接将 reversed()函数返回的结果传递给 join()方法，而不需要用 list()函数将其转换成一个列表后再传入。请看如下代码：

```
>>> print(''.join(reversed("abcdef")))
fedcba
```

【例 8-4】编程实现回文数的判断。设 n 是任意一个自然数，如果 n 置逆后所得的自然数与 n 相等，则称 n 为回文数。

程序代码如下：

```
#例 8-4-回文数的判断.py
n=input("请输入任意一个自然数：")
n_reverse="".join(reversed(n))
if n==n_reverse:
    print("{}是一个回文数！".format(n))
else:
    print("{}不是一个回文数！".format(n))
```

由于 input()函数接收的始终是一个字符串，因此将该数字字符串传入 reversed()函数返回的是一个迭代器，再将该迭代器传入 join()方法，并以空格作为分隔符来进行连接，从而得到自然数反转之后的结果。如果反转之后的自然数与输入的自然数是相等的，则说明我们输入的这个数是回文数，否则就说明它不是一个回文数。

执行以上代码后，根据输入的自然数不同，得到以下不同的输出结果。

```
请输入任意一个自然数：12345
12345 不是一个回文数！
```

```
请输入任意一个自然数：15651
15651 是一个回文数！
```

但程序把输入的数按字符串来处理会存在缺陷。因为如果输入的是非自然数，但只要满足置逆后与原字符串相等，也会误判为回文数。请看如下运行结果。

```
请输入任意一个自然数：abcdcba
abcdcba 是一个回文数！
```

读者可以在学习了第 10 章（异常）后再来解决该问题。

8.5 sorted()函数

sorted()函数

查找和排序是使用最为频繁的两种操作，filter()函数可以看作是找出符合某种条件的一些元素的操作。Python 提供了一个内置函数 sorted()来完成对序列的排序，其语法格式如下：

```
sorted(iterable, key=None, reverse=False)
```

sorted()函数可以实现对所有可迭代对象的排序操作，该函数返回的是已经排好序的列表，但该函数并不改变原迭代对象的值。函数默认按升序排列，但要求可迭代对象中的元素必须是可比较的。sorted()函数的第一个参数 iterable 为可迭代对象，第二个参数 key 是关键字参数。通过关键字参数 key 设置排序的关键字，如果可迭代对象中的每个元素包含多个项的时候，我们就可以通过该参数指定可迭代器对象中用于排序的元素。key 一般用来接收一个函数，通常是 lambda()函数；这个函数只接收一个参数，所接收的参数来自可迭代对象中的元素，按照返回值进行排序，默认升序排列。sorted()函数的第三个参数 reverse 也是关键字参数，通过参数 reverse 来指定升/降序的排序规则。如果设置 reverse=True，则进行降序排列；如果设置 reverse=False 或不设置该参数，则按升序排列。下面将通过实例来对该函数进行详细介绍。

```
>>> ls=[36,6,-12,9,-22]
>>> sorted(ls)
[-22, -12, 6, 9, 36]
>>> ls
[36, 6, -12, 9, -22]
```

通过 sorted()函数对列表 ls 作用之后，返回一个升序排列的新列表，但 sorted()函数并不改变原列表 ls 的值。

如果希望对列表 ls 按照元素的绝对值进行升序排列，则使用第二个参数 key，利用 lambda()函数通过指定比较的关键字来实现。请看以下示例：

```
>>> ls=[36,6,-12,9,-22]
>>> sorted(ls, key=lambda x:abs(x))
[6, 9, -12, -22, 36]
```

lambda()函数接收的参数来自列表 ls 中的每个元素，lambda()函数返回的是该元素的绝对值。我们也可以用一种更为简单的表示方式来实现操作目标。请看以下示例：

```
>>> sorted(ls, key=abs)
[6, 9, -12, -22, 36]
```

通过指定第二个参数 key=abs 来达到相同的效果。

如果指定第三个参数 reverse=True，则按照降序进行排列。请看以下示例：

```
>>> sorted(ls,key=lambda x:abs(x),reverse=True)
[36, -22, -12, 9, 6]
```

注意 sorted()函数返回的是一个列表。请看以下示例：

```
>>> tp=(3,1,6,2)
>>> sorted(tp)
[1, 2, 3, 6]
>>> lc=['bob', 'about', 'Zoo', 'Credit']
>>> sorted(lc)
['Credit', 'Zoo', 'about', 'bob']
```

对字符串排序，按照字符的 Unicode 编码进行。

如果需要排序序列中的每个元素又是一个序列，例如要求按照每个元素的第二项来进行排序，此时也需要使用关键字参数 key。请看以下示例：

```
>>> la=[('b',2), ('a',1), ('c',0)]
>>> sorted(la, key=lambda x:x[1])
[('c', 0), ('a', 1), ('b', 2)]
```

lambda()函数接收列表 la 中的元素，并将元素的第二项返回。由于列表 la 中的每个元素又是一个元组，因此，将按照元组中每个元素的第二项进行升序排列。

如果按照列表 la 中每个元素的第一项进行排序，则 sorted()函数的调用形式如下：

```
>>> sorted(la,key=lambda x:x[0])    #按照元组第一个元素排序
[('a', 1), ('b', 2), ('c', 0)]
```

再看以下示例：

```
>>> lc=['bob', 'about', 'Zoo', 'Credit']
>>> sorted(lc, key=str.lower)         #忽略大小写排序
['about', 'bob', 'Credit', 'Zoo']
```

排序关键字“key=str.lower”的作用是将传入的每个字符串先转换成小写字符再进行排序，因此实现了忽略大小写进行的排序。如果是忽略大小写并按照第二个字母进行排序，则代码如下：

```
>>> sorted(sorted(lc, key=str.lower), key=lambda x:x[1])
['about', 'bob', 'Zoo', 'Credit']
```

最内层 sorted()函数的作用是对列表 lc 忽略大小写进行的排序，将此排序结果返回并传给外层的 sorted()函数，即外层的 sorted()函数接收的是忽略大小并按升序排好序的元素构成的列表，因此，结合外层 sorted()函数的关键字参数“key=lambda x:x[1]”可以实现忽略大小写并按照第二个字母进行升序排列。

读者注意区分列表的 sort()方法和内置函数 sorted()的不同。

（1）sort()是列表的一个方法，只能应用在列表上，sorted()函数可以对所有可迭代对象进行排序操作。

（2）列表的 sort()方法是对已经存在的列表进行排序操作，它的排序操作是作用到列表上，因此，会改变原列表的值，调用列表的 sort()方法后返回的是一个空“None”值，而调用内置函数 sorted()返回的是一个已经排好序的新列表，它不改变原来可迭代序列的值。

8.6 zip()函数

有时描述一个事物的数据可能来自不同的渠道，或者事先存储在不同的数据结构中，但最终需要把这些数据组合在一起实施相应的操作，这时就可以使用 Python 提供的内置函数 zip()完成对数据的组合。调用 zip()函数的语法格式如下：

```
zip(iter1 [,iter2 [···]])
```

zip()函数

该函数返回一个 zip 迭代对象。zip()函数可以接收任意多个可迭代序列作为参数，它将可迭代对象中对应的元素打包成一个一个的元组，然后返回由这些元组组成的对象。假设有两个列表分别存储了一些人的名字和其对应的年龄值，现要求将名字和年龄信息集中存放在一个列表中，便可以用 zip()函数来实现。程序代码如下：

```
>>> names=['Tom','Peter','Janny']
>>> ages=[18,23,17]
>>> zip(names,ages)
<zip object at 0x00000000030C9D88>
>>> type(zip(names,ages))
<class 'zip'>
>>> list(zip(names,ages))
[('Tom', 18), ('Peter', 23), ('Janny', 17)]
```

第 3 行代码将列表 names 和 ages 作为参数传入 zip()函数，第 4 行代码查看 zip()函数返回值的类型为“<class 'zip'>”。虽然 zip()函数返回的值不直接可见，但可以利用转换函数 list()将其转换成一个列表，列表中的元素为传入参数中对应元素打包形成的一个一个元组。

调用 zip()函数时，可能传入的多个可迭代对象的大小不等。当最短可迭代对象中的元素被耗尽时，zip()函数就停止工作。请看以下示例：

```
>>> books=["Python","C++","Java"]
>>> price=(59,35)
>>> list(zip(books,price))
[('Python', 59), ('C++', 35)]
```

传入 zip()函数的两个参数 books 和 price，其中 price 的大小为 2，books 的大小为 3，books 的第一个元素“Python”和 price 的第一个元素 59 打包形成一个元组作为 zip()函数返回对象的第一个元素，books 的第二个元素“C++”和 price 的第二个元素 35 打包形成一个元组作为 zip()函数返回对象的第二个元素，此时，由于 price 参数的值使用完毕，因此 zip()函数停止工作。最终 zip()函数返回的值为由元组("Python",59)和("C++",35)构成的 zip 对象，再利用转换函数 list()转换成列表，故最后输出的是由两个元组构成的列表。再看以下示例：

```
>>> list(zip("abc",[1,2]))
[('a', 1), ('b', 2)]
```

由于字符串也是一个可迭代序列，它可以作为参数传入 zip()函数，此时字符串的每个字符将和传入的第二参数中对应元素形成元组作为 zip()函数返回对象中的元素。

如果传入 zip()函数的参数只有 1 个，则它返回由单个元素构成的元组的 zip 对象。请看以下示例：

```
>>> list(zip("abc"))
[('a',), ('b',), ('c',)]
```

这里只传入了一个字符串参数，字符串也是一个可迭代序列，最后得到 zip 对象的元素是由字符串中单个字符组成的元组。

读者注意由单个元素构成的元组的表示形式是元素后有一个逗号，并且这个逗号是一定不能省略的。如果这里省略每个字符后的逗号就变成字符类型了，而不再是元组类型。

如果没有参数传入 zip()函数，则它返回的是一个空迭代器。

```
>>> type(zip())
<class 'zip'>
>>> list(zip())
[]
```

读者在使用 zip()函数进行打包处理数据时，还必须注意打包后的迭代器只能使用 1 次，再次使用时会发现打包的元素不复存在了。请看以下示例：

```
>>> ls=[1,2,3]
>>> s="abc"
>>> zp=zip(ls,s)
>>> zp_list=list(zp)
>>> zp_list
[(1, 'a'), (2, 'b'), (3, 'c')]
>>> zp_tuple=tuple(zp)
```

```
>>> zp_tuple
()
```

8.7 enumerate()函数

在某些应用中，有时可能希望同时获得序列中每个元素的值和对应的索引，以便进行相应的操作。例如，希望找出由数字 0 和 1 构成的字符串中所有数字 1 所在的位置，此时就可以使用 Python 内置函数 enumerate() 来实现。调用 enumerate()函数的语法格式如下：

enumerate()函数

```
enumerate(iterable[, start])
```

enumerate()函数的使用说明如下。

（1）函数可以接收两个参数，其中第一个参数 iterable 可以是一个序列、迭代器或其他支持迭代的对象，第二个参数 start 用于指定索引起始位置，默认起始索引为 0。

（2）函数返回值为 enumerate 对象，该对象中的每个元素是一个由索引和值组成的元组：(index, value)。

enumerate()函数用于将一个可迭代的数据对象（如列表、元组或字符串）组成一个索引序列。利用 enumerate()函数可以同时获得索引和值，它多用在 for 循环中得到计数。

【例 8-5】假设有列表 ls，希望得到如下的输出结果：(0, s[0]), (1, s[1]), (2, s[2]),⋯,(*n*−1, s[*n*−1])。

分析：解决该问题的方法并不唯一，这里通过调用 enumerate()函数来求解该例题。为了了解 enumerate()函数返回值的类型，下面代码中使用 type()函数进行了类型测试。

程序代码如下：

```
#例 8-5-enumerate-输出索引与值.py
ls=["北京","上海","重庆"]
en=enumerate(ls)
print(en)
print(type(en))
for i in en:
    print(i)
```

程序运行结果如下：

```
<enumerate object at 0x0000000002F274F8>
<class 'enumerate'>
(0, '北京')
(1, '上海')
(2, '重庆')
```

以上代码通过调用 enumerate()函数方便地获取了列表 ls 中每个元素在列表中的索引值和元素值。enumerate()函数返回的是一个 enumerate 对象，其元素本身并不直接可见，但可以通过 for-in 循环输出 enumerate 对象中每个元素，它的每个元素都是元组类型的数据，元组的第一项是索引位置，第二项是元素值。

默认情况下，enumerate()函数返回序列中第一个元素的索引下标是 0。我们也可以指定序列第一个元素的起始下标值，例如，指定列表第一个元素的索引下标为 1，其后每个元素的下标依次在上一个元素下标基础上加 1。请看以下示例：

```
>>> seasons=['Spring', 'Summer', 'Fall', 'Winter']
>>> list(enumerate(seasons,1))
[(1, 'Spring'), (2, 'Summer'), (3, 'Fall'), (4, 'Winter')]
```

⚠ **注意**：enumerate()函数的值只能使用一次。在已经输出 enumerate()函数的值后，若想再次输出，则不显示任何信息。这一点类似于生成器，在实际使用过程中需要额外注意。

【例 8-6】找出由数字 0、1 构成的字符串中所有数字 1 所在位置的索引下标值。

分析：为了使输出的结果更为清晰，这里把数字字符“1”所在的位置和数字字符“1”以元组的形式来输出呈现。把给定字符串传入 enumerate()函数可以得到索引值和元素值，这里需要输出的只是元素值为“1”的那些元素对应的索引值，注意是字符串的“1”而不是数字 1；此外，返回的 enumerate 对象的元素是元组，因此，我们可以通过元组的访问操作获得元组的第二项信息与字符串“1”进行比较，输出那些使得它们相等的元组信息。

程序代码如下：

```
#例 8-6-enumerate 函数-元组访问操作.py
s="000111000111"
for item in enumerate(s):
    if item[1]=='1':
        print("({0},{1})".format(item[0],item[1]))
```

程序运行结果如下：

```
(3,1)
(4,1)
(5,1)
(9,1)
(10,1)
(11,1)
```

由于 enumerate 对象中的每个元素都是包含索引值和元素值的元组，因此，程序在使用 for-in 循环遍历 enumerate 对象时，可以一次获得对象中元组的所有项信息加以处理。程序代码如下：

```
#例 8-6-一次获得 enumerate 对象中元组的所有项信息.py
s="000111000111"
for ids,val in enumerate(s):
    if val == '1':
        print("({0},{1})".format(ids,val))
```

程序运行结果如下：

```
(3,1)
(4,1)
(5,1)
(9,1)
(10,1)
(11,1)
```

说明：这种对元组的操作只适用于元组中每个元素的大小相同的情况，读者可自行上机测试。

此外，也可以通过定义一个自定义函数来返回那些值为“1”的元素的索引和值。

```
>>> def fun(s):
        return [(ids,val) for ids,val in enumerate(s) if val=='1']
```

```
>>> print(fun("000111000111"))
[(3, '1'), (4, '1'), (5, '1'), (9, '1'), (10, '1'), (11, '1')]
```

以上输出结果表明在给定的 0、1 字符串中，数字字符“1”依次出现在下标索引为 3、4、5、9、10、11 这些位置上。

在本例中，需要说明的是，由于是在给定的字符串中来查找数字 1，因此，在条件判断处的是字符“1”而不是数字 1。

8.8 实例

实例

利用 Python 提供的常用内置函数，结合列表、元组或字典等数据结构，可以完成基本的数据加工处理。本节使用实际问题说明如何使用常用内置函数。

假设有如表 8-1 所示的成绩表。

表 8-1 “网页设计”课程成绩表

学号	姓名	性别	平时成绩	期中成绩	期末成绩
20050034	张明	男	78	83	78
20050044	李小英	女	85	88	90
20050056	何飞	男	78	89	90
20050057	李敏	女	90	85	89
……	……	……	……	……	……

为了方便 Python 实现相关的数据处理，首先需要将表 8-1 用元组的列表或列表的列表来存储。如果用元组表示数据行，则表 8-1 可以使用以下元组的列表来存储。

```
list_stu=[('20050034', '张明', '男', 78, 83, 78), ('20050044', '李小英', '女', 85, 88, 90),···]
```

如果用列表表示数据行，则表 8-1 可以使用以下列表的列表来存储。

```
list_stu=[['20050034', '张明', '男', 78, 83, 78], ['20050044', '李小英', '女', 85, 88, 90],···]
```

在解决实际问题时，如果每行数据固定不变，则使用元组的列表存储数据，否则使用列表的列表存储数据。两种数据存储方式的相关程序处理差别不大。假设以下实例问题使用列表的列表存储表 8-1 中的所有数据，并且规定列表变量名为 list_stu。

【例 8-7】 筛选性别为“男”的所有学生信息。

分析： 使用内置函数 filter()可以实现在可迭代对象中筛选数据，返回满足条件的数据。list_stu 为列表，它可以作为可迭代对象。接下来的关键是如何表示筛选条件，filter()函数将可迭代对象的每个元素作为参数传递给 filter()函数第一个参数对应的函数，假设该函数的形参为 stu，则 stu 会依次接收到 list_stu 的各个元素，list_stu 的每个元素为一元组，该元组的第一个元素为学号，第二个元素为姓名，第三个元素为性别，依此类推。因此，在作为 filter()函数第一个参数的函数中使用 stu[2]获取学生的性别，使用表达式“stu[2]=='男'”作为返回值，即可筛选出性别为“男”的学生信息。

程序代码如下：

```
def checksex(stu):
    return stu[2]=='男'
male_stu_list=list(filter(checksex,list_stu))
```

这里可使用 lambda 表达式简化以上程序段。

```
male_stu_list=list(filter(lambda stu:stu[2]=='男',list_stu))
```

完整的程序代码如下：

```
list_stu=[['20050034', '张明', '男', 78, 83, 78], \
          ['20050044', '李小英', '女', 85, 88, 90],\
          ['20050056', '何飞', '男', 78, 89, 90],\
          ['20050057', '李敏', '女', 90, 85, 89]]

def checksex(stu):
    return stu[2]=='男'
male_stu_list=list(filter(checksex,list_stu))
print(male_stu_list)
```

程序运行结果如下：

```
[['20050034', '张明', '男', 78, 83, 78], ['20050056', '何飞', '男', 78, 89, 90]]
```

【例 8-8】筛选期末成绩大于或等于 90 分的学生信息。

分析：仍然使用 filter()函数实现数据筛选，设 filter()函数第一个参数对应的函数形参为 stu，则 stu[5]代表期末成绩。程序代码如下：

```
def checksocre(stu):
    return stu[5]>=90
list_stu_ge90=list(filter(checksocre,list_stu))
```

这里可使用 lambda 表达式简化以上程序段。

```
list_stu_ge90=list(filter(lambda stu:stu[5]>=90,list_stu))
```

完整的程序代码如下：

```
list_stu=[['20050034', '张明', '男', 78, 83, 78], \
          ['20050044', '李小英', '女', 85, 88, 90],\
          ['20050056', '何飞', '男', 78, 89, 90],\
          ['20050057', '李敏', '女', 90, 85, 89]]

def checksocre(stu):
    return stu[5]>=90
list_stu_ge90=list(filter(checksocre,list_stu))
print(list_stu_ge90)
```

程序运行结果如下：

```
[['20050044', '李小英', '女', 85, 88, 90], ['20050056', '何飞', '男', 78, 89, 90]]
```

【例 8-9】将所有学生信息按期末成绩由高到低排序输出。

分析：使用 sorted()函数可实现数据排序，该函数的第一个参数为可迭代对象，list_stu 为列表，可以传递给该参数。sorted()函数第二个参数 key 为关键字参数，这里 key 为一个函数，它的参数依次接收 sorted()函数第一个参数的所有元素，并返回排序时需要比较的数据。设该函数的形参为 stu，则 stu 会依次接收到 list_stu 的各个元组，使用 stu[5]可获取元组中的期末成绩，在该函数中返回 stu[5]即可实现按期末成绩排序。实现由高到低排列，即降序排列，还需将 sorted()的第三个参数 reverse 设置为 True。

程序代码如下：

```
def sort_col(stu):
    return stu[5]
sorted_stu_list=sorted(list_stu, key=sort_col, reverse=True)
```

这里可使用 lambda 表达式简化以上程序段。

```
sorted_stu_list=sorted(list_stu, key=lambda stu: stu[5], reverse=True)
```

完整的程序代码如下：

```
list_stu=[['20050034', '张明', '男', 78, 83, 78], \
          ['20050044', '李小英', '女', 85, 88, 90],\
          ['20050056', '何飞', '男', 78, 89, 90],\
          ['20050057', '李敏', '女', 90, 85, 89]]

def sort_col(stu):
    return stu[5]
sorted_stu_list=sorted(list_stu, key=lambda stu: stu[5], reverse=True)
print(sorted_stu_list)
```

程序运行结果如下：

```
[['20050044', '李小英', '女', 85, 88, 90], ['20050056', '何飞', '男', 78, 89, 90],
['20050057', '李敏', '女', 90, 85, 89], ['20050034', '张明', '男', 78, 83, 78]]
```

【例 8-10】如果总成绩=平时成绩×20%+期中成绩×20%+期末成绩×60%，计算总成绩并显示学号、姓名和总成绩。

分析：使用 map()函数可以从可迭代对象计算出新的可迭代对象，list_stu 为列表，可以作为可迭代对象。与 filter()类似，map()的第一个参数为函数，它的形参可以依次接收可迭代对象中的各个元素。假设该函数的形参为 stu，与例 8-7 相似，我们可在该函数中使用 stu[0]获取学号，使用 stu[1]获取姓名，使用 stu[2]获取性别，使用 stu[3]获取平时成绩，使用 stu[4]获取期中成绩，使用 stu[5]获取期末成绩。将 map 的第一个参数设计为以下函数：

```
def stu_info(stu):
return (stu[0],stu[1],stu[3]*0.2+stu[4]*0.2+stu[5]*0.6)
```

可返回每个学生的学号、姓名和总成绩。

运行以下程序：

```
result_stu_list=list(map(stu_info, list_stu))
```

所求的结果保存到 result_stu_list 变量中。

这里可使用 lambda 表达式简化以上程序段。

```
result_stu_list=list(map(lambda stu:(stu[0],stu[1],stu[3]*0.2+stu[4]*0.2+stu[5]*
0.6),list_stu))
```

完整的程序代码如下：

```
list_stu=[['20050034', '张明', '男', 78, 83, 78], \
```

```
            ['20050044', '李小英', '女', 85, 88, 90],\
            ['20050056', '何飞', '男', 78, 89, 90],\
            ['20050057', '李敏', '女', 90, 85, 89]]
def stu_info(stu):
    return (stu[0],stu[1],stu[3]*0.2+stu[4]*0.2+stu[5]*0.6)
result_stu_list=list(map(stu_info, list_stu))
print(result_stu_list)
```

程序运行结果如下：

```
[('20050034', '张明', 79.0), ('20050044', '李小英', 88.6), ('20050056', '何飞', 87.4), ('20050057', '李敏', 88.4)]
```

【例 8-11】在例 8-10 的结果之后补充性别列。

分析：使用 map()函数在 list_stu 中获取所有学生的性别信息形成一个列表 gender_list，再使用 zip()函数将 result_list_stu 和 gender_list 合并，相关的程序如下。

```
gender_list=list(map(lambda stu:stu[2],list_stu))
result_stu_list_gender=list(zip(result_stu_list,gender_list))
```

此时，列表 result_stu_list_gender 结果如下。

```
[(('20050034', '张明', 79.0), '男'), (('20050044', '李小英', 88.6), '女'), (('20050056', '何飞', 87.4), '男'), (('20050057', '李敏', 88.4), '女')]
```

观察列表元素，发现其每个元素均是由一个元组和字符串构成的元组，所以我们可以先获取每个元素的第二项并将其转换成一个元组，然后与元素的第一项进行“+”连接操作，得到一个包含学号、姓名、总成绩和性别的新元组，再赋予列表的元素，从而达成目标。

完整的程序代码如下：

```
list_stu=[['20050034', '张明', '男', 78, 83, 78], \
            ['20050044', '李小英', '女', 85, 88, 90],\
            ['20050056', '何飞', '男', 78, 89, 90],\
            ['20050057', '李敏', '女', 90, 85, 89]]

def stu_info(stu):
    return (stu[0],stu[1],stu[3]*0.2+stu[4]*0.2+stu[5]*0.6)
result_stu_list=list(map(stu_info, list_stu))
gender_list=list(map(lambda stu:stu[2],list_stu))
result_stu_list_gender=list(zip(result_stu_list,gender_list))
#取出列表 result_stu_list_gender 中每个元素的第一项和第二项（先将其转换成元组）合并成一个新元组
for i in range(len(result_stu_list_gender)):
    result_stu_list_gender[i]=result_stu_list_gender[i][0]+tuple(result_stu_
list_gender[i][1])
print(result_stu_list_gender)
```

程序运行结果如下：

```
[('20050034', '张明', 79.0, '男'), ('20050044', '李小英', 88.6, '女'), ('20050056', '何飞', 87.4, '男'), ('20050057', '李敏', 88.4, '女')]
```

练习

一、单选题

1. list(filter(lambda x:x%3==0, range(10)))的结果是（　　）。

A. [0, 3, 6, 9]　　B. [0, 2, 4, 6, 8]　　C. (0, 3, 6, 9)　　D. 不可见

2. tuple(map(lambda x,y:x**y, range(3), range(4))) 的结果是（　　）。

A. (0, 1, 4, 9)　　B. (1, 1, 4, 27)　　C. (1, 1, 4)　　D. (0, 1, 4)

3. ''.join(list(reversed("abcdef")))的输出结果是（　　）。

A. fedcba　　B. 'fedcba'　　C. ['f', 'e', 'd', 'c', 'b', 'a']　　D. 'f e d c b a'

4. sorted([3,1,5,-2], key=abs)的结果是（　　）。

A. 异常　　B. [−2, 1, 3, 5]　　C. [3, 1, 5, −2]　　D. [1, −2, 3, 5]

5. tuple(zip([1,2,3,4])) 的结果是（　　）。

A. (1,2, 3,4)　　B. 异常

C. [1,2,3,4]　　D. ((1,), (2,), (3,), (4,))

二、写出以下程序的作用

读者仔细理解下面两段代码，分别写出两段代码的运行结果和作用。

1. 写出以下代码的作用。

```
def search_name(s):
    return s[0:1].isupper() & s[1:].islower()
ls=['Adma','lisa','ToM','Jerry','peTer']
print(list(map(search_name,ls)))
```

2. 写出以下代码的作用。

```
def search_name(s):
    return s[0:1].isupper() & s[1:].islower()
ls=['Adma','lisa','ToM','Jerry','peTer']print(list(filter(search_name,ls)))
```

三、编程题

1. 有如下学生信息，请分别按照列表中元素第二项进行降序排列和按照第三项进行升序排列。

```
students=[('Tom','boy',15), ('Peter','girl',12), ('Jan','boy',10)]
```

2. 编程实现在例 8-11 的基础上筛选出所有女同学的信息，并按照如下形式输出。

```
    学号        姓名    性别    期末成绩
20050044      李小英    女       88.6
20050057      李敏      女       88.4
```

第9章 文件

本章重点知识：掌握声明文件对象的方式，掌握全局函数 open()的正确调用格式；了解绝对路径和相对路径的概念；掌握 os 模块常用函数 getcwd()、chdir()、mkdir()、makedirs()等的正确使用；重点掌握使用 Python 程序对文本文件的读写操作；掌握和熟练使用上下文语法。

本章知识框架如下：

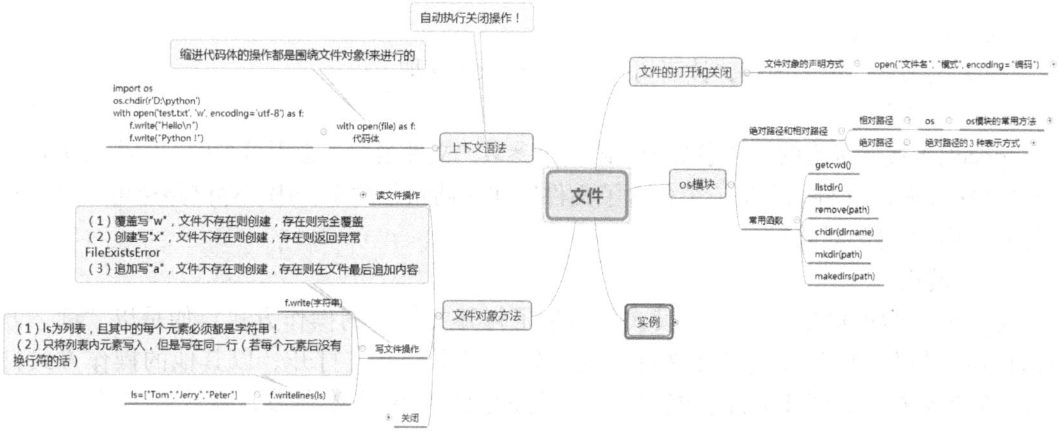

文件是存储于外部存储器的信息集合，它可以包含任何数据内容。在计算机中还有一类重要的文件就是程序文件，如前面讲到的以.py 保存的就是一个 Python 程序文件。实际上，物理读写文件是由操作系统完成的，程序是不能直接读写外存储器的。因此，读写文件时，首先要请求操作系统打开一个文件对象，以用于标识正在处理的文件。打开文件对象后，通过它可完成读取数据、写入数据或移动读写位置等操作。

本章主要讨论如何使用 Python 程序对文本文件进行读写操作。

9.1 文件的打开和关闭

文件的打开和关闭

文件是一种组织和表达数据的有效方法，它包括以下两种类型。

文本文件一般由单一特定编码的字符组成，如 UTF-8 编码，内容容易统一展示和阅读。大部分文本文件都可以通过文本编辑软件或文字处理软件创建、修改和阅读。由于文本文件存在编码，因此，它也可以被看作是存储在磁盘上的长字符串，例如一个.txt 格式的文本文件。

二进制文件直接由 0 和 1 组成，没有统一的字符编码，文件内部数据的组织格式与文件用途有关，例如.png 格式的图片文件、.avi 格式的视频文件等。二进制文件和文本文件最主要的区别在于是否有统一的字符编码。二进制文件由于没有统一字符编码，只能当作字节流，而不能看作是字符串。

与其他语言处理文件相似，Python 文件操作的基本流程是：打开文件→对文件进行读、写或其他操作→关闭文件。

1．打开文件

使用内置函数 open()来打开文件，调用该函数的语法格式如下：

```
open("文件名", "模式", encoding="编码")
```

该函数返回一个文件对象，其类型取决于"模式"参数。通过该参数进行标准的文件操作，如读、写。

第一个参数"文件名"不能省略，第二个参数"模式"和第三个参数 encoding="编码"都可以省略。当省略第二个参数时，默认以读"r"模式打开；当省略第三个参数时，默认以"gbk"编码方式打开文件。但要注意的是，打开文件时指定的编码一定要与保存文件时的编码格式一致或兼容。

有关该函数的更多内容，读者可通过 help(open)获取。

（1）文件名

open()函数所接收的 3 个参数中，第一个参数"文件名"是必不可少的，它指定了要打开的文件名称。"文件名"是一个包含了文件所在存储路径的字符串，存储路径可以是相对路径，也可以是绝对路径。

（2）模式

open()函数的第二个参数"模式"指定了打开文件时的操作方式，如是以"读"方式打开还是以"写"方式打开文件，或者以"读写"方式打开、以其他的操作方式打开。该参数决定了打开文件后能对文件进行的操作。省略该参数，默认以"r"方式打开文件。

"模式"是一个指定打开文件方式的字符串。文件打开的主要模式如表 9-1 所示。

表 9-1　文件打开的主要模式

模式	作用
r	只读模式。若指定文件不存在，将抛出 FileNotFoundError 异常
w	覆盖写模式。若指定文件不存在则自动创建，若存在则清除原来的内容重写
x	创建写模式。与 w 方式不同的是，如果文件不存在则新建，如果文件存在则抛出 FileExistsError 异常，不会误清除原来文件的内容，确保更安全地操作文件
a	追加写模式。如果指定文件不存在则新建文件，如果文件已经存在则在文件末尾写入数据
+	需结合上述的模式使用（如 r+、w+和 a+等），以读写方式打开文件。文件打开后，可以读写文件
b	需结合 r、w 和 a 等模式使用（如 rb、wb 和 ab 等），以二进制模式打开文件，可以读写 bytes 类型的数据；不使用 b，则以文本模式打开文件

（3）编码

第三个参数是"encoding="编码""，它可以指定当前文件读取或者写入的字符串编码格式。但要注意的是，如果是以“读”方式打开文件，指定的编码方式一定要与存储文件时的编码方式一致。利用 open()函数打开文件时，默认以“gbk”编码方式打开文件。如果保存文件时不是以“gbk”编码方式保存的，打开文件时一定记得带上第三个参数“encoding="编码"”来指定编码方式。请看以下示例：

首先，我们用记事本建立一个文本文件 data.txt，假设保存在 D 盘的 Python 相关目录下（D:\Python\PythonEXample\data.txt），但在保存文件时选择编码方式为“UTF-8”形式，如图 9-1 所示。

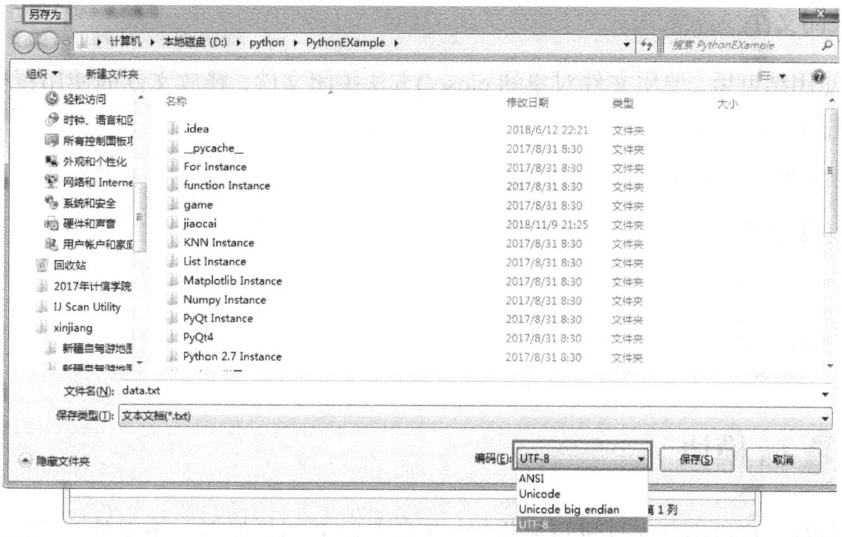

图 9-1　保存 TXT 文件时选择编码格式

下面对 D 盘 Python 相关目录下的文本文件 data.txt 进行操作。

```
>>> import os
>>> os.chdir(r'D:\Python\PythonEXample')
>>> f=open('data.txt', 'r')
>>> f.read()
```

运行以上代码后，抛出了如下异常。

```
Traceback (most recent call last):
  File "<pyshell#36>", line 1, in <module>
    f.read()
UnicodeDecodeError: 'gbk' codec can't decode byte 0xa0 in position 20: illegal multibyte sequence
```

异常信息表明在解码的时候遇到了一些问题，原因是我们保存文件“data.txt”时选择的编码格式是“UTF-8”，而打开文件时由于省略了“编码”参数，因此，默认以“gbk”编码方式来打开，编码不兼容。

我们可以通过在调用 open()函数时明确指明第三个参数来解决该异常问题。请看以下示例：

```
>>> import os
>>> os.chdir(r'D:\Python\PythonEXample')
>>> f=open('data.txt', 'r', encoding='UTF-8')
>>> f.encoding
'UTF-8'
```

```
>>> f.read()
'\ufeff文件操作练习\n注意保存文件时编码的选择\n细节方面尤其要注意！'
```

打开文件后，查看其编码方式的确是“UTF-8”。因此，今后凡是出现“UnicodeDecodeError”异常时，首先查看保存文件时指定的编码方式，然后通过 open()函数中的“encoding="编码"”参数指定正确的编码方式。

最后，需特别说明的是，如果保存文件时以“Unicode”编码方式保存，则在打开文件时指定的编码参数为“encoding="UTF-16"”。

2．关闭文件

文件使用结束后，要用文件对象的 close()方法关闭文件，释放文件的使用授权。close()方法的调用格式如下：

```
<文件对象名>.close()
```

请看以下示例：

```
>>> import os
>>> os.chdir(r'D:\Python\PythonEXample')
>>> f=open('data.txt', 'r', encoding='UTF-8')
>>> f..close()
```

9.2 os 模块

当我们对计算机中的文件进行操作时，无论是打开还是保存一个文件，都必须知道文件所在的存放位置。表示文件存放位置的形式称为路径。例如“D:\Python\test\随机密码生成.py”表示“随机密码生成.py”这个 Python 程序文件存放在 D 盘 Python 目录下的 test 子目录中，这样完整描述文件位置的路径就是绝对路径。我们根据绝对路径就能找到相应的文件。

os 模块

相对路径指的是相对于当前工作目录来描述文件所在位置的路径，即以引用文件所在位置为参考而建立的路径。绝对路径是以根目录为参考，其实绝对路径与相对路径的不同之处只在于描述路径时所选取的参考点不同而已。

如果是对当前目录下的文件进行操作，则只需要给出文件名，即以相对路径的方式来表示；但如果要操作的文件不在当前目录下，则必须给出包含完整路径的文件名，即以绝对路径的方式来表示。

绝对路径有 3 种表示方式，下面结合具体的示例来介绍。假设在 C 盘的 path 目录下有一个文本文件“data.txt”，则有以下 3 种表达该路径的方法。

（1）转义字符表示法

由于文件路径表示形式中的反斜杠“\”需要转义，因此，在表示文件路径的字符串中用两个反斜杠“\\”来表示字符“\”。最终表示形式为：'C:\\path\\data.txt'。

（2）字符 r 表示法

使用字符 r 将路径声明为原始字符串，即在路径原有表达形式前加上字符 r 来表示文件所在位置。注意，字符 r 不加引号。因此，最终表示形式为：r'C:\path\data.txt'。笔者推荐使用这种表达方式。

（3）斜杠“/”表示法

使用斜杠“/”来代替路径表达形式中的反斜杠“\”，此时不需要对斜杠字符“/”进行转义。因此，最终表示形式为：'C:/path/data.txt'。

以上 3 种方式指定的都是绝对路径，即文件所在的绝对地址。但是编程中，我们经常希望只写文件名而把文件所在路径省略掉，即在文件名“data.txt”前面不指定完整的路径，这样就是要求以相对路径的方式来表达路径。采用相对路径表示文件，系统会在当前工作目录下寻找是否有同名的文件。此时，我们可以通过加载 Python 内置模块 os 来切换当前工作目录。

Python 标准库中的 os 模块提供了非常丰富的函数来处理文件和目录。如果编程过程中希望编写的程序能够与平台无关，这个模块尤为重要。请看以下示例：

```
>>> f=open('data.txt')
Traceback (most recent call last):
  File "<pyshell#61>", line 1, in <module>
    f = open('data.txt')
FileNotFoundError: [Errno 2] No such file or directory: 'data.txt'
```

异常信息表明在当前目录下没有找到要打开的文件“data.txt”。除了用绝对路径来表示要打开的文件外，我们也可以通过导入模块 os 来解决该问题。os 模块中有一个方法 getcwd()，它可以获得当前的工作目录。请看以下示例：

```
>>> import os
>>> os.getcwd()  #获得当前工作目录
'D:\\Anaconda3\\Scripts'
```

浏览此目录发现的确没有“data.txt”文件。

通过 os 模块的方法 chdir()可以进行目录的切换操作，这样在打开或者写文件时就可以省略文件所在路径，只写文件名。请看以下示例：

```
>>> import os
>>> os.getcwd()
'D:\\Anaconda3\\Scripts'
>>> os.chdir(r'D:\Python')  #改变当前工作目录为“D:\Python”
>>> os.getcwd()
'D:\\python'
>>> f=open('data.txt')
>>> f.close()
```

此时没有发生异常。

os 模块提供了许多针对文件目录进行操作的函数，如判断指定目录下的指定文件是否存在、获取指定目录下的所有文件或者子文件夹中的所有文件、删除指定目录下的文件、创建新目录、创建多级目录等。os 模块常用函数如表 9-2 所示。

表 9-2　os 模块常用函数

函数名	作用
getcwd()	得到当前工作目录，即当前 Python 脚本工作的路径
listdir(path)	返回指定目录下的所有文件和目录名，返回的是列表类型
remove(path)	删除指定目录下的指定文件。注意删除的是文件，该函数不能删除目录

续表

函数名	作用
chdir(dirname)	改变工作目录到 dirname
path.abspath(name)	获得文件所在绝对路径
path.dirname(path)	以字符串形式返回文件所在路径。注意如果 path 只包含文件名而不包含路径，得到的是一个空字符串
mkdir(path)	创建目录。注意创建目录时，要求其父目录必须存在
makedirs(path)	创建多级目录。上级目录可以存在，也可以不存在
rmdir(path)	删除目录。删除路径上的最后一级目录
path.exists(path)	判断一个目录是否存在，返回值为 True 或 False

有关 os 模块更多函数的使用，读者可以通过 help(os)查阅学习。

下面以实例分析使用表 9-2 所示的函数容易出错的情况，请读者加以注意。

【例 9-1】创建多级目录 D:\456\123，说明 D 盘事先不存在文件夹“456”。

```
>>> import os
>>> os.mkdir(r'D:\456\123')
Traceback (most recent call last):
  File "<pyshell#13>", line 1, in <module>
    os.mkdir(r'D:\456\123')
FileNotFoundError: [WinError 3] 系统找不到指定的路径。: 'D:\\456\\123'
```

异常信息表明 mkdir()函数不能在父目录不存在的情况下创建子目录，此时会产生 FileNotFoundError 异常。请看以下示例：

```
>>> import os
>>> os.makedirs(r'D:\456\123')
>>> os.chdir(r'D:\456\123')
>>> os.getcwd()
'D:\\456\\123'
```

同样地，在 D 盘不存在文件夹“456”的情况下，调用 makedirs()函数成功地创建了父目录“456”和下级子目录“123”，说明 makedirs()函数创建文件夹是成功的。

【例 9-2】改变当前工作目录为 D:\456\123 子目录，然后返回上一级目录。

```
>>> import os
>>> os.chdir(r"D:\456\123")
>>> os.getcwd()
'D:\\456\\123'
>>> os.chdir(r'..')  #返回父目录
>>> os.getcwd()
'D:\\456'
```

调用 os.chdir()函数切换工作目录，如通过调用 os.chdir(r'..')函数返回到当前目录的上一级目录。

一般，凡是涉及文件的地方都可能会用到 os 模块。有关该模块更多函数的使用，读者可以自行练习使用。

9.3 文件对象方法

要对文件进行操作，必须事先打开文件。打开文件时指定的“模式”不同，对文件所能进行的操作就不同。

1．声明文件对象

通过第 2 章的学习我们知道，当声明一个 int 类型的变量 *i*，或者是字符串的变量 *s* 时都比较简单。

```
>>> i=5
>>> s="student"
```

但是文件变量的声明有点特殊。假设我们要声明一个文件变量 *f*，可以使用全局函数 open()来进行声明。

```
>>> f=open(r'D:\Python\data.txt', 'r', encoding='UTF-8')
>>> type(f)
<class '_io.TextIOWrapper'>
```

变量 *f* 指向本地的某个文件，*f* 就相当于一个对象引用到文件，测试发现 f 的类型是“_io.TextIOWrapper”，并不是我们想象的“file”类型。

文件对象方法-读文件

2．文件读操作

当使用 open()函数打开一个文件后，返回一个文件对象，我们可以使用文件对象的方法来完成对文件的读、写等操作。文件对象常用方法如表 9-3 所示。

表 9-3　文件对象常用方法

方法名	作用
read([size])	一次读取所有或指定大小为 size 的字符（或字节）信息，以字符串形式返回。若读取文件中所有的内容，则文件指针定位到文件尾
readline([size])	一次读取文件一行的前 size 个字符或字节，以字符串形式返回。省略 size，一次读取文件一行的所有内容
readlines([size])	读取 size 行内容到列表；文件每行内容以字符串形式返回作为列表的元素。省略 size，一次读取文件中所有行的内容到列表，并且文件指针定位到文件尾
write(s)	向文件写入一个字符串或字节流
writelines(lines)	将 lines 写入文件，lines 为列表，且其中每个元素均为字符串
seek(offset)	改变当前文件操作指针的位置到 offset，注意位置的指定与编码密切相关
flush()	不关闭文件情况下输出缓存到磁盘，完成文件内容的写入
close()	关闭文件，同时输出缓存到磁盘，完成写入文件的操作，此时为真实地写入具体的文件中

说明：对文件操作时究竟是针对字符还是针对字节取决于当前操作文件的类型或者是读取方式，如“模式”参数处加了 b 就是以二进制方式对文件进行操作，处理的就是字节；若“模式”参数处没有加 b 就是文本形式，读取的就是字符。

【例 9-3】读取指定文本文件的所有内容。

```
>>> f=open(r'D:\Python\data.txt', 'r', encoding='UTF-8')
>>> f.read()
'\ufeff 文件操作练习\n\n 注意保存文件时编码的选择\n\n 细节方面尤其要注意！'
```

观察输出内容，发现在文本内容前多了字符串“\ufeff”，但通过 print()函数输出后不会出现该字符，所以读者可以不用理会。当然，如果调用“f.read()”后的确希望得到如下的显示结果：

```
'文件操作练习\n\n 注意保存文件时编码的选择\n\n 细节方面尤其要注意！'
```

需要修改 open()函数中的编码参数，即在指定的“UTF-8”之后再加上一个“-sig”。请看以下示例：

```
>>> f=open(r'D:\Python\data.txt', 'r', encoding='UTF-8-sig')
>>> f.read()
```

⚠ **注意：**

（1）“f.read()”显示内容中的换行是通过转义字符“\n”来显示的。如果希望在控制台屏幕上显示换行结果，则此时可以使用 print(f.read())来输出文件内容。

（2）调用“f.read()”后，若再次调用“f.read()”，得到的是一个空字符串。原因是文件读取时有一个指针从文件开始移到文件尾，执行“f.read()”之后，文件对象 f 已经指向文件尾了，此时，若要再次执行“f.read()”，已经没有内容可读取了。针对这种情况，有以下两种解决的办法。

方法一：重新创建当前文件的实例（即重新进行声明），再进行读取，但显然这样比较麻烦。

方法二：调用 f.seek(0)把文件指针重新移到文件的开头，然后重新调用 f.read()来完成对文件的读操作。这种方法对规模较小的文件是可行的。但若文件规模较大，这样的读取方法就不可行了，因为它会占用内存，读取的效率不高，或者希望对读取的文件内容进行进一步操作时都比较麻烦。此时，我们可以考虑使用其他的方式来处理。

【例 9-4】读取文件所有行到列表。

分析：调用文件对象的 readlines()方法可以得到由文件每行内容作为元素构成的列表。

```
#9-4-读文件所有行到列表.py
f=open(r'D:\Python\data.txt', 'r', encoding='UTF-8-sig')
ls=f.readlines()  #读取文件所有行到列表，每一行的内容作为列表的一个元素
print(type(ls))
print(ls)
for line in ls:
        print(line)
f.close()
```

程序运行结果如下：

```
<class 'list'>
['文件操作练习\n', '注意保存文件时编码的选择\n', '细节方面尤其要注意！']
文件操作练习

注意保存文件时编码的选择

细节方面尤其要注意！
```

打开指定目录下的文件后，调用“f.readlines()”读取文件中所有内容到列表，文件中每一行的内容（包括换行符“\n”在内）作为列表的一个元素，然后通过输出该列表的信息以及通过 for-in 循环遍历列表来输出列表的元素，从而得到文件每一行的内容。注意理解用 for-in 循环输出的内容之间空一行的原因是，列表中的每个字符串末尾有一个转义字符“\n”（换行符），输出每行内容后输出光标定位到下一行行首处，而 print()函数未设置参数 end，因此该参数取其默认值“end=\n”，即执行 print()函数后也会自动换行，就输出了一行空行。

当然，我们如果只是希望将文件每一行的内容输出，还可以通过一个更简单的方法来处理，即对文件的操作可以不调用文件对象的任何方法来完成。原因在于，声明一个文件对象后，得到的文件指针是一个可迭代对象，我们可直接用 for-in 循环对该迭代对象进行遍历操作。程序代码如下：

```
f=open(r'D:\Python\data.txt', 'r', encoding='UTF-8-sig')
for line in f:
        print(line,end='')
f.close()
```

程序运行结果如下：

```
文件操作练习
注意保存文件时编码的选择
细节方面尤其要注意！
```

通过设置 print()函数的 end 参数值为空字符串“end= ''”，就能删除每行内容之间空行的显示。

文件对象方法-写文件

3．文件写操作

前面例子中出现在“D:\Python”目录下的文件“data.txt”是使用 Windows 自带的记事本来创建和保存的。现在我们介绍如何使用 Python 程序来创建文本文件。

假定要操作的文件位置还是在“D:\Python”目录下，为了避免在接下来的操作中写完整的路径，我们把当前的工作目录切换到“D:\Python”目录下。

```
>>> import os
>>> os.chdir(r'D:\Python')  #设置“D:\Python”为当前工作目录
```

（1）write()方法

假设希望在“D:\Python”目录下创建一个文本文件来保存一些信息，如写入一个特定的字符串信息，此时可以通过调用文件对象的 write()方法来实现。注意：使用 write()方法时，传入的参数必须是字符串；写入文件内容时，如果想要换行，必须要明确指定一个换行符“\n”。程序代码如下：

```
>>> fp=open('dream.txt', 'w', encoding='UTF-8')
>>> fp.write('公益教育团队：以梦为码\n 隶属单位：重庆师范大学')
```

执行以上代码之后，在指定目录下可以查看到的确出现了一个“dream.txt”文件（注意 open()函数的“w”模式只能创建文件，而不能创建文件夹。如果要创建文件夹，开发者可以调用 os 模块的相应函数 os.mkdir(path)或者 os.makedirs(path)来完成）。但是双击打开 dream.txt 文件，结果发现该文件中没有任何文字内容。

（2）close()方法

调用 write()方法创建的文件，打开后之所以没有发现内容，原因在于上面的代码还没有编写结束，其实当前的操作还只是在内存里的操作。如何才能将写入的内容“公益教育团队：以梦为码\n 隶属单位：重庆师范大学”真实地呈现到具体的文件中呢？方法是关闭该文件，即关闭连接。程序代码如下：

```
#9-3-写文件操作-1.py
import os
```

```
os.chdir(r'D:\Python')
fp=open('dream.txt', 'w', encoding='UTF-8')
fp.write('公益教育团队：以梦为码\n 隶属单位：重庆师范大学')
fp.close()
```

运行程序代码后，再重新打开文件 dream.txt，就可以看到写入的内容了。

在记事本打开文件后，通过“另存为”对话框将会看到其编码也的确为我们设定的“UTF-8”编码，如图 9-2 所示。

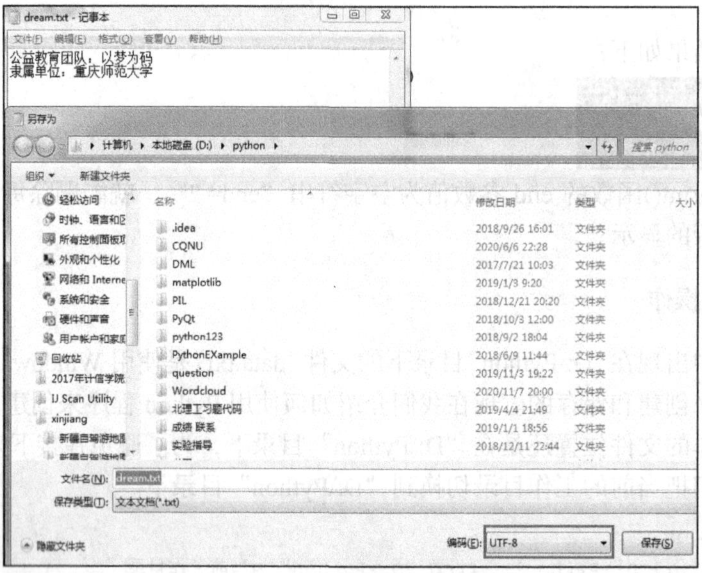

图 9-2 “另存为”对话框

（3）writelines()、flush()方法

如果希望一次写入多行文本，我们可以事先将多行文本放到一个列表中，然后调用文件对象的 writelines()方法，writelines()方法可以一次将列表中所有信息写入文本文件中。同样地，写入的内容还在内存中，它并没有直接映射输出到文件中。此时，我们如果不想关闭文件，又想将缓存的内容映射到硬盘上，则可使用 flush()方法来达成目标。请看以下示例：

```
#9-3-写文件操作-2.py
import os
os.chdir(r'D:\Python')
names=['Tom', 'Jerry', 'Mike', 'Peter']
fp=open('people.txt', 'w', encoding='UTF-8')
fp.writelines(names)
fp.flush()
```

运行程序，打开所创建的文件后又发现新的问题，即本来希望把每一个姓名写入文件的一行中，但是发现所有的内容都写在一行上了。

此时，我们只需要修改“names”变量，在其每个元素后面加上一个换行符“\n”即可。

【例 9-5】将存储在列表中的人名写入一个 TXT 文件，要求每个人名位于一行。

程序代码如下：

```
#9-5-写人名到 TXT 文件.py
import os
```

```
os.chdir(r'D:\Python')
names=['Tom', 'Jerry', 'Mike', 'Peter']
new_names=[name+'\n' for name in names]
f=open('people.txt', 'w', encoding='UTF-8')
f.writelines(new_names)
f.flush()
```

使用列表推导式将 names 列表中每个元素的末尾加上换行符“\n”。列表推导式中的表达式为“name+'\n'”，表达式中的变量 name 来自 for-in 循环中的变量 name，而变量 name 在循环过程中会遍历列表 names 中所有的元素，每遍历出单个元素都把它当作临时变量“name”代入表达式“name+'\n'”进行计算，计算得到的结果作为最终列表中的一个元素，即在列表 names 中的每个元素后加上一个字符“\n”，最终返回一个新列表存储在变量 new_names 中。

运行程序后，再打开文件“people.txt”发现每一个人名已经单独写在一行上了。

当我们将一个列表的内容写入一个文本文件时，需注意以下 3 点。

（1）列表中每个元素必须是字符串类型。

（2）列表中所有元素在写入文件时是写在一行上的，除非每个元素末尾有换行符“\n”。

（3）文件对象没有 writeline()方法，只有 writelines()方法。

写入文件时，虽然通过调用 flush()方法能够将缓存的内容写到文件中，但这里再次强调的是，最终文件的关闭还是要调用 close()方法来完成。

上下文语法

9.4 上下文语法

Python 文件对象的 close()方法可以自动进行垃圾回收、释放资源，因此，我们应该养成良好的习惯去手动关闭文件。但是写代码的时候往往容易忽略这一点，我们可利用 Python 提供的上下文语法来实现该操作。

具体来说，Python 的上下文语法是通过一个特定的代码段，将一系列的操作封装在一个上下文的环境中（用关键字 with 进行封装），当这个环境结束时，它会自动调用 close()来进行关闭，而不需要程序员手动去写关闭文件语句“文件对象.close()”。

上下文语法的格式如下：

```
with open("文件名", "模式", encoding="编码") as f:
    代码体
```

缩进代码体的操作都是围绕文件对象 f 来进行的。使用上下文语法可以避免写 f.close()来显式地关闭文件，而是在当前的上下文代码体执行完后，自动释放当前的资源。

【例 9-6】 利用上下文语法实现对指定文件的读操作。

分析： 假设想读取“people.txt”文件的内容，我们通过 open()函数打开一个文件，把它放到一个上下文对象 f 中，f 不调用任何方法的时候其实就是调用它本身的迭代对象，借此可以遍历输出该迭代对象的所有内容。输出完退出整个“with”上下文代码体的时候，不用写 f.close()，系统会自动关闭，并且释放所需要的资源。

程序代码如下：

```
#9-6-上下文语法.py
import os
```

```
os.chdir(r'D:\Python')
with open('people.txt', 'r', encoding='UTF-8') as f:
    for line in f:
        print(line)
```

同样地，写入操作也可以类似方法完成。

【例 9-7】利用上下文语法实现对文件的写入操作。

程序代码如下：

```
#9-7-上下文语法-write.py
import os
os.chdir(r'D:\Python')
with open('test.txt', 'w', encoding='UTF-8') as f:
    f.write("Hello\n")
    f.write("Python !")
```

上述代码中，并没有包含 f.close()或者 f.flush()，但是执行上述程序后，我们到指定的目录下打开写入的文件，发现要写入的信息的确已经写入文件 test.txt 中了，说明执行上下文代码体后自动调用了 f.close()方法关闭文件。

实际开发的时候，上下文语法比较实用，它可以避免显式地调用 close()或者释放资源的代码。

实例

9.5 实例

学校在安排上机实践考试时，经常根据学生基本信息生成考生文件夹，并且在学生完成考试后，需要将非空与空考生文件夹信息分别收集到不同的文件中保存。本节将利用前述的文件和文件夹操作解决这类实际问题。

【例 9-8】假设文件夹“D:\Python\ks”中有文本文件 test.txt（见图 9-3），其内容为学生信息，包括 3 列（第 1 列为学号，第 2 列为姓名，第 3 列为班级名称），并且各列之间使用“\t”（Tab 键）分隔。要求通过读取每行学生信息，在文件夹“D:\Python\ks”中创建考生文件夹，其名称规定为“学号+姓名（班级名称）”，文件夹创建完成后删除 test.txt 文件。

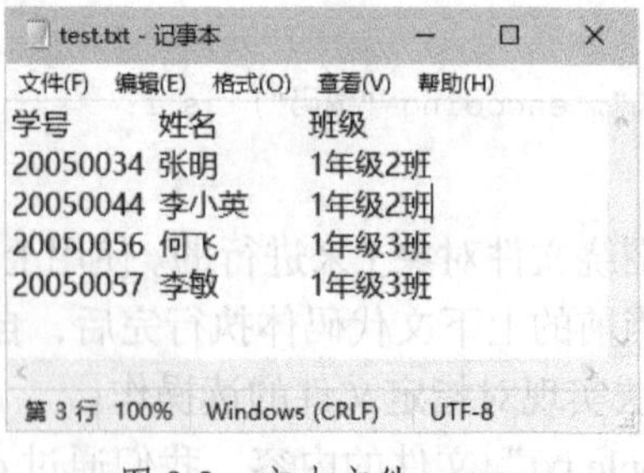

图 9-3　文本文件 test.txt

分析：首先将文件夹“D:\Python\ks”设置为当前文件夹，然后读取文本文件 test.txt 中的所有内容，这里可以使用文件对象的 read()函数读取文件的全部内容，再用“\n”分隔字符串为由若干行信息构成的字符串列表，也可以使用文件对象的 readlines()函数一次读取所有数据行，结果为字符串列表（但需要注意的是，每行数据的最后有一个多余的“\n”字符），接下来对每行数据进行处理，使用字符串的 split()函数，以“\t”作为分隔符将学号、姓名和班级名称分开存入列表变量，再使用字符串的 format()方法将学号、姓名和班级名称按规定要求格式化并保存到一个变量中，以此变量为参数调用 os.mkdir()创建文件夹。所有文件夹创建完成后，调用 os.remove()函数将 test.txt 文件删除。具体步骤如下。

（1）设置“D:\Python\ks”为当前文件夹。

（2）以“r”方式打开文件 test.txt，并将文件指针保存到文件对象 file 中。

（3）调用文件对象 file 的 readlines()函数一次读取 test.txt 文件中的所有数据行到列表 line_list。

（4）处理读取的每行数据，使用字符串的 split()方法，以“\t”作为分隔符将每行信息分割成学号、姓名和班级名称子字符串，并存入列表变量 parts 中。

（5）使用字符串的 format()方法将学号、姓名和班级名称按规定要求格式化并保存到变量 dir_name 中。

（6）调用 os.mkdir()创建文件夹 dir_name。

（7）关闭文件。

（8）调用 os.remove()函数删除 test.txt 文件。

程序代码如下：

```
import os
path=r"D:\Python\ks"
os.chdir(path)
file=open(path+r"\test.txt", "r",encoding="UTF-8")
line_list=file.readlines()
for i, line in enumerate(line_list):
    if i == 0:
        continue            #跳过第 1 行（标题行）
    line=line.strip()       #去掉字符串前后的空格或回车符
    if line == "":
        continue            #跳过空行
    parts=line.split("\t")
    #生成文件夹名称，格式为“学号+姓名（班级名称）”
    dir_name=str.format("{0}+{1}({2})", parts[0], parts[1], parts[2])
    os.mkdir(dir_name)
file.close()
os.remove(path+r"\test.txt")
```

说明：①打开文件时注意编码方式；②倒数第 4 行代码也可以写成“dir_name="{0}+{1}({2})".format(patr[0], patr[1], patr[2])”。

得到 test.txt 文件中的每行数据构成的列表 line_list 后，也可以直接从列表下标索引 1 开始处理每个元素（line_list[0]存储的是表头信息）。程序代码如下：

```
import os
path=r"D:\Python\ks"
os.chdir(path)
file=open(path+r"\test.txt","r",encoding=" UTF-8")
line_list=file.readlines()
for i in range(1,len(line_list)):   #从 1 开始，跳过第 1 行（标题行）
    line=line_list[i].strip()       #去掉字符串前后的空格或回车符
    if line=="":
        continue                    #跳过空行
   parts=line.split("\t")
```

```
        #生成文件夹名称，格式为“学号+姓名(班级名称)”
        dir_name="{0}+{1}({2})".format(parts[0],parts[1],parts[2])
        os.mkdir(dir_name)
file.close()
os.remove(path+r"\test.txt")
```

【例 9-9】已知文件夹“D:\Python\ks”中有若干子文件夹，每个文件夹名称格式为“学号+姓名(班级名称)”，如图 9-4 所示。要求：如果文件夹为非空，将学号、姓名和班级名称收集起来存入 students.txt 文件，每行只保存一名学生的信息，各项信息之间的分隔符为“\t”；如果文件夹为空，仅将学号存入 empty_folder.txt 文件，每行只保存一名学生的学号。

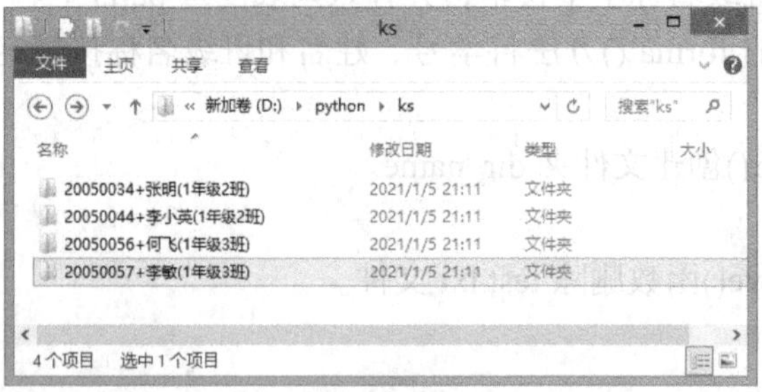

图 9-4　ks 中的若干子文件夹

分析：将文件夹“D:\Python\ks”设置为当前文件夹，然后以可写方式创建文件 students.txt 和 empty_folder.txt。接下来执行 os.listdir()获取所有文件夹名称到一个列表，使用 for-in 遍历列表中的项，并将“D:\Python\ks”与当前遍历到的项拼接，得到子文件夹的路径；以该路径为参数执行 os.listdir()，如果返回的列表为非空，则子文件夹为非空，将当前遍历到的项中的“+”替换成“\t”，“(”替换为“\t”，“)”替换为空，保存新的字符串到 students.txt 文件中。如果返回的列表为空，则子文件夹为空，取“+”字符之前的学号存入文件 empty_folder.txt 中。循环完成后，将 students.txt 和 empty_folder.txt 对应的文件对象关闭。

具体步骤如下。

（1）设置“D:\Python\ks”为当前文件夹。

（2）以“w”方式创建文件 students.txt 和 empty_folder.txt。

（3）调用 os 模块的 listdir()函数获取所有文件夹名称到列表 list_dir。

（4）利用 for-in 循环遍历文件夹名称列表 list_dir，得到路径“D:\Python\ks”下的子文件夹路径，并按要求保存到文件 students.txt 或文件 empty_folder.txt 中。

（5）关闭文件。

程序代码如下：

```
import os
path=r"D:\Python\ks"
os.chdir(path)
list_dir=os.listdir(path)
file_stu=open(path+r"\students.txt", "w")    #以可写方式打开文件 students.txt
file_stu.write("学号\t 姓名\t 班级\n")  #向 students.txt 文件写入标题行，注意每行最后为换行符“\n”
file_emp=open(path+r"\empty_folder.txt", "w")
for cur_dir in list_dir:
    cur_dir=cur_dir.strip()                  #去掉字符串前后的空格或回车符
    if cur_dir.find("+") >= 0:               #文件名中含有“+”字符
```

```
        if os.listdir(path + "\\" + cur_dir):           #考生文件夹非空
            stu_info=cur_dir.replace("+", "\t")         #将“+”替换成分隔符“\t”
            stu_info=stu_info.replace("(", "\t")        #将“(”替换成分隔符“\t”
            stu_info=stu_info.replace(")", "")          #将“)”替换为空
            file_stu.write(stu_info + "\n")             #向文件写入一行信息
        else:                                           #考生文件夹空
            pos=cur_dir.find("+")
            file_emp.write(cur_dir[:pos]+"\n")          #向文件写入一个学号
file_stu.close()
file_emp.close()
```

练习

一、单选题

1. 利用 open()函数以“读”方式打开文本文件时，模式参数是（　　）。

   A. 'r'　　B. 'w'　　C. 'x'　　D. 'a'

2. 利用 open()函数打开文件时，编码参数的默认值是（　　）。

   A. 'UTF-8'　　B. 'Unicode'　　C. 'gbk'　　D. None

3. os 模块中切换当前工作目录的函数是（　　）。

   A. listdir()　　B. getcwd()　　C. mkdir()　　D. chdir()

4. 执行 f=open(r'D:\Python\data.txt')后，一次读取文件所有内容为字符串的代码是（　　）。

   A. f.read(10)　　B. f.read()　　C. f.readline()　　D. f.readlines()

5. 在将列表 ls 中的元素写入文本文件时，列表中元素的类型只能是（　　）。

   A. 字符类型　　B. 整型　　C. 字典　　D. 元组

二、编程题

1. 写出创建 D:\Python\test\chapter9 目录结构的程序代码。

2. 编写程序将以下唐诗以文件“春晓.txt”形式写到第 1 题创建的目录中。

《春晓》

孟浩然

春眠不觉晓，处处闻啼鸟。

夜来风雨声，花落知多少。

3. 使用上下文语法编程，实现将以下内容写到第 2 题的文件“春晓.txt”末尾，要求以下内容与“春晓.txt”中已有内容之间空一行。

《相思》

王维

红豆生南国，春来发几枝。

愿君多采撷，此物最相思。

4. 假设有列表 ls=["学号姓名班级", "2005033 张明 1 年级 1 班", "2005044 李丽娟 1 年级 1 班", "2005055 欧阳云灿 1 年级 2 班", "2005066 王春荣 1 年级 2 班", "2005077 李佳芸莉 1 年级 3 班", "2005088 王佳 1 年级 4 班"]，要求编程实现将列表中的元素写入目录 D:\Python\test\chapter9 下的 student.txt 中，文件 student.txt 中有学号、姓名和班级共 3 列，各列之间使用字符“\t”分隔，如例 9-8 所示的 test.txt 文件形式。

第 10 章 错误与异常处理

本章重点知识：区分语法错误与异常、掌握 Python 中常见内置异常类型、了解异常处理流程、重点掌握各种异常处理语句的语法格式和使用情况。

本章知识框架如下：

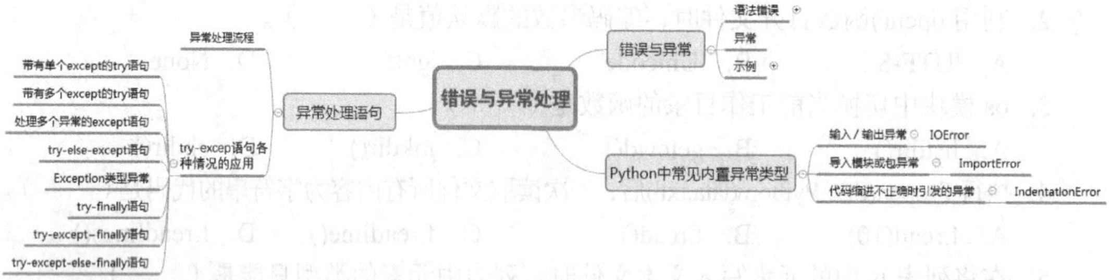

程序中的错误主要分为 3 类：语法错误、逻辑错误和运行时错误。语法错误相对来说比较好修改，在程序调试时一般会有比较明确的报错信息，开发人员根据错误提示信息加以修改即可。逻辑错误是指设计的算法本身出现了问题，可能是逻辑无法生成，计算或是输出结果需要的过程无法执行，从语法上来说是正确的，但会产生意外的输出或结果，并不一定会被立即发现。逻辑错误的唯一表现是错误的运行结果，此类错误的修改相对比较麻烦，实际上就是需要修改算法本身。本章主要讨论 Python 程序运行时可能发生的错误与异常，以及异常发生时的处理。

10.1 错误与异常

语法错误是指代码不符合解释器语法。异常是指程序执行中遇到错误，导致程序意外退出。

错误与异常

1．语法错误

语法错误又称解析错误，它通常是由程序员的疏忽造成的，如字符串的界定符不全、代码行没有缩进、条件语句或者循环语句缺少冒号等。语法错误是读者在刚开始学习编程语言时最容易遇到的错误。请看以下示例：

```
>>> print("3+4=,3+4)
SyntaxError: EOL while scanning string literal
```

```
>>> for i in range(10)
SyntaxError: invalid syntax
>>> for i in range(10):
print(i)
SyntaxError: expected an indented block
```

语法错误，根据错误提示信息很容易就能修改正确。

2．异常

在程序执行过程中，遇到错误导致程序停止执行的情况，通常称为异常。它是编程过程中不可避免的，如 0 作除数、内存或硬盘空间不足、网络连接失败、文件不能打开或系统出错等。这些错误产生后如果不做适当处理，程序的正常执行会被中断，这是用户不可接受的。当运行 Python 程序过程中检测到一个错误时，解释器就会指出当前程序已经无法继续执行下去，这时候就出现了异常，即异常是因为程序出现了错误而在正常控制流以外采取的行为。

异常是一个事件，在程序执行过程中发生，影响程序的运行。这个事件又分为两个阶段：首先是检测到错误且解释器认为是异常，抛出异常；然后是截获异常，采取可能的措施阶段。因此，当 Python 程序中出现异常时，我们要捕获异常，并做出相应的处理，否则程序会终止执行。

高级语言通常都内置了一套 try-except-finally 的错误处理机制，Python 也不例外。异常处理在任何一门编程语言中都是值得关注的一个内容，良好的异常处理可以让程序更加健壮，清晰的错误提示信息更能帮助程序员快速修复问题。在接下来的章节中，将详细介绍 Python 内置异常类型和异常处理方法。

Python 中常见内置异常类型

10.2 Python 中常见内置异常类型

异常有不同的类型，其类型名称将会作为错误信息的一部分返回给用户。Python 中有很多内置的异常类型，它们由 BaseException 类派生得到。表 10-1 描述了 Python 中常见的异常类型。每一种异常类型都有它自己的错误提示信息，用户根据给出的错误提示信息描述可以快速、准确地修正程序错误。

表 10-1 Python 中常见的异常类型

异常类型	描述
AttributeError	引用一个对象不存在的属性时引发的异常
IOError	输入/输出异常，如打开不存在的文件
ImportError	导入模块或包异常，如指定的模块不存在
IndentationError	代码缩进不正确时引发的异常
IndexError	对序列进行操作，尝试使用一个超出范围的下标索引时引发的异常
KeyError	在字典中访问不存在的键时引发的异常
NameError	访问未定义或未初始化的变量时引发的异常
SyntaxError	代码中存在语法错误时引发的异常
TypeError	数据类型存在错误时引发的异常

续表

异常类型	描述
ValueError	数值错误。假设给函数传一个不期望的值，如 int('abc')，参数“abc”不能转换为数值
ZeroDivisionError	0 作为除数时引发的异常
OSError	调用操作系统完成某些功能失败时引发的异常
TypeError	类型无效的操作引发的异常

下面以实例分析表 10-1 中部分异常类型出现的情况。

【例 10-1】 NameError 和 ZeroDivisionError 异常类。

```
>>> a=3
>>> b=0
> print(a+c)
Traceback (most recent call last):
  File "<pyshell#156>", line 1, in <module>
    print(a + c)
NameError: name 'c' is not defined
> print(a/b)
Traceback (most recent call last):
  File "<pyshell#157>", line 1, in <module>
    print(a / b)
ZeroDivisionError: division by zero
```

从给出的异常信息可以看出，访问未定义或未初始化的变量时将抛出 NameError 异常，当除数为 0 时将抛出 ZeroDivisionError 异常。

【例 10-2】 SyntaxError 和 IndexError 异常类。

```
>>> if a > b
SyntaxError: invalid syntax
```

if 条件后缺少了冒号“:”，属于语法错误。

```
>>> ls=[1,2,3,4,5]
>>> print(ls[5])
Traceback (most recent call last):
  File "<pyshell#160>", line 1, in <module>
    print(ls[5])
IndexError: list index out of range
```

索引 5 已经超出了列表 ls 的索引最大值，因此，我们试图访问列表 ls 中索引值为 5 的元素时，解释器抛出 IndexError 异常。

更多例子，读者可以自行上机进行测试。

10.3 异常处理语句

异常处理语句 I　　异常处理语句 II

为了提高程序的健壮性，大多数高级程序设计语言都具有异常处理机制。良好的异常处理可以让程序更加健壮，让程序面对非法输入时有一定的应对能力，并且清晰的错误提示信息更能帮助程序员快速修复问题。Python 也不例外。

1．异常捕获与处理语句

Python 中使用 try-except 语句来捕获与处理异常，捕获与处理异常的完整语法如下：

```
try:
    <可能产生异常的代码块>
except <异常类型名> [as e1]:
    <异常处理代码块 1>
[except <异常类型名> [as e2]:
    <异常处理代码块 2>]
……
[except:
    <异常处理代码块 n>]
[else:
    <代码块>]
[finally:
    <代码块>]
```

try 子句后写正常执行但可能会发生异常的程序代码，“except <异常类型名> [as e]”（这里 e=e1,e2, …,e*n*）给出异常类型名以及该异常类型发生时的处理代码，一般是异常类型名称的输出和简短说明。[as e]是可选的，通常在不清楚具体导致异常原因的情况下省略，如果“except <异常类型名> [as e]”没有省略“as e”，注意第一个参数 as 是关键字，第二个参数 e 是用户定义的名称，e 为 except 后“<异常类型名>”给出的类的一个实例，其中包含了异常信息，可以用 print()将异常信息输出出来。由于 Python 有多种异常类型（见表 10-1），因此 try-except 语句中可能有多个“except <异常类型名>”子句，但即使给出了多个“except <异常类型名>”子句也不能保证能捕获到所出现的异常，此时可以通过不带异常类型名称的“except”子句来捕获可能发生的异常并加以处理。“except”子句是可选项，如果没有提供“except”子句，该异常会被提交给 Python 进行默认处理，处理方式是终止程序运行并输出提示信息。“else”子句也是可选项，如果在执行 try 子句的代码过程中没有发生任何异常，则在执行完 try 子句的代码后执行 else 子句代码。“finally”子句也是可选项，只要有 finally 子句，无论 try 子句里面是否发生异常，finally 子句的代码都要被执行，并且总是在最后一步被执行。我们可以使用 finally 子句来完成在所有情况下都必须要执行的清理操作。

读者注意以下几点。

（1）在如上所示的完整 try-except 语句中，try、except、else、finally 所出现的顺序必须是 try→except X→except→else→finally，即所有的 except 必须在 else 和 finally 之前，else（如果有的话）必须在 finally 之前，而 except X 必须在 except 之前，否则会出现语法错误。

（2）在 try-except 语句的完整语法格式中，else 和 finally 都是可选的，而不是必需的。finally（如果存在）必须在整个语句的最后位置上。

（3）在 try-except 语句的完整语法格式中，else 子句的存在必须以 except X 或者 except 子句为前提，在没有 except 子句的 try 中使用 else 子句会引发语法错误。也就是说，else 不能单独与 try/finally 配合使用，即没有 try-else 语句或 try-else-finally 语句，但有 try-finally 语句。

（4）对 except 的使用要非常小心，我们要慎用。

2．try-except 语句各种情况的应用

下面将通过示例来分析 try-except 语句各种情况的应用。

（1）try-except X 语句

【例 10-3】省略 except 子句的[as e]，适用于不清楚导致异常原因的情况。

```
#try-except 语句
try:
    a=4
    b=0
    c=a/b
except ZeroDivisionError:
    print("ZeroDivisionError 类型错误")
```

程序运行结果如下：

```
ZeroDivisionError 类型错误
```

运行程序输出的信息“ZeroDivisionError 类型错误”是由 print 语句输出的结果，它是由程序员自己定义的，但此时我们并不清楚“ZeroDivisionError”异常是什么原因导致的，这样对后续程序的修改不能起到相应的提示作用。

【例 10-4】通过 except 语句的[as e]将异常信息输出。

```
try:
    a=4
    b=0
    c=a/b
except ZeroDivisionError as e:
    print("ZeroDivisionError 类型错误，错误的原因是：",e)
```

程序运行结果如下：

```
ZeroDivisionError 类型错误，错误的原因是：  division by zero
```

带上参数的 except 子句可以将参数 e 作为异常信息输出。except 子句中定义了一个“ZeroDivisionError”异常，参数是 e，通过输出异常参数的值可以阐明产生异常的原因是 0 作了除数，以方便将程序修改正确。下面的例子也是带异常参数的情况。

```
try:
    f=open('hp', 'r')
except IOError as e:
    print('could not open file: 原因是', e)
```

程序运行结果如下：

```
could not open file: 原因是  [Errno 2] No such file or directory: 'hp'
```

输出结果表明要打开的文件不存在或路径不正确。

【例 10-5】异常与 except 子句的异常类型不匹配（实例 I ）。

```
try:
    a=3
    b=0
    c=a/b    #0 作了除数
except ValueError as e:
    print("错误的原因是：",e)
```

程序运行结果如下：

```
Traceback (most recent call last):
  File "D:\789\lx.py", line 4, in <module>
    c = a / b      # 0 作了除数
ZeroDivisionError: division by zero
```

输出结果表明 except 子句中的代码 print 语句并没有被执行。这是因为在执行 try 子句时，发生的异常不能与 except 子句列出的异常类型“ValueError”匹配，该异常会被提交给 Python 进行默认处理，处理方式是终止程序的执行并输出提示信息。由于导致异常的是 try 子句的第 3 行代码，即 0 作了除数，因此 Python 解释器最终输出的提示信息是“ZeroDivisionError: division by zero”。

（2）try-except X-except 语句

例 10-5 异常信息的输出表明当发生的异常与 except 子句的异常类型不匹配时，此时未能发挥 try-except 的作用。为了避免没有匹配到异常又中断程序，我们可以使用不带类型名的 except 子句。

【例 10-6】异常与 except 子句的异常类型不匹配（实例Ⅱ）。

```
try:
    a=3
    b=0
    c=a/b    #0 作了除数
except ValueError as e:
    print("错误的原因是: ",e)
except:
    print("我不知道错误的原因，但程序出错了！")
```

程序运行结果如下：

```
我不知道错误的原因，但程序出错了！
```

⚠ **注意**：except X 必须在 except 之前，否则会出现图 10-1 所示的语法错误。

图 10-1　except X 在 except 之后的运行结果

【例 10-7】从键盘输入任意两个整数，求其相除的结果。

```
try:
    a=input("请输入被除数 a: ")
    b=input("请输入除数 b: ")
    c=int(a)/int(b)
```

```
except ValueError as e:
    print("ValueError类型错误，原因：",e)
except ZeroDivisionError as e:
    print("ZeroDivisionError类型错误，原因：",e)
```

① 程序运行后分别输入数“6”和“3”，无异常信息输出。

```
请输入被除数 a：6
请输入除数 b：3
```

② 程序运行后分别输入数“4”和“0”，由于 0 作了除数，此时会抛出异常。抛出的异常类型与第二个 except 子句的异常类型名“ZeroDivisionError”匹配，因此，通过输出异常参数 e 的值便可知道产生异常的原因是 0 作了除数。

```
请输入被除数 a：4
请输入除数 b：0
ZeroDivisionError 类型错误，原因： division by zero
```

③ 程序运行后分别输入“abc”和“3”，由于 int()函数的本意是把由数字构成的字符串还原为数值，但这里输入了 abc，属于“ValueError”错误，因此，系统抛出以下异常。

```
请输入被除数 a：abc
请输入除数 b：3
ValueError 类型错误，原因： invalid literal for int() with base 10: 'abc'
```

在例 10-7 中，使用不同的输入进行测试，我们可以观察到带有多个 except 的异常处理语句能够根据实际情况捕获多种类型的异常。

【例 10-8】异常处理流程的测试。

```
try:
    a=input("请输入被除数：")
    b=input("请输入除数：")
    c=int(a)/int(b)
    print("a=",a)
    print("b=",b)
    print("a/b=",c)
except ValueError as e:
    print("ValueError类型错误，原因：",e)
except ZeroDivisionError as e:
    print("ZeroDivisionError类型错误，原因：",e)
```

① 程序运行后分别输入数“4”和“2”，无异常信息输出。

```
请输入被除数：4
请输入除数：2
a =  4
b =  2
a/b =  2.0
```

② 程序运行后分别输入数“4”和“0”，执行到 try 子句中第 3 行代码时由于 0 作除数而发生异常。发生异常后，程序停止执行，因此，try 子句中第 4 行～第 6 行代码没有被执行，即异常之后的代码不被执行。

```
请输入被除数：4
请输入除数：0
ZeroDivisionError 类型错误，原因： division by zero
```

③ 程序运行后分别输入“a”和“3”，由于 int()函数的本意是把由数字构成的字符串

还原为数值，但这里输入了“a”，属于“ValueError”错误，因此，系统抛出异常，程序停止执行。也就是说，先执行 try 子句中的代码，直到发生异常，不再执行异常之后的代码，故不执行第 4 行 ~ 第 6 行代码。

```
请输入被除数：a
请输入除数：3
ValueError 类型错误，原因： invalid literal for int() with base 10: 'a'
```

观察例 10-8 在不同输入情况下的输出结果（包含异常信息）可知，如果在执行 try 子句的过程中发生了异常，那么 try 子句余下的部分会被忽略。

此外，也可以在一个 except 子句中同时处理多种异常，但需要注意的是，多个异常必须被放入一个元组中。

【例 10-9】利用一个 except 子句同时处理多种异常。

```
try:
    a=int(input("请输入除数："))
    b=int(input("请输入被除数："))
    c="acv"
    print(a/b)
    print(a+b)
    print(b+c)
except (ZeroDivisionError,TypeError,ValueError) as e: #捕获多个异常，用元组表示多个异常
    print(e)
```

① 程序运行后分别输入数“5”和“0”，由于 0 作了除数，此时会抛出以下异常。

```
请输入被除数：5
请输入除数：0
division by zero
```

② 程序运行后分别输入数“5”和“3”，由于 3 不能与字符串“acv”相加，此时会抛出以下异常。

```
请输入被除数：5
请输入除数：3
1.6666666666666667
8
unsupported operand type(s) for +: 'int' and 'str'
```

（3）try-except X-else 语句

【例 10-10】try-except-else 语句执行流程（实例Ⅰ）。

```
try:
    a=input("请输入被除数：")
    b=input("请输入除数：")
    c=int(a)/int(b)
except ValueError as e:
    print("ValueError 类型错误，原因：",e)
except ZeroDivisionError as e:
    print("ZeroDivisionError 类型错误，原因：",e)
else:
    #没有发生任何异常，执行 else 子句
    print("两个数相除的结果是：",c)
```

① 程序运行后分别输入数“6”和“2”，由于没有异常发生，因此执行 else 子句以输出二者相除的结果。

```
请输入被除数：6
请输入除数：2
两个数相除的结果是： 3.0
```

② 程序运行后分别输入数“5”和“0”，由于0作了除数，此时会抛出以下异常。

```
请输入被除数：5
请输入除数：0
ZeroDivisionError 类型错误，原因： division by zero
```

③ 程序运行后分别输入数“2”和字符串 x，由于转换函数 int()不能将 x 进行转换，此时执行到 int('x')抛出以下异常。

```
请输入被除数：2
请输入除数：x
ValueError 类型错误，原因： invalid literal for int() with base 10: 'x'
```

带 else 子句的 try-except X 语句，如果 try 子句中没有发生任何异常，将执行 else 子句的代码块。

【例 10-11】try-else-except 语句执行流程（实例Ⅱ）。

```
try:
    a=eval(input("请输入 a 的值："))
    b=eval(input("请输入 b 的值："))
    print("a / b=", a/b)
except ZeroDivisionError as e:
    print("ZeroDivisionError 类型错误，原因是：",e)
except ValueError as e:
    print("ValueError 类型错误，原因是：",e)
else:
    print("没有异常，执行 else 语句！")
```

运行程序根据输入数据的不同，输出不同的信息（包含异常信息）如下。

① 没有异常发生，执行 else 子句，如下所示。

```
请输入 a 的值：4
请输入 b 的值：2
a / b =  2.0
没有异常，执行 else 语句！
```

② 发生了 except 子句列出的异常，不执行 else 子句，如下所示。

```
请输入 a 的值：4
请输入 b 的值：0
ZeroDivisionError 类型错误，原因是： division by zero
```

③ 发生的是 except 未列出的异常，还是不执行 else 子句，如下所示。

```
请输入 a 的值：3
请输入 b 的值：b
Traceback (most recent call last):
  File "D:\789\lx.py", line 3, in <module>
    b = eval(input("请输入 b 的值："))
  File "<string>", line 1, in <module>
NameError: name 'b' is not defined
```

④ 发生的还是 except 未列出的异常，仍然不执行 else 子句，如下所示。

```
请输入 a 的值：c
Traceback (most recent call last):
  File "D:\789\lx.py", line 2, in <module>
    a = eval(input("请输入 a 的值："))
  File "<string>", line 1, in <module>
NameError: name 'c' is not defined
```

如果没有异常发生，则执行 else 子句。这里的异常不仅仅是 except 列出的异常类型，还包括 except 子句未列出的异常，注意有异常发生就不执行 else 子句。

（4）Exception 类型异常

如果不确定异常类型，我们可以使用 Exception 基类捕获任意类型的异常。其语法格式如下：

```
try:
    <语句块>
except Exception [as e]:
    <异常处理语句块>
```

注意“Exception”为关键字，首字母必须大写。

【例 10-12】使用 Exception 基类捕获任意类型的异常。

```
a=input("请输入 a 的值：")
try:
    r=1/int(a)
    print("r=",r)
except Exception as e:
    print("异常是：", e)
```

程序运行后根据输入的数据不同，得到不同的输出信息（包括异常信息）。

① 未发生异常，如下所示。

```
请输入 a 的值：3
r=  0.3333333333333333
```

② 发生了 0 作除数的异常，如下所示。

```
请输入 a 的值：0
异常是：  division by zero
```

③ 转换函数 int()无法对非数字字符串进行转换，发生了异常，如下所示。

```
请输入 a 的值：b
异常是：  invalid literal for int() with base 10: 'b'
```

在例 10-12 中，不同的输入导致不同的输出结果或产生不同的异常。可以看到，带有“Exception”的 except 子句将捕获任意异常。

虽然通过使用“Exception”可以捕获任意异常，但我们不提倡用“Exception”来取代其他类型的异常。原因在于：使用“Exception”捕获异常的效率非常低，它需要到 Exception 基类中去查询；另外，使用特定类型的异常便于准确分析异常类型，更好地完成异常处理和程序修正。

值得注意的是，捕获 Exception 类型异常的 except 子句应该写在捕获准确类型异常的 except 子句之后，否则捕获不到准确类型的异常，对应的 except 子句就不起作用。读者可对比以下例 10-13 和例 10-14 的输出结果。

【例 10-13】try-except X-except Exception 语句。

```
a=input("请输入 a 的值：")
b=input("请输入 b 的值：")
try:
    r=eval(a)/eval(b)
    w=eval(a)+eval(b)
    print("r=",r)
    print("w=",w)
except ValueError as e:
    print("ValueError 类型异常，原因是：", e)
except ZeroDivisionError as e:
    print("ZeroDivisionError 类型异常，原因是：", e)
except Exception as e:
    print("其他异常，原因是：", e)
```

程序运行后根据输入数据的不同会输出不同的信息。

① 程序正常执行，未抛出异常，如下所示。

```
请输入 a 的值：4
请输入 b 的值：2
r =  2.0
w =  6
```

② 抛出一个确定的异常，如下所示。

```
请输入 a 的值：4
请输入 b 的值：0
ZeroDivisionError 类型异常，原因是：  division by zero
```

③ 抛出程序员编程时未知的异常，如下所示。

```
请输入 a 的值：3
请输入 b 的值：c
其他异常，原因是：  name 'c' is not defined
```

④ 抛出程序员编程时未知的异常，如下所示。

```
请输入 a 的值：4
请输入 b 的值：b
其他异常，原因是：  unsupported operand type(s) for /: 'int' and 'str'
```

思考：请仔细理解后两种情况，并说说为什么抛出的是两种异常。

说明：应先捕获类型明确的异常，如 ValueError 或 ZeroDivisionError 类型异常，再捕获其他未知异常，以便异常分析处理和修正程序错误。

【例 10-14】try-except Exception-except X 语句实例。

```
a=input("请输入 a 的值：")
b=input("请输入 b 的值：")
try:
    r=eval(a)/eval(b)
    w=eval(a)+eval(b)
    print("r=",r)
    print("w=",w)
except Exception as e:
    print("其他异常，原因是：", e)
except ValueError as e:
    print("ValueError 类型异常，原因是：", e)
except ZeroDivisionError as e:
    print("ZeroDivisionError 类型异常，原因是：", e)
```

程序运行后根据输入数据的不同会输出不同的信息。

① 程序正常执行，未抛出异常，如下所示。

```
请输入 a 的值：4
请输入 b 的值：2
r =  2.0
w =  6
```

② 抛出一个确定的异常，如下所示。

```
请输入 a 的值：4
请输入 b 的值：0
其他异常，原因是： division by zero
```

③ 抛出程序员编程时未知的异常，如下所示。

```
请输入 a 的值：3
请输入 b 的值：c
其他异常，原因是： name 'c' is not defined
```

④ 抛出程序员编程时未知的异常，如下所示。

```
请输入 a 的值：4
请输入 b 的值：b
其他异常，原因是： unsupported operand type(s) for /: 'int' and 'str'
```

运行结果表明程序中的两个 except X 子句没有起作用。读者可以尝试删除程序中的这两个 except X 子句后再运行尝试，观察对比结果。

（5）try-finally 语句

该语句也是 Python 程序设计中常用的异常处理语句，其基本语法格式如下：

```
try:
    <语句块 1>
finally:
    <语句块 2>
```

该语句执行流程说明如下。

（i）如果在执行语句块 1 时没有捕获到异常，执行语句块 2 的代码。

（ii）如果捕获到异常，先执行语句块 2 的代码，然后由解释器进行异常处理。

总之，无论如何都会执行语句块 2 的代码。

【例 10-15】try-finally 语句实例。

```
try:
    a=eval(input("请输入 a 的值："))
    print("a 的倒数为：", 1/a)
finally:
    #无论是否捕获异常，此语句都会被执行
    print("finally，结束了！")
```

无论是否捕获异常，“finally”后的语句都会被执行。仔细观察以上程序运行后输出的信息。

① 没有产生异常，执行了“finally”后的语句，如下所示。

```
请输入 a 的值：2
a 的倒数为： 0.5
finally，结束了！
```

② 发生了异常，还是执行“finally”后的语句，然后抛出异常信息，如下所示。

```
请输入 a 的值：0
finally，结束了！
Traceback (most recent call last):
  File "D:\789\lx.py", line 3, in <module>
    print("a 的倒数为：", 1 / a)
ZeroDivisionError: division by zero
```

（6）try-except X-finally 语句

try-except X-finally 语句执行流程说明如下。

（i）如果 try 没有捕获到异常，执行 finally 语句。

（ii）如果 try 捕获到了异常，先处理异常，然后执行 finally。

总之，无论如何都会执行 finally 语句。

【例 10-16】 try-except X-finally 语句实例。

```
try:
    a=eval(input("请输入 a 的值："))
    print("a 的倒数为：", 1/a)
except ZeroDivisionError as e:
    print("ZeroDivisionError 类型错误，原因是：",e)
finally:
    #有无异常都要执行“finally”后的语句
    print("无论是否发生异常，都要执行 finally！")
```

仔细观察以上程序运行后的结果。

① 没有产生异常，执行了“finally”后的语句，如下所示。

```
请输入 a 的值：4
a 的倒数为：  0.25
无论是否发生异常，都要执行 finally！
```

② 发生了一个确定的异常，抛出异常后，还是要执行“finally”后的语句，如下所示。

```
请输入 a 的值：0
ZeroDivisionError 类型错误，原因是：  division by zero
无论是否发生异常，都要执行 finally！
```

③ 产生了一个程序员不能确定的异常，但是仍然要执行“finally”后的语句，然后抛出异常，如下所示。

```
请输入 a 的值：b
无论是否发生异常，都要执行 finally！
Traceback (most recent call last):
  File "H:/F 盘 备份/文献资料/视频文件/Python-教材/代码/try-except.py", line 2, in <module>
    a = eval(input("请输入 a 的值："))
  File "<string>", line 1, in <module>
NameError: name 'b' is not defined
```

（7）try-except X-else-finally 语句

该异常处理语句通常用于处理一些更复杂的情况，语句的执行流程如下。

（i）如果 try 没有捕获到异常，执行 else 和 finally 对应的语句。

（ii）如果 try 捕获到了异常，先处理异常，然后执行 finally 语句，此时不执行 else 语句。

总之，无论如何都会执行 finally 语句。

【例 10-17】 try-except X-else-finally 语句的执行流程（实例 I ）。

```
try:
    a=eval(input("请输入 a 的值："))
```

```
    b=eval(input("请输入b的值："))
    print("a / b=", a/b)
except ZeroDivisionError as e:
    print("ZeroDivisionError类型错误，原因是：",e)
except ValueError as e:
    print("ValueError类型错误，原因是：",e)
else:
    #没有异常才执行“else”后的语句
    print("没有异常，执行else语句！")
finally:
    #有无异常都要执行“finally”后的语句
    print("无论是否有异常，都要执行finally！\n如果没有发生异常，执行else子句后再执行finally！")
```

仔细理解以上程序运行后的输出信息，读者会发现无论什么情况下，“finally”后的语句都会被执行。

① 没有产生异常，else子句和finally子句都要执行，如下所示。

```
请输入a的值：4
请输入b的值：2
a / b =  2.0
没有异常，执行else语句！
无论是否有异常，都要执行finally！
如果没有发生异常，执行else子句后再执行finally！
```

② 发生了一个确定的异常，在抛出具体的异常后，执行finally后的语句，此时else子句不执行，如下所示。

```
请输入a的值：4
请输入b的值：0
ZeroDivisionError类型错误，原因是：  division by zero
无论是否有异常，都要执行finally！
如果没有发生异常，执行else子句后再执行finally！
```

③ 产生了一个程序员未能确定的异常，先执行finally后的语句，再在上层中抛出异常，如下所示。

```
请输入a的值：4
请输入b的值：b
无论是否有异常，都要执行finally！
如果没有发生异常，执行else子句后再执行finally！
Traceback (most recent call last):
  File "H:/F盘 备份/文献资料/视频文件/Python-教材/代码/try-except.py", line 3, in <module>
    b = eval(input("请输入b的值："))
  File "<string>", line 1, in <module>
NameError: name 'b' is not defined
```

【例 10-18】try-except-else-finally语句的执行流程（实例Ⅱ）。

```
a=input('请输入变量a:')
try:
    r=10/int(a)
    print('结果是:', r)
except ValueError as e:
    print('ValueError类型异常，原因:', e)
except ZeroDivisionError as e:
    print('ZeroDivisionError类型异常，原因:', e)
else:
```

```
    print('执行了 else 子句')
finally:
    print('执行了 finally 子句')
```

读者可以自行上机测试，观察运行以上程序后，根据输入数据的不同输出的信息。

Python 异常处理除了 try 和 except 子句外，另外两个可选的子句 else 和 finally 应该放在所有的 except 子句之后。如果 else 子句和 finally 子句同时出现，finally 子句应该放在最后。如果任何异常都没有发生（包括 except 列出的和未列出的异常），则执行 else 子句中的代码块，而 finally 子句中的代码块无论 try 子句是否发生异常，都会被执行。finally 子句中的代码一般用于 try 子句正常或异常结束都需要执行的清理操作中，如关闭数据库连接。

练习

一、单选题

1. 属于输入/输出异常的异常类型名是（　　）。

A. IOError　　B. ImportError　　C. TypeError　　D. ValueError

2. 当 0 作除数时引发的异常类型名是（　　）。

A. SyntaxError　　B. ZeroDivisionError

C. TypeError　　D. ValueError

3. 以下 4 个选项中，属于语法错误的是（　　）。

A.
```
a,b=3,4
if a>b
    print(a)
else
    print(b)
```
B.
```
ls=[1,2,3,4]
print(ls[5])
```
C.
```
a,b =3,0
print(a/b)
```
D.
```
a,b=3,4
print(a + c)
```

4. 访问未定义或未初始化的变量时引发的异常类型名是（　　）。

A. ImportError　　B. AttributeError

C. TypeError　　D. NameError

5. 导入模块或包时引发的异常类型名是（　　）。

A. ImportError　　B. AttributeError

C. OSError　　D. ValueError

二、判断题

1. 异常捕获与处理的 try 语句中，else 可以单独与 try/finaly 配合使用，形成 try-else 或 try-else-finally。（　　）

2. 在 try-except 语句的完整语法格式中，except X 必须在 except 之后。（　　）

3. 在 try-except 语句的完整语法格式中，有 try-finally 语句。（　　）

4. 在 try-except 语句的完整语法格式中，finally 子句必须在最后。（　　）

5. 在 try-except 语句的完整语法格式中，finally 子句的代码都要被执行。（　　）

三、编程题

1. 猜数字游戏。要求使用 try-except X-else-finally 语句实现：①计算机随机产生一个[0,100]的整数，用户输入猜测的数字，程序语句对用户输入的数字要先进行合法性判断，如果输入数字不是整数（异常），给出提示“输入内容必须为整数!”（异常信息），然后继续游戏；如果输入数字是整数，则进行如下判断处理：输入的数字大于计算机随机产生的数，给出提示“猜大了，再猜小一点。加油!”，然后继续游戏；输入的数字小于计算机随机产生的数，给出提示“猜小了，再猜大一点。加油!”，然后继续游戏；输入的数字等于计算机随机产生的数，给出提示“恭喜你，猜对了!”，最后输出“游戏结束了！”。②每一轮游戏在提示用户输入数字前，先显示“第*局”(单独显示在一行)。

2. 利用异常处理机制解决第 8 章例 8-4 回文数判断问题，要求基于例 8-4 的思路来实现。

第 11 章 词云库——wordcloud 库

本章重点知识：掌握生成词云的三步基本操作，即创建词云对象、加载词云文本、输出词云图；了解设置词云图大小的参数，了解设置词云图字体大小参数；重点掌握 font_path、mask、background_color 和 stopwords 参数的设置；掌握读取图片文件的方法；掌握 CSV 文件的读取操作；掌握表格数据的词云图生成方法等。

本章知识框架如下：

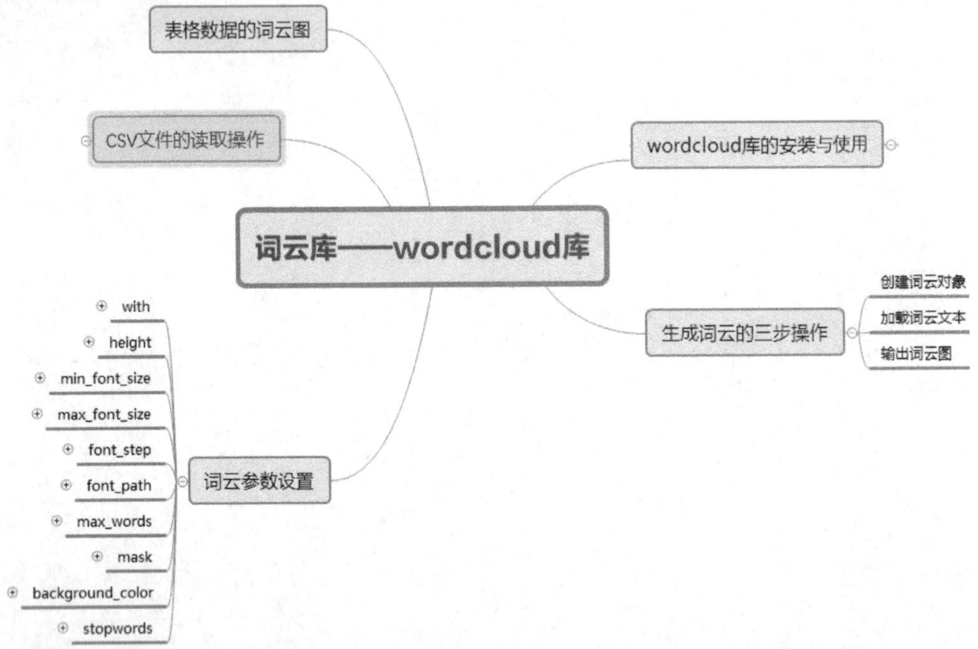

词云也叫文字云，它是对文本中出现频率较高的“关键词”予以视觉上的突出显示，形成关键词云层。它过滤了大量的文本信息，使得浏览者一眼扫过就能领略文本主旨。词云图常常用在文本数据分析方面，文字以不同大小和颜色显示。开发者通过设置词云图形状，可以实现数据与艺术的结合。

11.1 wordcloud 库的安装与使用

wordcloud 是 Python 词云展示第三库，它能将一段文本中的词语通过图形可视化的方式直观且富于艺术性地展示出来。

wordcloud 库简介

1．安装 wordcloud 库

使用第三方库之前要先进行安装，我们可以使用 Python 自带的 pip 工具对 wordcloud 库进行安装，即在 cmd 环境下输入如下命令后按 Enter 键，完成安装。

```
:>\ pip install wordcloud
```

2．使用 wordcloud 库创建词云图

wordcloud 库把词云当作一个 wordcloud 对象，只要 3 步就能生成词云，分别是创建词云对象、向词云对象加载文本、输出词云文件。根据文本中词语出现的频率等参数来绘制词云；在绘制词云的时候，词云的形状、字体大小、颜色等属性都可以在创建词云对象时设置，如果不设置这些参数，则词云以默认参数值来展示。

（1）创建词云对象

通过调用 wordcloud 库的 WordCloud 类创建词云对象 w。

```
w=wordcloud.WordCloud()
```

注意，点后的类名 WordCloud 中的 W 和 C 要大写。

（2）向词云对象加载文本

生成词云对象 w 之后，进一步调用 generate()方法向词云对象 w 加载文本，但要求文本必须是以空格分隔的字符串。

```
w.generate("文本内容")
```

（3）输出词云文件

通过调用 to_file()方法将文本对应的词云输出到图像文件中加以保存。

```
w.to_file("图像文件名")
```

“图像文件名”是一个包含文件名和存储位置的字符串，其中的文件名是生成的词云图名称。

【例 11-1】 生成字符串“Pandas are good friends of man. Man should try to protect them and let them live in the way they like!”对应的词云图。

程序代码如下：

```
#例 11-1-字符串文本对应的词云图.py
import os
import wordcloud
import matplotlib.pyplot as plt            #导入 matplotlib 的子模块 pyplot，并取别名为 plt
txt="Pandas are good friends of man. Man should try to protect them and let them live
in the way they like!"
os.chdir(r"D:\Python\wordcloud")           #指定“D:\Python\wordcloud”为当前工作目录
c=wordcloud.WordCloud()                    #生成词云对象
c.generate(txt)                            #将以空格分隔的字符串 txt 加载到词云中
c.to_file("11-1-字符串对应词云图.png")      #将词云效果输出到图片文件
plt.imshow(c)                              #在窗口上绘制词云图
plt.axis("off")                            #关闭图像坐标系
plt.show()                                 #显示绘图窗口
```

运行程序得到如下所示的词云效果图。

在指定的路径“D:\Python\wordcloud”下，打开词云图文件“11-1-字符串对应词云图.png”也能看到生成的词云效果图。

本实例中，用到了 Python 内置模块 os 的 chdir()函数来改变当前的工作目录，还使用了第三方库 matplotlib 中子模块 pyplot 的 imshow()函数将词云效果图绘制到窗口，imshow()函数负责对图像进行处理但并不显示图像本身，要显示图像必须调用 pyplot 子库的 show()函数来实现。

matplotlib 是 Python 的 2D 绘图库，该库仿造 MATLAB 提供了一整套相似的绘图函数用以绘制图表，它们是数据可视化的有力工具。

【例 11-2】生成一篇英文文章对应的词云图。

程序代码如下：

```
#例 11-2-英文文章对应的词云图.py
import os
import wordcloud
import matplotlib.pyplot as plt
os.chdir(r"D:\Python\wordcloud")
with open("panda.txt") as f:
    txt=f.read()
c=wordcloud.WordCloud()
c.generate(txt)
c.to_file("11-2-英文文章对应词云图.png")
plt.imshow(c)
plt.axis("off")
plt.show()
```

运行程序得到如下所示的词云效果图。

从词云图所呈现的主要单词 panda、animal、giant、China、protect，说明文章“panda.txt”的内容应该是围绕保护熊猫的。通过词云图，我们可以快速预测文章的主旨。

以上两个例子的词云图都是以长方形呈现，我们通过词云参数的设置可以让词云展示更加富有艺术性。

词云图参数设置

11.2 词云参数设置

通过简单的 3 步操作，我们就能将文本变成词云。默认的词云效果图中，图片的宽度为 400 像素、高度为 200 像素、背景颜色为黑色。改变词云默认参数可以得到个性化的词云效果图。

在生成词云图的 3 步操作过程中，加载文本和输出图片这两步操作没有太多可以人为干预的，因此，我们就只能在第一步生成词云对象时，通过设置词云对象（WordCloud 对象）的不同参数值来得到词云效果图的不同显示效果。

WordCloud 对象有 10 个常用参数，如表 11-1 所示。

表 11-1　WordCloud 对象的常用参数

参数	描述
width	指定词云图片的宽度，默认为 400 像素
height	指定词云图片的高度，默认为 200 像素
min_font_size	指定词云图中字体的最小字号，默认为 4 号
max_font_size	指定词云图中字体的最大字号，默认根据高度自动调节
font_step	指定词云图中字体字号的步进间隔，默认为 1
font_path	指定词云图中显示的文字字体文件的路径，默认为 None。如果要产生中文词云，则必须设置该字体参数，否则会显示乱码
max_words	指定词云图显示的最大单词数量，默认为 200
mask	指定词云图形状，默认为长方形。mask 参数指定想要绘制词云形状的图片，该图片必须是白底的，它会在非白底的地方填充上文字
background_color	指定词云图片的背景颜色，默认为黑色
stopwords	设置需要屏蔽的（不显示）词语列表

下面以实例分析生成词云图时相关参数的设置情况。

（1）mask 参数——设置词云图形状

词云图参数设置-mask 参数

默认词云图形状是长方形的，通过设置词云对象的宽（width）和高（height）可以改变默认的矩形大小。但我们如果要改变词云图形状以使呈现的词云效果图更加具有艺术性且体现数据与艺术的结合，就要设置 mask 参数。

具体来说是通过设置 mask 参数指定一个词云图形状，例如设置词云图形状为一个五角星，或者人物头像等。mask 参数可以指定要绘制的词云形状图片，但要求形状图片的背景色必须是白色，加载文本中的词语填充在形状图片的非白底部分形成个性化的词云图。

设置参数“mask=picfilename”时，需要事先将用于绘制词云的图片文件“picfilename”读取进来，并且“picfilename”是一个包含图像文件名和存储位置的字符串。Python 支持读取图像文件的第三方库很多，如 opencv、PIL(pillow)、matplotlib.image 子库、scipy.misc

子库等都可以完成图片文件的读取操作。这里，我们介绍一个很好用的第三方图形库 imageio。读者如果安装的是 Anaconda 2018 版本，第三方图形库 imageio 已经自动安装好了；如果读者的计算机上没有安装这个库，请自行安装。imageio 库可以导入很多格式的图片文件，然后又可以将其导出成各种格式的图片文件，非常好用。

【例 11-3】使用 imageio 库的 imread()函数读取图片文件。

程序代码如下：

```
#例 11-3-imread 函数读取图片文件.py
import os
import imageio
import matplotlib.pyplot as plt
os.chdir(r"D:\Python\wordcloud")
img=imageio.imread("picture.png")  #读取图像文件
plt.imshow(img)
plt.axis('off')
plt.show()
```

程序运行后显示如下结果。

通过 imageio 中的 imread()函数读取指定目录下的 picture.png 图片文件，当然要确保设定的工作目录下存在 picture.png，同时结合 matplotlib 库，将读入的图像文件显示出来。

一旦通过"img=imageio.imread("picture.png")"读取一个特定的图像文件后，就可以将它赋予 WordCloud 类的 mask 参数作为绘制词云的效果图，从而实现个性化词云展示。

【例 11-4】设置 mask 参数得到个性化的词云图。

程序代码如下：

```
#例 11-4-mask 参数.py
import wordcloud
import os
import imageio
import matplotlib.pyplot as plt
os.chdir(r"D:\Python\wordcloud")
with open("panda.txt") as f:
    txt=f.read()
img=imageio.imread("picture.png")  #读取图像文件
c=wordcloud.WordCloud(mask=img)    #设置 mask 参数为 img
c.generate(txt)
c.to_file("11-4-mask 参数词云图.png")
plt.imshow(c)
plt.axis("off")
plt.show()
```

程序运行后显示如下结果。

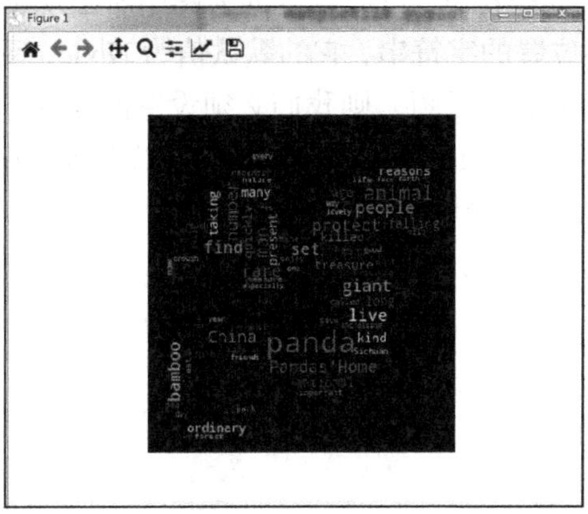

（2）background_color 参数——设置词云图背景颜色

词云图背景颜色默认是黑色，我们可以通过参数“background_color=color”改变其背景颜色，其中的 color 可以用颜色字符串或 RGB 元组来表示。

词云图参数设置

【例 11-5】设置 background_color 参数。

程序代码如下：

```
#例 11-5-background_color 参数.py
import wordcloud
import os
import imageio
import matplotlib.pyplot as plt
os.chdir(r"D:\Python\wordcloud")
with open("panda.txt") as f:
    txt=f.read()
img=imageio.imread("picture.png")
c=wordcloud.WordCloud(mask=img,background_color="white")    #改变背景颜色
c.generate(txt)
c.to_file("11-5-background_color 参数词云图.png")
plt.imshow(c)
plt.axis("off")
plt.show()
```

程序运行后显示如下结果。

（3）font_path 参数——设置显示字体

通过设置参数“font_path=path”可以改变词云图中所出现字符的字体，其中 path 是一个包含字体文件名和存储位置的字符串，它的默认值为 None，系统会选择默认的字体来显示词云。但如果想要显示中文词云图，则我们必须设置此参数，否则显示乱码。对于中文词云图，还有一点要注意，因为 generate()方法只接收以空格分隔的字符串，所以还需要利用 jieba 库对中文文本进行分词处理。

【例 11-6】中文词云图显示为乱码的情况。

程序代码如下：

```
#例 11-6-中文词云显示为乱码.py
import wordcloud
import jieba
import os
import imageio
import matplotlib.pyplot as plt
os.chdir(r"D:\Python\wordcloud")
with open("天龙八部节选.txt") as f:
    txt=f.read()
ls_txt=jieba.lcut(txt)                      #分词处理
s_txt=" ".join(ls_txt)                      #将列表 ls_txt 中的元素连接成以空格分隔的字符串
img=imageio.imread("picture.png")           #读取图像文件
c=wordcloud.WordCloud(mask=img,background_color="white")
c.generate(s_txt)
c.to_file("11-5-background_color 参数词云图.png")
plt.imshow(c)
plt.axis("off")
plt.show()
```

程序运行后显示乱码如下所示。

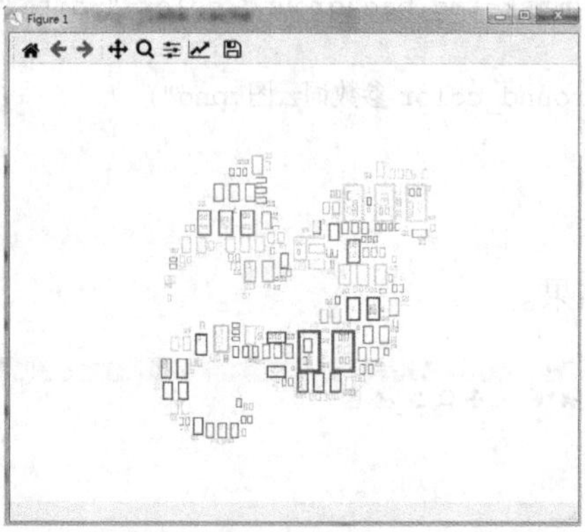

修改参数“font_path=None”的默认设置，如将显示字体设置为“微软雅黑”，但注意“微软雅黑”字体文件是“msyh.ttc”，“.ttc”为字体文件的扩展名，其扩展名也可能是“.ttf”。

读者可以在自己的计算机上查找已经安装的字体文件。字体文件在“C:\Windows\Fonts”目录下，我们可以打开资源管理器，进入该目录，用鼠标指针指向字体文件，单击鼠标右键查看其属性就能获知其字体文件的名称，也能知道是.ttf 或者是.ttc 或其他。请看下面修改例 11-6 中字体参数为 font_path= "C:/Windows/Fonts/ msyh.ttf"的示例。

【例 11-7】设置字体参数 font_path 的中文词云图。

程序代码如下：

```
#例 11-7-设置字体参数 font_path 的中文词云图.py
import wordcloud
import jieba
import os
import imageio
import matplotlib.pyplot as plt
os.chdir(r"D:\Python\wordcloud")
with open("天龙八部节选.txt") as f:
    txt=f.read()
ls_txt=jieba.lcut(txt)
s_txt=" ".join(ls_txt)
img=imageio.imread("picture.png")  #读取图像文件
c=wordcloud.WordCloud(mask=img,background_color="white",\
                      font_path="C:/Windows/Fonts/msyh.ttf")
c.generate(s_txt)
c.to_file("11-7-设置字体参数 font_path 的中文词云图.png")
plt.imshow(c)
plt.axis("off")
plt.show()
```

程序运行后显示如下结果。

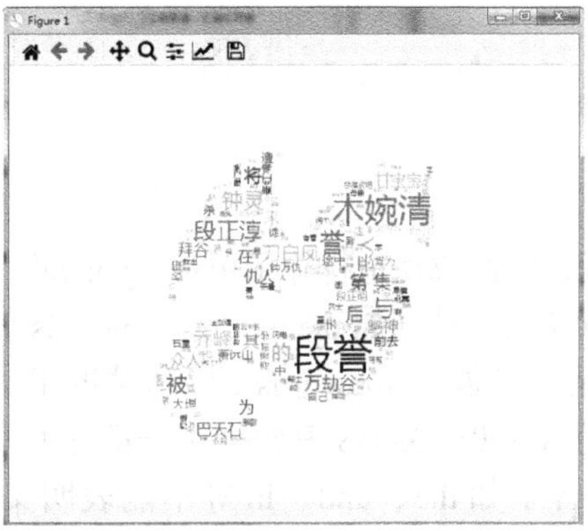

第 9 行代码利用 jieba 库的 lcut()函数对中文文本进行分词处理，返回一个列表，列表中的元素为分词后的词语；第 10 行代码利用字符串的 join()方法以空格为分隔符连接列表中的每个词语，得到一个以空格分隔的中文字符串，为生成词云的 generate()方法准备好文本字符串。

（4）stopwords 参数——排除不显示的单词

在词云效果图的显示过程中，有时可能希望屏蔽掉某些敏感单词的显示，此时可以通过设置参数 stopwords 来达成目的。具体方法是事先将要排除的单词保存在一个集合类型中，然后将该集合赋予参数 stopwords。

【例 11-8】从例 11-4 的词云图中去掉单词“panda”和“giant”的显示。

程序代码如下：

```
#例 11-8-stopwords 参数.py
import wordcloud
```

```
import os
import imageio
import matplotlib.pyplot as plt
os.chdir(r"D:\Python\wordcloud")
with open("panda.txt") as f:
     txt=f.read()
st={"panda","giant"}
img=imageio.imread("fivestart.png")
c=wordcloud.WordCloud(mask=img,background_color="white",stopwords=st) #设置参数stopwords
c.generate(txt)
c.to_file("11-8-stopwords参数.png")
plt.imshow(c)
plt.axis("off")
plt.show()
```

程序运行后显示如下结果。

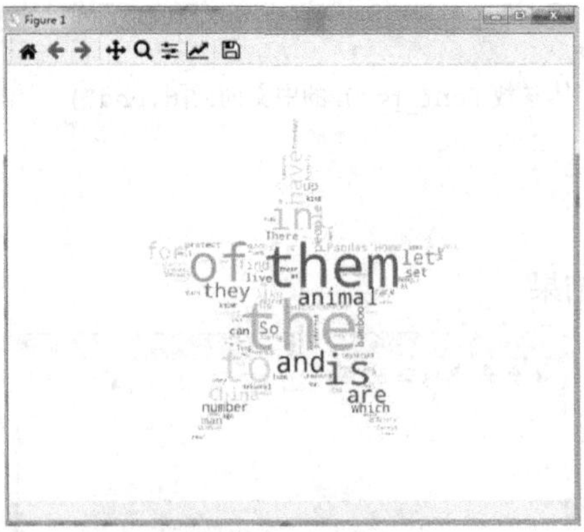

观察输出的词云图发现，已经成功地排除了单词“panda”和“giant”的显示。但要注意的是，那些不能表明文章含义的单词如 them、the、and、is 等又出现在词云图中了。

出现上述情况的原因是，参数“stopwords”默认情况下，使用的是内置屏蔽词集合 STOPWORDS，注意这里的 STOPWORDS 其每个字符都是大写的。STOPWORDS 是系统内置的屏蔽词词库，它包含了如 the、and、in 等不能表明文章含义的单词。修改参数“stopwords”的设置，就意味着它的默认设置不起作用了，此时可以通过如下的方式来达成目标。

【例 11-9】屏蔽单词“panda”的显示。

分析：希望在使用内置屏蔽词词库的基础上屏蔽掉单词“panda”的显示。

程序代码如下：

```
#例11-9-stopwords参数-添加屏蔽词.py
import wordcloud
import os
import imageio
import matplotlib.pyplot as plt
os.chdir(r"D:\Python\wordcloud")
with open("panda.txt") as f:
     txt=f.read()
img=imageio.imread("fivestart.png")
c=wordcloud.WordCloud(mask=img,background_color="white",\
```

```
            stopwords=wordcloud.STOPWORDS.add("panda"))    #添加屏蔽词
c.generate(txt)
c.to_file("11-9-stopwords参数-添加屏蔽词.png")
plt.imshow(c)
plt.axis("off")
plt.show()
```

程序运行后显示如下结果。

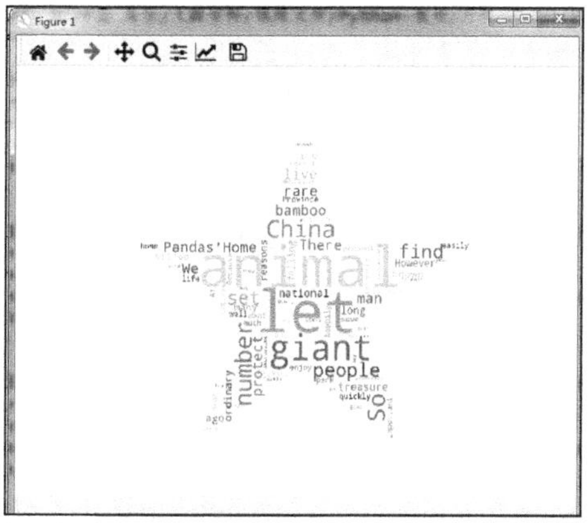

通过调用wordcloud.STOPWORDS的add()方法来添加一个需要屏蔽的单词到屏蔽词词库中。也就是说，在使用内置屏蔽词列表的基础上，再增加一个屏蔽词panda。这样，panda没有出现在词云图中，诸如the、and、in等单词也没有出现。

【例11-10】多个单词的屏蔽显示。

解决该问题的方法并不唯一。

方法一　分析：由于wordcloud.STOPWORDS的add()方法一次只能添加一个单词，因此，使用add()方法只能屏蔽掉单个单词的显示。但既然add()方法是把屏蔽词添加到系统的屏蔽词词库STOPWORDS中，因此，我们可以通过遍历循环for-in添加多个屏蔽词到系统的屏蔽词词库中，然后通过设置"stopwords=wordcloud.STOPWORDS"来达到屏蔽多个词的目标。

程序代码如下：

```
import wordcloud
import os
import imageio
import matplotlib.pyplot as plt
os.chdir(r"D:\Python\wordcloud")
with open("panda.txt") as f:
     txt=f.read()
img=imageio.imread("fivestart.png")
#需要屏蔽的单词列表
st={"panda","animal"}
#将st中出现的屏蔽词逐个添加到系统屏蔽词词库STOPWORDS中
for word in st:
     wordcloud.STOPWORDS.add(word)
c=wordcloud.WordCloud(mask=img,background_color="white",\
      stopwords=wordcloud.STOPWORDS) #设置stopwords为系统内置的屏蔽词集合STOPWORDS
c.generate(txt)
```

```
c.to_file("11-9-stopwords参数-添加屏蔽词.png")
plt.imshow(c)
plt.axis("off")
plt.show()
```

程序运行后显示如下结果。

方法二　分析：使用排除某些特定单词的方法，对加载到词云的文本进行预处理，去除掉文本字符串中需要屏蔽的单词也可以实现多个单词的屏蔽。编程思路如下。

（1）文本预处理。用空字符串替换文本中需要屏蔽的单词。

（2）生成词云图。

程序代码如下：

```
#例11-10-多个单词的屏蔽-词云图.py
import wordcloud
import os
import imageio
import matplotlib.pyplot as plt
os.chdir(r"D:\Python\Wordcloud")
with open("panda.txt") as f:
    txt=f.read()
#需要屏蔽的单词列表
ls=["panda","giant"]
#删除文本txt中出现在列表ls中的单词
for word in ls:
    txt=txt.replace(word,'')
img=imageio.imread("fivestart.png")
c=wordcloud.WordCloud(mask=img,background_color="white")
c.generate(txt)
c.to_file("11-10-多个单词的屏蔽-词云图.png")
plt.imshow(c)
plt.axis("off")
plt.show()
```

程序运行后显示如下结果。

列表 ls 存储了需要屏蔽的单词，通过 for-in 循环遍历列表 ls 中的每个单词（word），用字符串的 replace()方法将文本中的单词（word）用空字符串来替换，从而达到删除单词的目的。由于字符串是一个不可变序列，替换操作并不改变原字符串本身，因此需要将替换后的文本重置为 txt 才能达到从文本（txt）中删除指定单词的目的。

读者可以进行更多的练习，绘制具有个性化的词云图。掌握创建词云的能力，我们能够让阅览词云图者快速了解文本的重要信息。

CSV 文件的读取操作

11.3 CSV 文件的读取操作

第 9 章介绍了 Python 对文本文件的读写操作，但在实际项目开发中，经常会遇到对 CSV 文件的读取操作，本节介绍如何通过 Python 编程完成对 CSV 文件的读取。

CSV（Comma Separated Values，逗号分隔值）文件以纯文本形式存储表格数据（数字和文本）。CSV 文件由任意数量的记录组成，记录间以换行符分隔，每条记录由若干字段组成，字段间的分隔符是逗号。通常，所有记录都有完全相同的字段序列。我们可以使用 Windows 的记事本来创建 CSV 文件，也可以将一个 EXCEL 文件转换为 CSV 文件。所以这里只介绍读取 CSV 文件的操作，不讨论 CSV 文件的创建问题。

1．使用 Python 内置的 csv 模块读取 CSV 文件

Python 有一个内置模块 csv，该模块中有两个主要函数 reader()和 writer()分别实现对 CSV 文件的读写操作。

【例 11-11】使用 csv 模块读取指定目录下的 CSV 文件。

分析：假设在目录“D:/Python/Wordcloud/”下存在一个 CSV 文件“三国演义人物出场次数.csv”，文件内容如图 11-1 所示。

利用 csv 模块读取“三国演义人物出场次数.csv”文件的代码如下：

```
#例 11-11-csv 模块读取 CSV 文件.py
import csv
import os
os.chdir(r"D:/Python/Wordcloud/")
fp=open("三国演义人物出场次数.csv","r")
csv_file=csv.reader(fp)
fp.close()
```

```
print(csv_file)
print(type(csv_file))
```

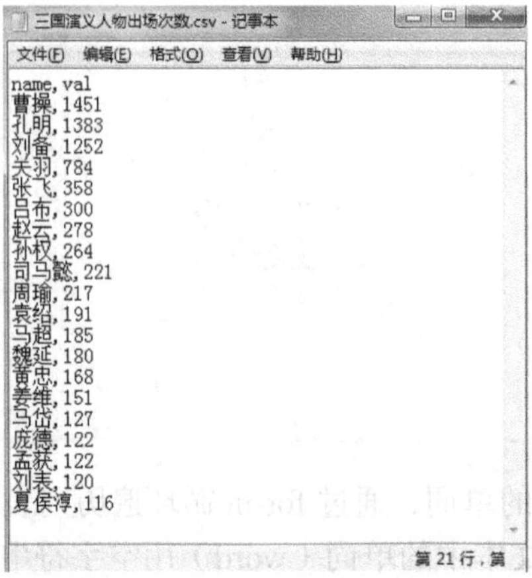
三国演义人物出场次数.csv - 记事本
文件(F) 编辑(E) 格式(O) 查看(V) 帮助(H)

```
name,val
曹操,1451
孔明,1383
刘备,1252
关羽,784
张飞,358
吕布,300
赵云,278
孙权,264
司马懿,221
周瑜,217
袁绍,191
马超,185
魏延,180
黄忠,168
姜维,151
马岱,127
庞德,122
孟获,122
刘表,120
夏侯淳,116
```

第 21 行，第

图 11-1　文件“三国演义人物出场次数.csv”的内容

程序运行结果如下：

```
<_csv.reader object at 0x0000000002EF6EB8>
<class '_csv.reader'>
```

仍然使用全局函数 open()以读模式“r”打开 CSV 文件，将返回的文件对象 fp 传入 csv 模块的 reader()函数完成对 CSV 文件的读取操作。输出所读取的文件后，我们发现其是一个对象类型，此时可以把它转换为一个列表类型来处理。

【例 11-12】将读取的 CSV 文件转换为列表后输出。

程序代码如下：

```
#例 11-12-读取的 CSV 文件转换为列表.py
import csv
import os
os.chdir(r"D:/Python/Wordcloud/")
fp=open("三国演义人物出场次数.csv","r",encoding="UTF-8-sig")
csv_file=csv.reader(fp)
ls=list(csv_file)
fp.close()
print(ls)
```

程序运行结果如下：

```
[['name', 'val'], ['曹操', '1451'], ['孔明', '1383'], ['刘备', '1252'], ['关羽', '784'], ['张飞', '358'], ['吕布', '300'], ['赵云', '278'], ['孙权', '264'], ['司马懿', '221'], ['周瑜', '217'], ['袁绍', '191'], ['马超', '185'], ['魏延', '180'], ['黄忠', '168'], ['姜维', '151'], ['马岱', '127'], ['庞德', '122'], ['孟获', '122'], ['刘表', '120'], ['夏侯淳', '116']]
```

将读取的 CSV 文件转换为列表后输出，发现列表中的每个元素又都是一个列表，即由 CSV 文件中每行的各个字段（列）作为元素构成的列表。注意观察转换得到的列表的第一个元素，实际上就是由表格的表头属性构成的，具体处理表格数据前可以把它删除。此外，关闭文件语句“fp.close()”不能放在将 csv_file 转换为列表“ls=list(csv_file)”之前，请读者分析其原因。

利用 csv.reader()读取 CSV 文件时，有以下两点要注意。

（1）与一般文本文件的读取操作类似，当我们读取一次 CSV 文件后，若再次进行读取操作，转换成列表之后发现得到的是一个空列表。因此，我们需要使用 seek(0)定位文件指针到文件头再重新读取。

【例 11-13】打开后多次读取 CSV 文件存在的问题。

程序代码如下：

```
#例 11-13-csv 模块-多次读取 CSV 文件-转换为列表.py
import csv
import os
os.chdir(r"D:/Python/Wordcloud/")
fp=open("三国演义人物出场次数.csv","r",encoding="UTF-8-sig")
csv_file1=csv.reader(fp)
ls1=list(csv_file1)
csv_file2=csv.reader(fp)
ls2=list(csv_file2)
fp.close()
print("第一次读取的结果：",ls1)
print("第二次读取的结果：",ls2)
```

程序运行结果如下：

```
第一次读取的结果：
 [['name', 'val'], ['曹操', '1451'], ['孔明', '1383'], ['刘备', '1252'], ['关羽', '784'], ['张飞', '358'], ['吕布', '300'], ['赵云', '278'], ['孙权', '264'], ['司马懿', '221'], ['周瑜', '217'], ['袁绍', '191'], ['马超', '185'], ['魏延', '180'], ['黄忠', '168'], ['姜维', '151'], ['马岱', '127'], ['庞德', '122'], ['孟获', '122'], ['刘表', '120'], ['夏侯淳', '116']]
第二次读取的结果：
 []
```

解决上述问题的方法是执行 fp.seek(0)后再次读取。

【例 11-14】利用 seek(0)解决打开后多次读取 CSV 文件的问题。

程序代码如下：

```
#例 11-14-csv 模块-seek(0)-多次读取 CSV 文件-转换为列表.py
import csv
import os
os.chdir(r"D:/Python/Wordcloud/")
fp=open("三国演义人物出场次数.csv","r",encoding="UTF-8-sig")
csv_file1=csv.reader(fp)
ls1=list(csv_file1)
fp.seek(0)  #移动文件指针到文件开始处
csv_file2=csv.reader(fp)
ls2=list(csv_file2)
fp.close()
print("第一次读取的结果：\n",ls1)
print("第二次读取的结果：\n",ls2)
```

程序运行结果如下：

```
第一次读取的结果：
 [['name', 'val'], ['曹操', '1451'], ['孔明', '1383'], ['刘备', '1252'], ['关羽', '784'], ['张飞', '358'], ['吕布', '300'], ['赵云', '278'], ['孙权', '264'], ['司马懿', '221'], ['周瑜', '217'], ['袁绍', '191'], ['马超', '185'], ['魏延', '180'], ['黄忠', '168'], ['姜维', '151'], ['马岱', '127'], ['庞德', '122'], ['孟获', '122'], ['刘表', '120'], ['夏侯淳', '116']]
第二次读取的结果：
 [['name', 'val'], ['曹操', '1451'], ['孔明', '1383'], ['刘备', '1252'], ['关羽', '784'], ['张飞', '358'], ['吕布', '300'], ['赵云', '278'], ['孙权', '264'], ['司马懿', '221'], ['周瑜', '217'], ['袁绍', '191'], ['马超', '185'], ['魏延', '180'], ['黄忠', '168'], ['姜维', '151'], ['马岱', '127'], ['庞德', '122'], ['孟获', '122'], ['刘表', '120'], ['夏侯淳', '116']]
```

（2）读取得到的每一列数据都是字符串类型的，请观察例 11-12、例 11-13 和例 11-14 输出的列表元素，实际操作时读者可根据需要进行类型的转换。

2．使用 pandas 库读取 CSV 文件

pandas 是 Python 中最好的处理数据和分析数据的第三方库，它提供了大量能使我们快速、便捷地处理数据的函数和方法。简单地说，pandas 提供了以下便利。

（1）便于操作数据的数据类型（Series 类型、DataFrame 类型）。

（2）很多分析函数和分析工具，使得数据分析变得非常容易操作。

这里我们只介绍使用 pandas 读取 CSV 文件的方法以及对读取后数据的简单处理。更多有关 pandas 的使用，请读者关注相关书籍，笔者强烈建议读者学习和掌握 pandas 库的相关知识。

使用 pandas 库读取 CSV 文件

【例 11-15】使用 pandas 的 read_csv()函数读取 CSV 文件。

假设在目录“D:/Python/Wordcloud/”下存在文件“name-age.csv”，文件内容如图 11-2 所示。

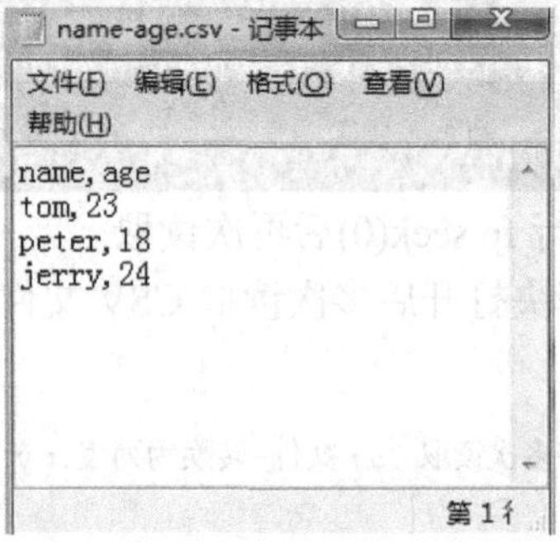

图 11-2　文件“name-age.csv”的内容

利用 pandas 的 read_csv()函数读取 CSV 文件的代码如下：

```
#例 11-15-使用 pandas 的 read_csv()函数读取 CSV 文件.py
import os
import pandas as pd
os.chdir(r"D:/Python/Wordcloud/")
csv_data=pd.read_csv('name-age.csv')
print(csv_data)
print(type(csv_data))
```

程序运行结果如下：

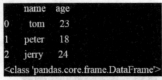

```
    name  age
0    tom   23
1  peter   18
2  jerry   24
<class 'pandas.core.frame.DataFrame'>
```

csv_data 的值是一个带表头（列索引）的二维数据表，有行索引，行索引编号从 0 开始，它的类型是 DataFrame 类型。DataFrame 是一个表格型的数据类型，它既有行索引，也有列索引。

通过访问 DataFrame 对象的相关属性可以很方便地获得每一列的数据，其访问格式

如下：

```
<对象名>.属性名
```

这里的“属性名”就是 DataFrame 类型数据的字段名，即列索引。

【例 11-16】通过 DataFrame 对象的属性访问 DataFrame 类型数据。

程序代码如下：

```
#例 11-16-通过属性访问 DataFrame 类型数据.py
import os
import pandas as pd
os.chdir(r"D:/Python/Wordcloud/")
csv_data=pd.read_csv('name-age.csv')
names= list(csv_data.name)
ages=list(csv_data.age)
print("csv_data 中姓名字段构成的列表为：",names)
print("csv_data 中年龄字段构成的列表为：",ages)
```

程序运行结果如下：

```
csv_data 中姓名字段构成的列表为：   ['tom', 'peter', 'jerry']
csv_data 中年龄字段构成的列表为：   [23, 18, 24]
```

⚠ 注意：使用“<对象名>.属性名”方式进行数据访问时，“属性名”两边不能加引号，如 csv_data.name。通过 list(csv_data.name)获得 name 字段列的数据信息后，将其转换成列表 names，方便后续操作。

DataFrame 类型数据除了使用“<对象名>.属性名”方式进行访问外，也可以使用方括号语法按照列索引名进行访问，其访问格式如下：

```
对象名['列索引名']
```

这里的“列索引名”就是 DataFrame 类型数据的字段名。

【例 11-17】通过 DataFrame 对象的列索引访问 DataFrame 类型数据。

程序代码如下：

```
#例 11-17-通过列索引访问 DataFrame 类型数据.py
import os
import pandas as pd
os.chdir(r"D:/Python/Wordcloud/")
csv_data=pd.read_csv('name-age.csv')
names= list(csv_data['name'])
ages=list(csv_data['age'])
print("csv_data 中姓名字段构成的列表为：",names)
print("csv_data 中年龄字段构成的列表为：",ages)
```

程序运行结果如下：

```
csv_data 中姓名字段构成的列表为：   ['tom', 'peter', 'jerry']
csv_data 中年龄字段构成的列表为：   [23, 18, 24]
```

⚠ 注意：使用方括号语法“对象名['列索引名']”方式进行数据访问时，“列索引名”两边一定要加引号，如 csv_data['name']。

属性和列索引两种访问方式是等价的，即 csv_data.name 与 csv_data['name']等价。这里的属性名和列索引名 name 其实就是表格中的字段名 name。

表格数据的词云图

11.4 表格数据的词云图

我们可以把以空格分隔的文本字符串作为参数传递给词云对象的 generate()方法，生成词云图来展示文本。文本中词频高的词条以较大字号突出显示，但是这个过程并不需要我们对文本中的每个词条进行词频统计。

可能在某些应用场景下，我们并未获得原文本文件，而是已知需要进行展示的每个单词及对应的词频，此时可以调用词云对象的 generate_from_frequencies()方法来生成对应的词云图。该方法通过传入一个字典参数来完成词云图的绘制，字典中的每个元素记录了单词以及单词出现的频次。

通过 help 命令可以了解 generate_from_frequencies()方法的语法格式。

```
>>> help(wordcloud.WordCloud.generate_from_frequencies)
```

【例 11-18】 现有如图 11-1 所示的《三国演义》前 20 名人物出场次数的 CSV 文件，请生成该 CSV 文件对应的词云图。

分析：因为已知人物和人物出场次数，直接调用词云对象的 generate_from_frequencies()方法即可得到对应的词云图。但由于词云对象方法 generate_from_frequencies()接收的参数为字典，字典的键为人物，值为人物出场次数，因此，只要以给定的 CSV 文件的第 1 列数据为键，第 2 列数据为键对应的值来创建字典即可解决该问题。具体的算法思路如下。

（1）读取 CSV 文件中的数据。

（2）将读取的每一列数据分别存储在列表 ls_names 和 ls_counts 中。

（3）使用 zip()函数得到元素形如“(人物,出场次数)”的 zip 对象，再将其转换为列表 ls_names_counts，注意“出场次数”要为数值类型数据。

（4）通过 dict()函数将“键值对”信息构成的列表 ls_names_counts 转换为字典 dt_names_counts。

（5）把字典 dt_names_counts 作为参数传递给 WordCloud 对象的方法 generate_from_frequencies()生成词云图。

代码化算法的每一步操作，得到由表格数据生成词云图的完整程序代码如下：

```
#例 11-18-表格数据的词云展示.py
import os
import wordcloud
import imageio
import pandas as pd
import matplotlib.pyplot as plt
path=r"D:\Python\Wordcloud"
os.chdir(path)
#读取词频文件，得到 DataFrame 类型对象
csv_data=pd.read_csv(r"三国演义人物出场次数.csv")
#得到人物构成的列表，也可以写成 csv_data['name']
ls_names=list(csv_data.name)
#得到出现次数构成的列表，也可以写成 csv_data['val']，其中的“name”和“val”是 CSV 文件的表头
```

```
ls_counts=list(csv_data.val)
#使用 zip()函数得到以(人物,出现次数)为元素的 zip 对象，再将其转换成列表
ls_names_counts=list(zip(ls_names,ls_counts))
#使用 dict()函数得到键值对为“<单词>:<词频>”的字典
dt_names_counts=dict(ls_names_counts)

graph=imageio.imread(r"D:\Python\Wordcloud\beijtu/图片 4.png")
wc=wordcloud.WordCloud(font_path='C:\\Windows\\Fonts\\msyh.ttf',\
                       background_color='White', mask=graph)
#根据给定词频生成词云，但要求传入的参数为字典
wc.generate_from_frequencies(dt_names_counts)
wc.to_file(r'D:/Python/Wordcloud/三国演义人物出场词云图 1.png')
plt.imshow(wc)
plt.axis("off")
plt.show()
```

程序运行后显示如下结果。

11.5 实例

【例 11-19】使用自定义的图形作为词云形状图绘制西游记（第一回）词云图。

实例 1-西游记词云图

分析：由于要求使用自定义图形作为词云形状图来绘制词云图，因此，该实例绘制的是艺术词云图，故需设置 mask 参数，同时要求提供背景颜色是白色的自定义图形。由于绘制的是中文词云图，因此，这里还需要设置字体参数 font_path 来显示字体。求解该问题的算法思路如下。

（1）素材收集和准备。准备好“西游记第一回.txt”文本文件和用于绘制艺术词云图的自定义图形文件“picture.png”。

（2）利用 open()函数读入文本文件“西游记第一回.txt”到字符串变量 txt。

（3）将中文字符串变量 txt 转换成以空格分隔每个词构成的长字符串。由于 generate()方法只接收以空格分隔的字符串，因此，还需要利用 jieba 库对文本字符串 txt 进行分词处理，再将分词的结果拼接成一个以空格分隔的长字符串。

（4）读取用于绘制词云图形状的图片文件。读取图片文件的第三方库很多，这里使用 imageio 库的 imread()方法来读取图片文件。

（5）创建词云对象并设置相关参数。调用 wordcloud 库的 WordCloud 类来创建词云对象，并设置 mask 参数、background_color 参数和 font_path 参数。

（6）向词云对象加载文本。生成词云对象后，调用 generate()方法向词云对象加载文本，但要求加载的文本必须是以空格分隔的字符串，因此，加载的必须是经过第三步处理后的字符串。

（7）输出词云文件。通过调用 to_file()方法将文本对应的词云输出到图像文件中加以保存。

（8）显示生成的词云图。为了直观地观察到生成的词云图，我们可以使用 matplotlib 库中 pyplot 子库的 imshow()函数来显示生成的词云图，当然，还需要调用 show()函数才能将词云图呈现出来。

西游记第一回词云图的完整程序代码如下：

```
import wordcloud
import jieba
import os
import imageio
import matplotlib.pyplot as plt
os.chdir(r"D:\python\Wordcloud")
with open("西游记第一回.txt") as f:
    txt=f.read()
ls_txt=jieba.lcut(txt)
s_txt=" ".join(ls_txt)
img=imageio.imread("picture.png")  #读取图像文件
c=wordcloud.WordCloud(mask=img,background_color="white",\
                      font_path="C:/Windows/Fonts/msyh.ttf")
c.generate(s_txt)
c.to_file("11-19-设置字体参数 font_path 的中文词云图.png")
plt.imshow(c)
plt.axis("off")
plt.show()
```

程序运行后显示如下结果。

观察输出的词云效果图，“了”“的”等词并不能表明文章的含义，因此，我们还需要

把这些不能表明文章含义的词从词云图中排除。排除不显示词的方法并不唯一，这里仅介绍两种方法：方法一，可以把词的排除放在对文本的预处理阶段，即从文本字符串中删除需要排除的词；方法二，也可以通过设置词云参数 stopwords 来达成此目的，即事先将要排除的词保存在一个集合类型中，然后将该集合赋值给参数 stopwords。

方法一：先进行文本预处理。删除文本中不需要显示的词，即用空字符串替换掉文本中需要屏蔽的词。修改后的完整程序代码如下：

```
import wordcloud
import jieba
import os
import imageio
import matplotlib.pyplot as plt
os.chdir(r"D:\Python\Wordcloud")
with open("西游记第一回.txt") as f:
     txt=f.read()
#需要屏蔽的词列表
ls=["了","的","着","又","他","看见"]
#删除文本 txt 中出现在列表 ls 中的词
for word in ls:
   txt=txt.replace(word,'')
ls_txt=jieba.lcut(txt)
s_txt=" ".join(ls_txt)
img=imageio.imread("picture.png")  #读取图像文件
c=wordcloud.WordCloud(mask=img,background_color="white",font_path="C:/Windows/Fonts/msyh.ttf")
c.generate(s_txt)
c.to_file("11-19-屏蔽不显示的词的中文词云图.png")
plt.imshow(c)
plt.axis("off")
plt.show()
```

程序运行后显示如下结果。

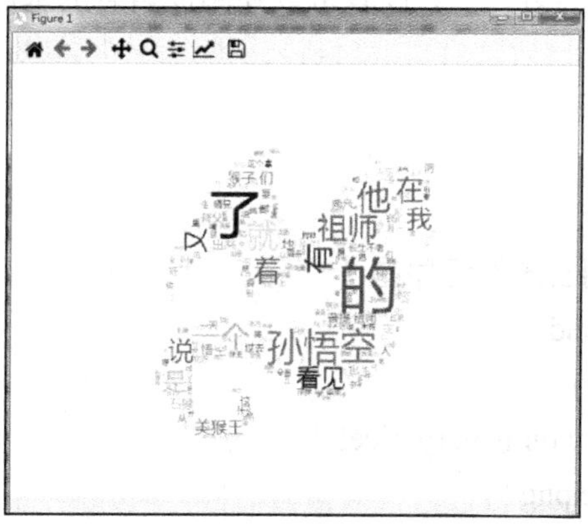

方法二：设置词云参数 stopwords 屏蔽不需要显示的词。将要排除的词保存在一个列表中，然后将该列表赋值给参数 stopwords 以实现多个词的屏蔽。修改后的完整程序代码如下：

```
import wordcloud
import jieba
import os
```

```
    import imageio
    import matplotlib.pyplot as plt
    os.chdir(r"D:\Python\Wordcloud")
    with open("西游记第一回.txt") as f:
        txt=f.read()
    #需要屏蔽的词列表
    ls=["了","的","着","又","他","看见"]
    ls_txt=jieba.lcut(txt)
    s_txt=" ".join(ls_txt)
    img=imageio.imread("picture.png")  #读取图像文件
    c=wordcloud.WordCloud(mask=img,background_color="white",font_path="C:/Windows/
Fonts/msyh.ttf",stopwords=ls)
    c.generate(s_txt)
    c.to_file("11-19-西游记第一回-stopwords参数-添加屏蔽词的中文词云图.png")
    plt.imshow(c)
    plt.axis("off")
    plt.show()
```

程序运行后显示如下结果。

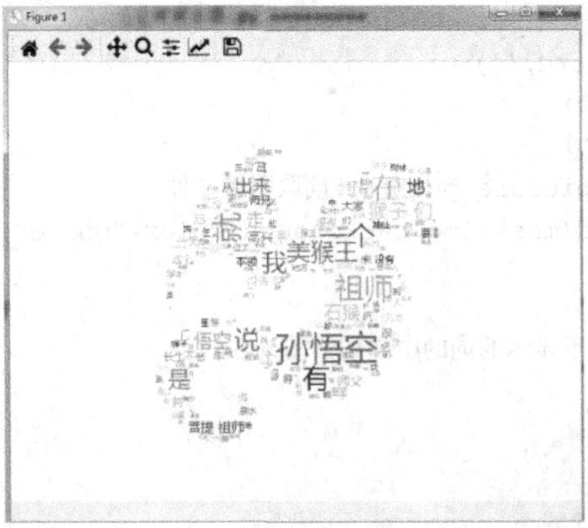

《西游记》是我国四大名著之一，读者可以在阅读名著的基础上，利用词云图找出西游记的第一主角。

练习

一、单选题

1. 下列能正确生成词云图的程序是（　　）。

   A. import wordcloud
      w=wordcloud( )
      w.generate("Python is very nice! ")
      w.to_file("wpic.png ")

   B. import wordcloud
      w=wordcloud.Wordcloud("Python is very nice! ")
      w.generate( )
      w.to_file("wpic.png ")

C. import wordcloud

```
w=wordcloud.WordCloud( )
w.generate("Python is very nice!")
w.to_file("wpic.png")
```

D. import wordcloud

```
w.generate("Python is very nice! ")
w=wordcloud.WordCloud( )
w.to_file("wpic.png")
```

2. 绘制艺术词云图必须要设置的参数是（　　）。

A. mask　　B. font_path　　C. stopwords　　D. width

3. 中文词云图必须要设置的参数是（　　）。

A. mask　　B. font_path　　C. min_font_size　　D. width

4. 设置词云图显示的最大词条数量的参数是（　　）。

A. max_words　　B. max_font_size　　C. stopwords　　D. height

5. 设置词云图背景颜色的参数是（　　）。

A. color　　B. bground_color　　C. background_color　　D. gb_color

二、编程题

1. 例 11-18 表格数据词云图算法中，第三步使用 zip()函数得到元素为“(人物,出场次数)”的列表，现要求：①算法第三步使用 map()函数来得到元素为“(人物,出场次数)”的列表，其余步骤的思路不变，请写出相应的代码。②算法第三步使用列表推导式来得到元素为“(人物,出场次数)”的列表，其余步骤的思路不变，请写出相应的代码。

2. 利用 csv 模块读取例 11-15 中的“name-age.csv”文件，要求将读取的年龄数据还原为数值型数据输出。

三、拓展题

1. 掌握 CSV 文件的创建方法。

2. 有如表 11-2 所示的《三国演义》前 20 名人物出场次数，要求制作艺术词云图进行展示。

表 11-2 《三国演义》前 20 名人物出场次数

name	count
曹操	1451
孔明	1383
刘备	1252
关羽	784
张飞	358
吕布	300
赵云	278
孙权	264
司马懿	221
周瑜	217
袁绍	191

续表

name	count
马超	185
魏延	180
黄忠	168
姜维	151
马岱	127
庞德	122
孟获	122
刘表	120
夏侯淳	116

第12章 综合实例——五子棋游戏

培育创新文化，弘扬科学家精神，涵养优良学风，营造创新氛围，就需要我们不断加强知识的综合应用。通过前面各章节学习，相信读者已经掌握了 Python 的编程基础知识。本章内容为前面各章基础知识的扩展与应用，主要描述如何使用 turtle 库和 Python 语言编程实现大众喜爱的游戏之一——五子棋游戏，并在描述过程中分析如何应用前面各章的知识解决问题。

五子棋是一种游戏规则比较简单的棋类游戏。它的棋盘由横向和竖向各 15 条间距相等的平行线交叉形成，下棋者在交叉点处可以落下棋子，棋子为黑色或白色，对弈时双方各执一色棋子。通常的下棋规则是：黑方先落子，且第一颗棋子必须落在中心交叉点上，然后双方交替落子，当同色棋子在横、竖、左斜或右斜 4 个方向上连续出现 5 颗时，该色棋子对应的玩家获胜。

综合实例-五子棋游戏

编程实现五子棋游戏的总体思路是：①画出棋盘；②模拟双方交替落子；③落子后判断在 4 个方向上是否出现 5 个同色棋子连成一条线，如果出现，最后落子方获胜，游戏结束或重新开始游戏。

turtle 库是 Python 语言提供的一个基础绘图库，它通过“小海龟”在画布上游走留下轨迹形成图形。turtle 库提供大量的绘图和事件处理函数，可以模拟出五子棋的下棋过程，因此本章实例程序主要使用 turtle 库绘图实现。实例程序中使用到的主要 turtle 库函数功能在表 12-1 中有简要说明。相关函数的详细使用说明，读者可以查询 Python 的帮助信息。

表 12-1 turtle 库常用函数

函数	描述
turtle.setup	生成绘图窗口，并设置窗口的宽度与高度
turtle.pen	获取画笔对象或设置画笔对象的各项属性
turtle.tracer	设置是否在画图时显示画笔的运动过程
turtle.hideturtle	画图时隐藏画笔
turtle.pendown	画笔移动时绘制图形
turtle.penup	画笔移动时不绘制图形
turtle.goto	将画笔移动到指定的坐标位置
turtle.forward	向画笔方向移动指定像素
turtle.backward	向画笔反方向移动指定像素
turtle.right	画笔顺时针旋转指定度数
turtle.left	画笔逆时针旋转指定度数
turtle.circle	按指定半径画圆，半径为正（负），圆心在画笔的左边（右边）
turtle.write	在指定位置输出文本

续表

函数	描述
turtle.dot	在当前位置绘制指定半径的圆点
turtle.fillcolor	设置绘制图形的填充色
turtle.pencolor	设置画笔颜色
turtle.onscreenclick	绑定窗口中鼠标单击事件处理过程
turtle.onkeypress	绑定窗口中键盘按键事件处理过程

1．画棋盘

首先使用 turtle 库的 setup()函数在桌面上生成一个绘图窗口，棋盘就画在该窗口中；为能清楚地显示棋盘和棋子，将窗口背景设置为棕黄色。接下来创建画笔，并让画笔移动到棋盘的左上角，然后向前移动 560 像素，退回，向右转 90°，再前进 40 像素，向左转 90°，再前进 560 像素，退回，即可画出棋盘上方第一条与第二条横线及连接这两条线左端长 40 像素的线段。如此反复 14 次，即可画出棋盘的 14 条横线和最左端的一条竖线。

程序代码如下：

```
import turtle
turtle.title('五子棋')
turtle.setup(width=900, height=700)
turtle.bgcolor("#DE9324") #设置棋盘的背景色
turtle.tracer(False)       #不显示画笔移动过程
pen=turtle.Pen()
pen.penup()
pen.goto(-280, 280)
pen.pendown()
for x in range(14):
      pen.forward(560)
      pen.backward(560)
      pen.right(90)
      pen.forward(40)
      pen.left(90)
turtle.tracer(True)         #显示绘图的痕迹
turtle.done()               #停止画笔绘制，但绘图窗口不关闭
```

这里 turtle 使用四象限的坐标系，坐标中心(0,0)在窗口的中央，设棋盘上横线与竖线的长度是 560 像素，则棋盘左上角的坐标是(−280,280)，将画笔设置为抬起，然后移动到该点，再将画笔放下，开始画横线。

画出 14 条横线后，开始画竖线，具体过程是：将画笔向前移动 40 像素，左转 90°，向前移动 560 像素画出一条竖线，然后原路退回，向右转 90°，前进 40 像素，重复之前的操作 14 次即可画出完整的棋盘，最后为了突出显示棋盘的中心点，我们将画笔移动到(0,0)点，用 dot()函数画出直径为 10 像素的一个小圆点。上述过程的 Python 程序代码段如下：

```
for x in range(14):
      pen.forward(40)
      pen.left(90)
      pen.forward(560)
      pen.backward(560)
```

```
        pen.right(90)
    pen.penup()
    pen.goto(0,0)       #将画笔放置到棋盘的中心点
    pen.pendown()
    pen.dot(10)         #画出一个直径为10像素的小圆点
```

前述两段程序执行后，可以画出完整棋盘的效果。

说明：执行上述两段程序时，请记得注释掉第一段程序中的最后两行代码。

2．模拟和分析双方轮流落子

棋盘准备好后，我们可以开始模拟和分析双方轮流落子的过程。执白方或执黑方在横线与竖线的交叉点附近单击鼠标左键后，在距单击位置最近的交叉点上，以交叉点为圆心，画一个直径不大于棋盘中小正方形边长的白色或黑色的实心圆代表棋子。每次落下棋子后，需要记录落子的位置，以免在同一位置多次落子。程序使用 Python 的字典记录落子位置，该字典的键为一元组(x,y)。需要注意的是，x,y 不是交叉点坐标的像素值，而是相对于坐标原点的编号。棋盘中心点（绘图坐标原点）的编号为(0,0)，离中心点最近的右、右上、上方、左上、左、左下、下和右下交叉点的编号依次为元组(1,0)、(1,1)、(0,1)、(−1,1)、(−1,0)、(−1, −1)、(0, −1)和(1, −1)，棋盘 4 个角的编号分别为元组(7,7)、(−7,7)、(−7, −7)、(7, −7)，元组第一个值为通过交叉点的竖线与通过中心点竖线之间的间隔数，第二个值为通过交叉点的横线与通过中心点的横线之间的间隔数，其他交叉点的编号可同理分析。交叉点编号如图 12-1 所示。

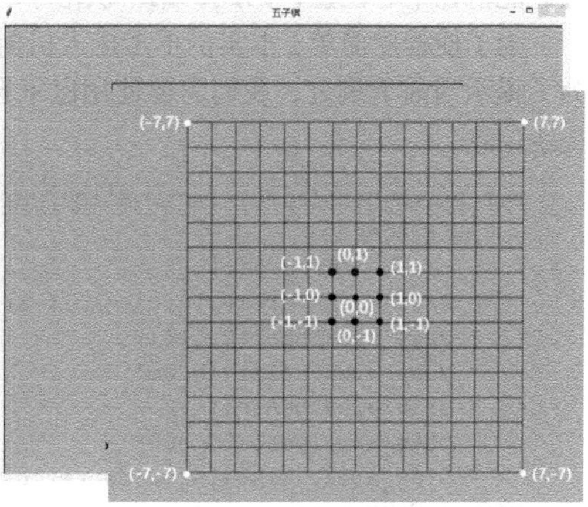

图 12-1　交叉点编号

字典键(x,y)对应的值规定为 0 或 1，其中 0 与 1 分别代表在交叉点编号对应的位置上已经落下白子或黑子。

在棋盘上的某个交叉点附近单击鼠标左键后，以交叉点中心画白色或黑色的棋子，需要编程实现以下两个功能：①能够响应鼠标单击事件处理；②鼠标左键单击位置一般不是棋子的中心位置，需要修正，使棋子的中心点就是最近交叉点。

turtle 库提供的 onscreenclick()函数可实现鼠标单击事件处理，该函数的调用格式如下：

```
turtle.onscreenclick(fun,btn=1,add=None)
```

函数有 3 个参数：第一个参数 fun 为鼠标单击事件处理函数；btn 为鼠标按键编号，1 表示左键，2 表示右键，默认值为 1；add 表示添加事件处理还是取代之前的事件处理，这里 add 参数保持默认即可。事件处理函数 fun 是回调函数，turtle 库规定它有两个参数，分别表示鼠标单击位置的横坐标与纵坐标，因此，在回调函数 fun 中知道鼠标单击位置坐标，但不能以该坐标为中心画棋子，否则棋子没有出现在棋盘的交叉点上。现在需要解决的问题是找到最近的交叉点。通过前述棋盘绘制过程可知，相邻两条横线或竖线之间的间隔距离是 40 像素。设交叉点的坐标为(p,q)，则在左下坐标点$(p-20,q-20)$到右上坐标点$(p+20,q+20)$的正方形范围内单击时，应以坐标点(p,q)为中心画出棋子。如何计算坐标点(p,q)呢？设鼠标

单击位置的坐标点为(x,y)，则当 $p-20<x<p+20$，$q-20<y<q+20$ 时，在(p,q)处画棋子。由于相邻横线或竖线的间隔距离为 40 像素，因此，可以用(x+20)//40 与(y+20)//40 分别计算出通过点(p,q)的横线与竖线和通过棋盘中心点的横线与竖线之间的间隔数。若用变量 t 保存值(x+20)//40，变量 k 保存值(y+20)//40，则有 p=40*t，q=40*k，计算出的(p,q)为当前落下棋子的中心位置。需要注意的是，若 $t>7$ 或 $t<-7$ 或者 $k>7$ 或 $k<-7$，表明在棋盘之外单击鼠标，此时不应画出棋子并提示在棋盘之外落子无效。这部分功能的主要程序如下：

```
turtle.onscreenclick(draw_piece, btn=1)    #鼠标左键单击处理
def draw_piece(x, y):
    t=(x+20) // 40
    k=(y+20) // 40
    if t<=-8 or t>=8 or k<=-8 or k>=8:
        draw_area=write_text("棋子在界外，请重新落子", font, "center", draw_area)
…
```

其中 draw_piece 是事件处理函数，参数 x,y 为鼠标单击处的横纵坐标，变量 t 与 k 保存了通过落子点的横线与竖线和通过棋盘中心点的横线与竖线之间的间隔数，即元组(t,k)为新落子点的编号，因此可通过设置前述字典键(t,k)的值表示在该交叉点已经落子，通过获取键(t,k)的值判断是否有棋子。另外，根据五子棋游戏的一般规则要求，开始落子为黑色棋子且只能落在中心位置，因此，第一次落子，如果没有满足要求，显示相应的提示。

为了使程序简单，本实例不考虑人机博弈，并且下棋通过两人交叉单击鼠标左键完成。为了提示当前下棋方，我们需要使用以下自定义函数 write_text()实现在棋盘上输出相应的提示信息。

```
def write_text(info, font, align, area):
    if area:
        area.clear()
    draw_area=turtle.Turtle() if area is None else area
    draw_area.hideturtle()
    draw_area.color('blue')
    draw_area.penup()
    draw_area.goto(0, 300)
    draw_area.write(info, font=font, align=align)
return draw_area
```

如果第一次调用这个函数，首先用 turtle 库的 Turtle()函数生成新的绘图区，程序将该绘图区用变量 draw_area 保存起来。如果后来再次调用函数，则先将绘图区中的内容清空，然后输出新信息。函数调用完成后，需要将保存绘图区的变量 draw_area 返回，以便下次调用时将该绘图区通过函数参数 area 传入，在函数内部重复使用相同的绘图区。在 write_text()函数中调用 hideturtle()函数的作用是在绘图时隐藏画笔，调用 color()函数设置输出文本颜色，调用 goto()函数将画笔移动到指定的位置，调用 write()函数输出文字。

下棋过程中，需要交叉落下黑色或白色棋子。为了表示当前棋子的颜色，引入 flag 标志变量，flag 为 1 表示落下黑子，即在特定位置单击鼠标时，在最近空棋盘交叉点上画出黑色棋子；画完棋子后，将 flag 变量的值修改为 0，表示下次画白色棋子。如此重复，直到分出胜负。在每次落子时，应当判断鼠标单击位置最近的交叉点上是否有棋子，如果有，应当提示不能在此处落子的相关信息且不能修改 flag 的值。因此，在每次落子后，需要将棋子所在位置记录下来，这里使用前述的字典保存某个交叉点是否有棋子，设该字典变量

名为 dict_chess，程序开始执行时将 dict_chess 初始化为空，字典的键为棋盘交叉点的编号，键对应的值为 0 或 1，分别代表白色与黑色棋子。如在(1,1)交叉点处落下白色棋子，则使用赋值语句 dict_chess[(1,1)]=0 实现；在(2,2)交叉点处落下黑色棋子，使用赋值语句 dict_chess[(2,2)]=1 实现。判断某个位置是否有棋子，通过调用字典的 get()函数返回该位置的值判断结果。需要注意的是，字典的 get()函数可设置某个键不存在时的返回值，这里将这个值规定为−1，表示相应位置没有棋子，如 dict_chess.get((2,2), −1)的结果为−1，则表示(2,2)交叉点没有棋子，这时可以在此处落下新的棋子。在某个交叉点上画棋子的部分程序如下：

```
        s=(t, k)
        dot=dict_chess.get(s, -1)
        if dot==-1:
            pen.up()
            pen.goto(t*40, k*40)
        if flag:
             pen.pencolor('black')
             pen.fillcolor('black')
             …
             flag=False
        else:
             pen.pencolor('white')
             pen.fillcolor('white')
             …
             flag=True

        pen.dot(30)
        draw_area=write_text("现在请黑方落子" if flag else "现在请白方落子", font, "center", draw_
area)

        step += 1
    else:
        if dot==1:
            draw_area=write_text("此处已经有黑子，请换位置落子", font, "center", draw_area)
        else:
            draw_area=write_text("此处已经有白子，请换位置落子", font, "center", draw_area)
```

程序中 dot 变量赋值为(t,k)位置当前的落子情况，如果 dot 为−1，表示在该点可落下新的棋子；如果 dot 为 1 表示在该点已经落下黑色棋子，否则表示该点已经落下白色棋子。

上面程序中省略了部分代码，省略部分代码主要用于判断是否为第一次落子并做相应的处理。

3．判断获胜

每次落子完成后，需要判断某方是否获胜。获胜的条件是在 4 个方向（横、竖、左斜、右斜）之一连续出现颜色相同的 5 颗棋子，为了实现这一功能，我们需要保存每次落子的位置，此问题已经在前述程序段中解决。按下述方法检查 4 个方向的棋子情况，假设当前落子位置的编号为(i,j)，落下的棋子为白色（落下黑色棋子处理过程相同）。

（1）检查横向

设用变量 cnt 记录检查过程中白色棋子出现的次数。从位置(i,j)开始，依次检查前述记录落子状态的字典变量 dict_chess 的键$(i+1,j)$、$(i+2,j)$、$(i+3,j)$和$(i+4,j)$的值是否为 0，如果是，则将变量 cnt 累加 1，如果 cnt 的值达到了 5，表示在横向出现 5 个白色棋子，白方胜利。如果 cnt 的值没有达到 5，即有键$(i+k,j)$的取值不是 0 或 1（其中，k=1、k=2 或 k=3），则依次检查$(i-1,j)$、$(i-2,j)$、$(i-3,j)$和$(i-4,j)$的值是否为 0，如果是，则将变量 cnt 累加 1，如果 cnt 的值达到了 5，也是白方胜利，否则继续下棋。

（2）检查竖向

与检查横向的处理过程基本相同，只是开始依次检查字典变量 dict_chess 键为$(i,j+1)$、$(i,j+2)$、$(i,j+3)$和$(i,j+4)$的值，变量 cnt 累计值小于 5，再依次检查键为$(i,j-1)$、$(i,j-2)$、$(i,j-3)$和$(i,j-4)$的值。

（3）检查左斜向

与检查横向的处理过程基本相同，只是开始依次检查字典变量 dict_chess 键为$(i+1,j+1)$、$(i+2,j+2)$、$(i+3,j+3)$和$(i+4,j+4)$的值，变量 cnt 累计值小于 5，再依次检查键为$(i-1,j-1)$、$(i-2,j-2)$、$(i-3,j-3)$和$(i-4,j-4)$的值。

（4）检查右斜向

与检查横向的处理过程基本相同，只是开始依次检查字典变量 dict_chess 键为$(i+1,j-1)$、$(i+2,j-2)$、$(i+3,j-3)$和$(i+4,j-4)$的值，变量 cnt 累计值小于 5，再依次检查键$(i-1,j+1)$、$(i-2,j+2)$、$(i-3,j+3)$和$(i-4,j+4)$的值。

由于 4 个方向的检查过程基本相同，我们可以使用一个函数实现，并通过传递参数区别开始检查的位置和检查的方向。函数如下：

```
def check_five_pieces(t, k, p, q, chess):
    cnt=0
    for i in range(5):
        if dict_chess.get((t+p*i, k+i*q), -1) ==chess:
            cnt += 1
        else:
            break
    if cnt>=5:
        return True
    for i in range(1, 5):
        if dict_chess.get((t-p*i, k-i*q), -1)==chess:
            cnt += 1
        else:
            break
    if cnt >=5:
        return True
```

其中，参数 t,k 为最新落子位置的编号，参数 p,q 用于表示检查方向，p=1,q=0 表示检查横向；p=0,q=1 表示检查竖向；p=1,q=1 表示检查左斜向；p=1,q=−1 表示检查右斜向。判断某方是否获胜的函数如下：

```
def check_win(t, k, chess):
    if check_five_pieces(t, k, 1, 0, chess) or check_five_pieces(t, k, 0, 1, chess) \
            or check_five_pieces(t, k, 1, 1, chess) or check_five_pieces(t, k, 1, -1, chess):
        return True
    return False
```

该函数 4 次调用 check_five_pieces 检查 4 个方向是否满足获胜的条件，只要其中一个方向满足，则返回胜利。图 12-2 为黑方获胜的实例。

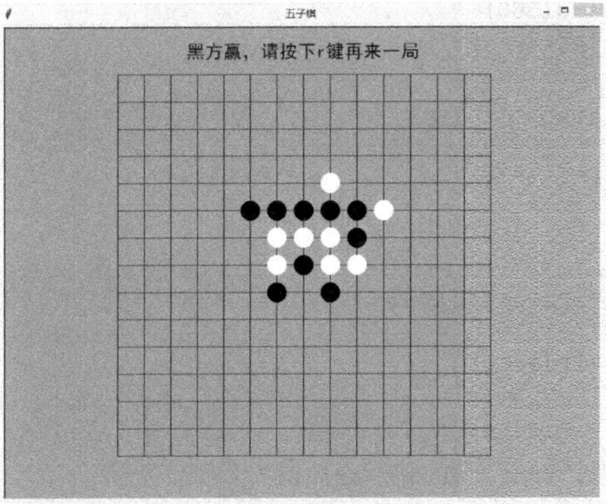

图 12-2　黑方获胜

到此为止，简单五子棋游戏的主要实现过程已经介绍完了。一些不重要的处理过程，读者可以查阅程序和程序中相关注释。

完整程序代码如下：

```
import turtle

turtle.title('五子棋')
turtle.setup(width=900, height=700)
turtle.bgcolor("#DE9324")  #设置棋盘的背景色
pen=turtle.Pen()

#全局变量的初始化
flag=True
step=0
dict_chess={}
draw_area=None
finish=False
font=("黑体", 20, "normal")

#画出棋盘
def chessboard():
    turtle.tracer(False)
    pen.penup()
    pen.goto(-280, 280)
    pen.pendown()

    for x in range(14):
        pen.forward(560)
        pen.backward(560)
        pen.right(90)
        pen.forward(40)
        pen.left(90)

    for x in range(14):
        pen.forward(40)
```

```python
            pen.left(90)
            pen.forward(560)
            pen.backward(560)
            pen.right(90)

        pen.hideturtle()
        pen.penup()
        pen.goto(0, 0)
        pen.pendown()
        pen.dot(10)

        turtle.update()
        turtle.tracer(True)

#输出提示文字
def write_text(info, font, align, area):
        if area:
            area.clear()
        draw_area=turtle.Turtle() if area is None else area
        draw_area.hideturtle()
        draw_area.color('blue')
        draw_area.penup()
        draw_area.goto(0, 300)
        draw_area.write(info, font=font, align=align)
        return draw_area

#开始新游戏
def start_game():
        global flag
        global step
        global draw_area
        global finish

        pen.reset()
        flag=True
        finish=False
        step=0
        dict_chess.clear()
        chessboard()
        draw_area=write_text("请黑方在中心位置落子", font=("黑体", 20, "normal"), align=
"center", area=draw_area)

#画出落下的棋子
def draw_piece(x, y):
        global flag
        global step
        global draw_area
        global finish

        if finish:
            return

        t=(x+20) // 40
        k=(y+20) // 40
        if t<=-8 or t>=8 or k<=-8 or k>=8:
```

```
        draw_area=write_text("棋子在界外，请重新落子", font, "center", draw_area)
        return

    s=(t, k)
    dot=dict_chess.get(s, -1)
    if dot==-1:
        pen.up()
        pen.goto(t*40, k*40)
        if flag:
            pen.pencolor('black')
            pen.fillcolor('black')

            if step==0 and (t != 0 or k != 0):
                draw_area=write_text("第一步黑子必须落在中心位置", font,
                "center", draw_area)
                return
            dict_chess[(t, k)]=1
            if check_win(t, k, 1):
                pen.dot(30)
                draw_area=write_text("黑方赢，请按下 r 键再来一局", font, "center",
draw_area)
                finish=True
                return
            flag=False
        else:
            pen.pencolor('white')
            pen.fillcolor('white')

            dict_chess[(t, k)]=2
            if check_win(t, k, 2):
                pen.dot(30)
                draw_area=write_text("白方赢，请按下 r 键再来一局！", font, "center",
draw_area)
                finish=True
                return
            flag=True

        pen.dot(30)
        draw_area=write_text("现在请黑方落子" if flag else "现在请白方落子", font,
"center", draw_area)

        step += 1
    else:
        if dot==1:
            draw_area=write_text("此处已经有黑子，请换位置落子", font, "center", draw_area)
        else:
            draw_area=write_text("此处已经有白子，请换位置落子", font, "center", draw_area)

#检查 5 颗棋子是否在一条直线上
def check_five_pieces(t, k, p, q, chess):
    cnt=0
    for i in range(5):
        if dict_chess.get((t+p*i, k+i*q), -1)==chess:
```

```
            cnt += 1
        else:
            break
    if cnt >= 5:
        return True
    for i in range(1, 5):
        if dict_chess.get((t-p*i, k-i*q), -1)==chess:
            cnt += 1
        else:
            break
    if cnt>=5:
        return True

#检查是否满足获胜的条件
def check_win(t, k, chess):
    if check_five_pieces(t, k, 1, 0, chess) or check_five_pieces(t, k, 0, 1, chess) \
        or check_five_pieces(t, k, -1, 1, chess) or check_five_pieces(t, k, 1, -1, chess):
        return True
    return False

#响应键盘按键，按下 r 键开始新游戏
def new_game(key):
    if key=='r':
        start_game()

start_game()
turtle.onscreenclick(draw_piece, btn=1)
turtle.onkeypress(lambda : new_game("r"), "r")
turtle.listen()

turtle.done()
```